PUTONG GAODENG YUANXIAO
JIXIELEI SHISANWU GUIHUA XILIE JIAOCAI

普通高等院校机械类“十三五”规划系列教材

模具材料及表面处理技术

MOJU CAILIAO JI BIAOMIAN CHULI JISHU

钟良 郑丽璇 龚伟 刘传慧 主编

西南交通大学出版社
·成 都·

图书在版编目（CIP）数据

模具材料及表面处理技术 / 钟良等主编. — 成都：西南交通大学出版社，2016.1
普通高等院校机械类“十三五”规划系列教材
ISBN 978-7-5643-4372-9

Ⅰ. ①模… Ⅱ. ①钟… Ⅲ. ①模具－工程材料－高等学校－教材②模具－金属表面处理－高等学校－教材
Ⅳ. ①TG76

中国版本图书馆 CIP 数据核字（2015）第 259188 号

普通高等院校机械类“十三五”规划系列教材
模具材料及表面处理技术
钟 良 郑丽璇 龚 伟 刘传慧 主编

责任编辑	李 伟
封面设计	何东琳设计工作室
出版发行	西南交通大学出版社 （四川省成都市二环路北一段 111 号 西南交通大学创新大厦 21 楼）
发行部电话	028-87600564 028-87600533
邮政编码	610031
网 址	http://www.xnjdcbs.com
印 刷	成都中铁二局永经堂印务有限责任公司
成品尺寸	185 mm×260 mm
印 张	15.75
字 数	390 千
版 次	2016 年 1 月第 1 版
印 次	2016 年 1 月第 1 次
书 号	ISBN 978-7-5643-4372-9
定 价	36.00 元

课件咨询电话：028-87600533
图书如有印装质量问题 本社负责退换

前 言

在现代生产中，模具是生产各种工业产品的重要工艺装备。随着社会经济的发展，特别是汽车、家电工业、航空航天的迅猛发展，对模具工业提出了更高的要求。如何提高模具的质量、使用寿命和降低生产成本，成为当前迫切需要解决的问题。

表面处理是提高表面性能常用的工艺方法，是提高模具质量、使用寿命和降低成本的最有效途径，对于提高模具质量、大幅度降低生产成本、提高生产效率和充分发挥模具材料的潜能都具有重大意义。

本书力求理论联系实际，系统介绍各类模具的失效及使用寿命、常用模具材料的专业知识和热处理工艺、模具常用的几种表面处理技术等内容，突出国内外模具方面的新材料、新工艺、新技术。本书内容丰富，实用性强，既有经典的模具材料基础知识介绍，又有作者近几年来的科研实验成果，反映了近年来国内外在模具方面的主要发展方向。本书可作为普通高等教育应用型本科机械大类专业教材，也可供从事模具设计、制造、热处理等工作的有关工程技术人员参考。

本书由西南科技大学制造学院钟良、郑丽璇、龚伟、刘传慧主编。在编写本书的过程中，得到了四川大学制造学院侯力教授的悉心指导和西南交通大学出版社的大力支持，在此一并表示感谢。

由于编者水平有限、时间仓促，书中不妥之处在所难免，恳请广大读者和行业专家批评指正。

编 者

2015 年 9 月

目录

第2篇 模具表面强化及处理技术

0 绪 论

1. 模具材料在模具工业中的地位

模具材料是模具制造的基础，模具材料和热处理技术对模具的使用寿命、精度和表面粗糙度起着重要的甚至决定性的作用。因此，研究开发高性能的模具材料，采用先进的生产工艺生产优质、低成本的模具材料；根据模具的服役条件合理选用材料、适当的热处理和表面工程技术以充分发挥模具材料的潜力；根据模具材料的性能特点选用合理的模具结构；根据模具材料的特性采用相应的维护措施等是十分重要的。

模具材料使用性能的好坏直接影响模具的质量和使用寿命；模具材料的工艺性能将影响模具加工的难易程度、模具加工的质量和加工费用。因此，在模具设计时，除设计出合理的模具结构外，还应选用合适的模具材料及热处理工艺，才能使模具获得良好的工作性能和长的使用寿命。

2. 模具材料的发展概况

新中国成立后，我国模具钢的生产发展很快，从无到有，从仿制到自行研发，在短短的60多年时间里，我国的模具钢产量已跃居世界前列。

60多年来，我国的模具工业已发展成为独立的工业体系，在模具材料的研制和热处理技术方面都取得了巨大的成就。为了适应模具工业生产发展的需要，从20世纪70年代以来，我国连续推广了电渣重熔、真空电弧重熔、炉外精炼、六面锻造等新技术、新工艺，生产的模具钢产品质量与国外水平相当，特别是“八五”时期建成及在建的模具钢扁钢和厚钢生产线，对改善我国模具钢的品种、规格起到了比较大的作用。

1985年制定的GB/T 1299—1985合金工具钢国家标准（现已修订为GB/T 1299—2000），基本上形成了具有我国特色的模具用材体系。

在20世纪80年代，针对我国生产量较大的大型锻模模块用钢和准备大力推广的Cr12Mo1V1（D2）、4Cr5MoSiV1（H13）、塑料模具钢3Cr2Mo（P20）、火焰淬火模具钢7CrSiMnMoV等，对以上钢种进行了比较系统的研究，试制的模块和钢材已经达到进口钢材的水平。

在塑料成型模具钢方面，根据其性能和使用条件可分为：① 小尺寸模具用中碳调质钢；② 大中型模具用预硬型中碳低合金钢；③ 为改进切削性能的含硫、铅及预硬化易切削模具钢；④ 时效钢和马氏体时效钢，用于制造复杂、精密和光洁的模具；⑤ 高淬透性的冷作和热作模具钢，用于制造整体淬火模具；⑥ 渗碳型塑料模具钢；⑦ 耐蚀型塑料模具钢；⑧ 镜面抛光模具钢等。例如，06Ni6CrMoVTiAl（06Ni）、预硬钢Y55CrNiMnMoV（SM1）、5NiSCa、Y20CrNi3AlMnMo（SM2）、时效硬化钢25CrNi3MoAl（25CrNi3）、镜面塑料模具钢

10Ni3MnCuAlMo（PMS）、耐蚀钢 0Cr16Ni4Cu3Nb（PCR）等，这些钢种的强韧性适当，可用于注射模、挤塑模、压塑模、吹塑模等模具。

在冷作模具钢方面，通用的冷作模具钢分为三类：低合金冷作模具钢（如 9CrWMnV）、中合金冷作模具钢（如 Cr5Mo1V）及高合金冷作模具钢（如 Cr12Mo1V1）等。除此之外，又开发出以下几种新型冷作模具钢。

（1）高韧性、高耐磨性冷作模具钢。如美国的 8Cr8Mo2V2Si、Cr8Mo2VWSi，日本的 QCM8（8Cr8Mo2VSi）、DC53（Cr8Mo2VSi）、TCD（Cr8V2MoTi）等。这类钢优点很多，组织中的碳化物细小、弥散，抗弯强度高，断裂韧性、耐磨性、可切削性、可磨削性及抗回火性好，且热处理变形小，将来可发展成为一种通用型模具钢。

（2）火焰淬火冷作模具钢。7CrMnSiMoV 应用最为普遍，另外还有日本的 SX5（Cr8MoV）、美国的 CC#1 等。其特点是淬火温度范围宽、淬透性较高及火焰淬火方便、易行。

（3）粉末冶金冷作模具钢。粉末冶金方法可以生产常规工艺难以生产的超高碳、高合金（尤其是高钒含量）、高耐磨性的模具钢，以及碳基碳化钛。如德国的 X320CrVMo135，$\omega_C >$ 3%、$\omega_V > 5\%$，细小、弥散分布的碳化物的面积达 50%，其寿命高于硬质合金模具。

热作模具钢的发展也很快。用量最大的为三类通用型热作模具钢：低合金热作模具钢，如 5CrNiMo 和 5CrMnMo；中合金热作模具钢，如 4Cr2MoVNi、H11（4Cr5MoSiV）、H13（4Cr5MoSiV1）、H12（4Cr5MoWSiV）和 H10（4Cr3Mo3SiV1）；高合金热作模具钢，应用最多的是 H21（3Cr2W8V）。此外，还开发出一系列高性能热作模具钢，主要有以下几种。

（1）基体钢。基体钢的化学成分相当于淬火后的高速钢基体组织的化学成分，所以淬火后残留的共晶碳化物数量很少，回火后碳化物细小且弥散分布，钢的强韧性和热疲劳性能好，如美国的 Vasco MA。

（2）低碳高速钢。低碳高速钢是通过将高速钢的 ω_C 降至 0.3%~0.6% 而得到的，这样可以减少其共晶碳化物的数量，既保持较高的红硬性，又改善了钢的韧性和热疲劳性能，如美国的 H25、H26 和 H42。

（3）高温热作模具钢。对于马氏体为基体的热作模具钢，这类钢导热性差、线膨胀系数大、热疲劳性差，不宜用于制作激冷、激热条件下工作的高温模具，如日本的 5Mn15Cr10V2。

（4）高温耐蚀模具钢。高温耐蚀模具钢可改善模具在高温下抗液体合金及其他介质的冲蚀和抗高温氧化能力，用于制作压铸模和压制玻璃的模具等，如 3Cr13MoV 等。

（5）高淬透性热作模具钢。如为适应特大型模具模块用钢的需要，在 5CrNiMoV 的基础上开发出的 4NiCr2MoV、法国 NF35590 标准中的 40NCD16（4Ni4Cr2Mo）、中国的 4Cr2MoVNi。

（6）中合金高韧性热作模具钢。这类钢能够比较合理地使用合金元素，降低了产品的生产成本，因此近几年发展较快。通过在 H13 钢的基础上降低铬含量，提高钒含量，发展为以 MC 型碳化物为主强化相的钢种，代表性的是瑞典的 QRO80。

此外，在某些制造领域，如汽车的表面覆盖件拉延模，铸铁材料应用较多，如 HT300、QT600-2、Mo、MoCr 和 MoV，日本的 TGC600、FCD250、FCD540，以及德系车常用的 GGG70L 等。

总之，用于制造模具的硬质合金和钢结硬质合金正在走向成熟，目前多用于拉丝模、冷冲裁模、冷镦模和无磁模。与使用传统材料的模具相比，其使用寿命大幅度延长，如采用硬质合金制造的硅钢片高速冷冲裁模，寿命可达上亿次；采用钢结硬质合金制造的M12冷镦模，其寿命大于一百万次，而且提高了产品质量，降低了产品成本。

另外，通过广泛采用强韧化处理新工艺，如片状珠光体组织预处理工艺，细化碳化物和消除链状碳化物组织的预处理工艺，Cr12型冷作模具钢的低温淬火、回火工艺，热作模具的中温回火（≤450 °C）等，都显著提高了模具的综合性能，延长了模具的使用寿命。

虽然我国模具材料及表面处理技术有了较大的进步，但是与发达国家相比，模具材料的生产和使用水平还较低，还不能满足发展的需要，存在的主要问题如下：

（1）系列化程度低。我国GB/T 1299—2000标准中，冷作模具钢有11个钢种，常用的主要为Cr12、Cr12MoV、Cr12Mo1V1、CrWMn和6W6Mo5Cr4V，尤其以Cr12、Cr12MoV和CrWMn用量最大，由于冶炼、锻造及加工使用存在一系列的问题，因而模具使用寿命低，仅为国外同类模具钢使用寿命的1/5～1/10。热作模具钢有12个钢种，常用的主要为5CrMnMo、5CrNiMo、3Cr2W8V。其用量约占热作模具钢的1/2以上。这些钢的热强性差、抗疲劳抗力低，易发生早期开裂失效。列入国家标准中的塑料模具钢仅为3Cr2Mo和3Cr2MnNiMo。国外常用的塑料模具钢已形成较完整的系列，如美国塑料模具钢有7个钢号，形成完整的P系列；日本日立金属公司有15个钢号，日本大同特殊钢有13个钢号。我国塑料模具钢的随意性较大，80%是用碳钢和40Cr钢。对于复杂、精密模具，为了避免热处理变形，一般在退火态、正火态或调质态下加工使用，因此寿命仅为国外同类模具的1/2～1/10。

（2）品种、规格较少。我国模具钢市场中约80%是黑皮圆棒料、扁钢，精料（六面光）、经过预硬化处理的材料和制品以及标准件较少。在模具制造中，圆棒料常常要通过改锻来加工，绝大多数采用自由锻，很少采用模锻和三镦三拔的锻造工艺。因此，锻件的内在质量较差，外形尺寸偏大，造成加工余量大，所以国内模具钢利用率低，只有60%左右，而国外发达国家锻材和轧材多采用精锻精轧工艺，提高了尺寸精度，降低了加工量，模具钢利用率在70%以上。

（3）模具钢冶金质量不高。国内大多数冶金厂设备、工艺比较落后，一般质量的模具钢多，高质量的模具钢材少。国内大多采用电炉冶炼，钢的纯净度差，表面脱碳层深、碳化物级别高、疏松超标。而国外模具钢生产80%以上采用真空精炼和电渣重熔生产，钢材纯净度低、等向性高。而国内通过电渣重熔生产的模具钢所占的份额很少，约占1/10。国外发达国家的模具钢成材率在85%～90%，而国内成材率仅为70%。即使是采用真空精炼或电渣重熔的模具钢材，也存在工艺和管理落后的现象，致使产品存在许多质量问题，与国外相比存在很大差距。提高钢材的内在质量是获得长寿命模具的根本途径之一，最关键的技术是提高钢材的纯净度和均匀性。国外普遍采用电炉加钢包精炼、真空处理和电渣重熔工艺，生产纯净度较高的模具钢；采用高温扩散退火、多向轧制和锻造来提高钢材的均匀性和纵横向性能，从而大幅度降低模具的早期失效率。

（4）不重视钢材使用过程中后道加工的质量。在我国，模具钢材出厂时通常为退火状态，大多数用户需要对这些钢材进行改锻后再用。但是，目前厂家对改锻工艺和锻造后的退火处理工艺执行不严，甚至有些厂家采用Cr12钢也不经锻造而直接加工成模具。另外，模具粗加工后的消除应力处理、电加工后降低变质层脆性的处理、使用过程中中间去应力退火处理等也往往被忽略，致使钢材使用性能的潜力难以发挥，导致模具使用寿命降低。

（5）不重视新材料和热处理新工艺的应用。许多模具生产企业长期以来只知道常用的几种模具钢，生产工艺落后，技术跟不上，对新钢种了解较少，因此应用新钢种的量也很少。目前，国内常用的模具钢基本上是从20世纪50年代初沿用下来的老钢种，模具钢新钢种的研制和推广应用的任务很重。而一些模具设计人员也习惯应用传统的模具钢和传统的热处理工艺方法，忽视选用新材料、新工艺，如国外早已很少使用（或淘汰）的模具钢（如3Cr2W8V）在国内还在广泛使用。

由于上述问题的存在，造成我国模具行业产品水平落后、模具及模具钢大量进口的被动局面。

根据模具材料技术的现状及存在的问题，今后我国模具材料技术的发展及应用要重视如下几个方面：

（1）积极引进、开发高性能模具新材料，既要填补空缺，又要防止材料过多、过杂。根据市场需求，增加品种、规格，形成具有我国特色的系列化、标准化模具材料，满足不同模具对质量和寿命的要求。

（2）大力推广应用效果明显的模具新材料，建立研、产、销、用一体化渠道。

（3）充分重视模具的正确选材。选材方法要向综合化方向发展，不仅要考虑制件的材质、尺寸、精度要求，以及模具的类别、结构和型腔的复杂程度，还要考虑生产量、质量要求和寿命要求，从而获得最佳的经济效益。

（4）大力发展、应用模具的强韧化处理新工艺及模具表面处理新技术，充分挖掘模具材料的潜力，提高模具材料的使用质量。

3. 表面工程技术在模具工业中的地位

模具生产技术水平的高低，已成为衡量一个国家产品制造水平高低的重要标志，因为模具在很大程度上决定着产品的质量、效益和新产品的开发能力。模具技术，特别是制造精密、复杂、大型、长寿命模具技术水平的高低，已经成为衡量一个企业、一个国家制造水平的重要标志之一。

我国模具工业的发展，日益受到人们的重视和关注。“模具是工业生产的基础工艺装备”也已经取得了共识。在电子、汽车、电机、电器、仪器、仪表、家电和通信等产品中，60%～80%的零部件都要依靠模具成型。用模具加工成型零件具有效率高、质量好、成本低、材料省、稳定性好等一系列优点，是其他加工制造方法所不能比拟的。模具又是“效益扩大器”，用模具生产的最终产品的价值，往往是模具自身价值的几十倍，甚至上百倍。近年来，我国模具工业的技术水平有了长足的进步，但还不是模具强国，模具的生产技术水平和使用寿命与世界发达国家相比仍有很大差距，国内模具市场供不应求，特别是精密、大型、复杂、长寿命模具仍依赖进口。从模具市场近十几年的情况来看，我国每年都进出口大量的模具，且进口远大于出口。我国模具制造周期一般为工业发达国家的2倍，但使用寿命仅为其1/5。模具的使用寿命关系到企业赖以生存的产品质量和生产成本等因素，同时还需寻找一种更有效的估算模具寿命并提高模具质量的途径。

模具的失效往往开始于模具的表面，模具表面性能的优劣直接影响到模具的使用寿命。对模具表面和芯部的性能要求是不同的，很难通过更换材料或模具的整体热处理来达到这样的性能要求。采用不同的表面工程技术，可提高模具的表面性能，使模具拥有强韧的芯部、耐磨耐腐蚀的表面，从而使模具寿命提高几倍甚至几十倍。

表面工程技术能有效地提高模具表面的耐磨性、耐蚀性、抗咬合、抗氧化、抗热黏附、抗冷热疲劳等性能。因此，模具材料及其热加工工艺的选择必须与表面强化技术结合起来全面考虑，才可能充分发挥模具材料的潜力，提高模具的使用寿命，获得最好的经济效益。例如，渗硼层的高硬度、高耐磨性和热硬性，以及一定的耐蚀性和抗黏着性，使得渗硼技术在模具工业中获得了较好的应用效果。

4. 表面工程技术的发展概况与意义

近 40 年来，有许多新的科学技术渗透到表面强化技术领域，使模具的表面强化技术得到了迅速发展，由此开发出来的表面强化技术构成了目前材料表面工程技术的主流。例如，激光是 20 世纪 60 年代出现的重大科学技术成就之一，70 年代制造出大功率的激光器以后，便开始用激光加热进行表面淬火。激光、电子束用于表面加热后，使表面强化技术超出了热处理的范畴，可以通过熔化—结晶、熔融合金化—结晶过程、熔化—非晶态过程，大幅度改变硬化层的结构与性能。

热喷涂技术作为一种新的表面防护和表面强化工艺在近 30 年里得到了迅速发展，热喷涂技术由早期制备一般的装饰性和防护性涂层发展到制备各种功能性涂层；由产品的维修发展到大批量的产品制造；由单一涂层发展到包括产品失效分析、表面预处理、喷涂材料和设备选择、涂层系统设计和涂层后加工等在内的热喷涂系统工程。目前，热喷涂技术已经发展成为金属表面工程技术中一个十分活跃的独立领域。

20 世纪 70 年代发展起来的离子注入技术，利用注入离子可得到过饱和固溶体、非晶态和某些化合物层，能改变材料的摩擦系数，提高材料的表面硬度、耐磨性及耐蚀性，延长了模具的使用寿命。目前，我国已经可提供离子注入 N、C、B 等非金属元素和注入 Ta、Ti、W 等金属元素的生产设备。

还有一些历史较长的表面处理技术，近十几年来也得到了飞速发展，如电镀技术已由单一的金属镀发展到镀各种合金，尤其是局部电镀技术——刷镀，已经成为人们公认的金属表面工程新技术，在我国已得到普遍应用。将传统的电镀工艺与近代的激光技术结合形成的激光电镀、化学镀是新兴的高速电镀技术，其效率比无激光照射高 1 000 倍。

5. 学习本课程的目的

本课程是模具设计与制造专业的一门专业课。在学习本课程之前，学生已经学习了“工程材料及热加工”，对模具材料及热处理已有了初步的了解。但是其内容仅局限于传统的材料和传统的热处理方法，缺少新材料、新工艺、新技术，缺少模具选材的综合分析方法，与模具设计、制造工艺之间的联系也不够密切。现代模具制造对模具材料及表面处理技术提出了更高的要求，作为模具设计、制造者必须既懂得模具的设计和制造技术，又要懂得模具材料及其表面处理技术。只有这样，设计、制造的模具才能够达到高质量、长寿命、低成本的要求，才能适应现代模具工业对模具专业人才的需求。为此，通过本课程的学习，以期学生能达到如下要求：

（1）了解当前模具材料及模具表面处理技术的发展现状和发展趋势。

（2）明确模具材料及表面工程技术与模具使用性能、寿命、成本之间的关系。

（3）掌握模具的服役条件、失效形式，合理选择模具材料及热处理工艺。

（4）掌握常用冷作模具材料、橡塑模具材料和其他模具材料的牌号、性能特点，并能合理选用。

（5）熟悉常见的模具表面处理方法及其选用，重点掌握一种或几种模具表面处理的方法。

本课程的理论性和实践性都很强，“工程材料及热加工”中的“热处理原理”“合金钢知识”是其重要的理论基础。因此，学生在学习本课程时，必须注意以上两部分内容的深入学习。另外，还应特别重视实践知识的学习，尽可能参观一些模具制造厂和模具使用厂，以增加感性知识，便于更好地学好本课程。

第1篇 模具材料及热处理工艺

1 模具材料概论

随着工业技术的迅速发展，为了提高产品质量，降低生产成本，提高生产效率和材料利用率，国内外的制造业广泛采用各种先进的无切削、少切削工艺，如精密冲压、精密锻造、压力铸造、冷挤压及等温超塑性成型等新技术，代替传统的切削加工。据统计，目前家用电器约 80% 的零部件依靠模具加工，机电工业中约 70% 的零部件采用模具成型；大部分塑料制品、陶瓷制品、橡胶制品、建材产品也采用模具成型。因此，模具是一种高效率的工艺装备。各种金属、塑料、橡胶、玻璃、陶瓷、粉末冶金等制品的生产都离不开模具，而模具的使用效果、使用寿命在很大程度上取决于模具的设计和制造水平，尤其与模具材料的选用和热处理质量有关。

1.1 模具及模具材料的分类

1.1.1 模具的分类

模具的分类方法很多，根据成型材料、成型工艺和成型设备的不同可综合分为十大类，即冲压模具、塑料成型模具、压铸模具、锻造成型模具、铸造用金属模具、粉末冶金模具、玻璃制品用模具、橡胶制品成型模具、陶瓷模具和经济模具。这种分类方法虽然较为严密，但与模具材料的选用缺乏联系。为了便于模具材料的选用，按照模具的工作条件来分类较为合理。据此，将以上十大类模具又分为如下三大类。

（1）冷作模具：根据工艺特点，可将冷作模具分为冷冲裁模具和冷变形模具两类。冷冲裁模具主要包括各种薄板冷冲裁模具和厚板冷冲裁模具。冷变形模具主要包括各种冷挤压模具、冷镦模具、冷拉深模具和冷弯曲模具等。

（2）热作模具：可分为热冲切模具、热变形模具和压铸模具三类。热冲切模具包括各种热切边模具和热切料模具。热变形模具包括各种锤锻模具、压力机锻模具和热挤压模具。压铸模具包括各种铝合金压铸模具、铜合金压铸模具及黑色金属压铸模具等。

（3）型腔模具：根据成型材料的不同，可将型腔模具分为塑料模具、橡胶模具、陶瓷模具、玻璃模具、粉末冶金模具等。

1.1.2 模具材料的分类

能用于制造模具的材料很多，分类方法也不尽相同。由于模具钢是制造模具的主要材料，所以通常把模具材料分为模具钢、非铁金属和非金属材料三大类。

（1）模具钢。用于制造模具的钢铁材料主要是模具钢。通常将模具钢分为冷作模具钢、热作模具钢、橡塑模具钢三类。

（2）非铁金属材料。用于制造模具的非铁金属材料主要有铜基合金、低熔点合金、高熔点合金、难熔合金、硬质合金、钢结硬质合金等。

（3）非金属材料。用于制造模具的非金属材料主要有陶瓷、橡胶、塑料等。

1.2 模具材料的主要性能指标

各种模具的工作条件不同，对模具材料的性能要求也不同。为了使所选用的模具材料满足模具的使用要求，应对模具材料的性能及其影响因素有比较全面且深入的了解。

1.2.1 强 度

强度是表征材料变形抗力和断裂抗力的性能指标。评价冷作模具材料塑性变形抗力的指标主要是常温下的屈服点 σ_s 或屈服强度 $\sigma_{0.2}$；评价热作模具材料塑性变形抗力的指标则应为高温屈服点或高温屈服强度。为了确保模具在使用过程中不会发生过量塑性变形失效，模具材料的屈服点必须大于模具的工作应力。热作模具的加工对象是高温软化状态的坯料，故所受的工作应力要比冷作模具小得多。但热作模具与高温坯料接触的部分会受热而软化，因此，模具的表面层必须有足够的高温强度。

反映冷作模具材料的断裂抗力指标是室温下的抗拉强度、抗压强度和抗弯强度等。在考虑热作模具的断裂抗力时，还应包括断裂韧度的因素。

影响强度的因素较多。钢的含碳量与合金元素含量，晶粒大小，金相组织，碳化物的类型、形状、大小及分布，残留奥氏体量，内应力状态等都对强度有显著影响。

1.2.2 硬度与热硬性

硬度是衡量材料软硬程度的性能指标。作为成型用的模具应具有足够高的硬度，才能确保使用性能和使用寿命。如冷作模具硬度一般为 52 ~ 60 HBC，而热作模具硬度一般为 40 ~ 52 HRC。

硬度实际上是一种综合的力学性能，因此，模具材料的各种性能要求，在图样上一般只通过标注硬度来表示。

热硬性是指模具在受热或高温条件下保持高硬度的能力。多数热作模具和某些冷作模具应具有一定的热硬性，才能满足模具的工作要求。

钢的硬度和热硬性主要取决于钢的化学成分、热处理工艺以及钢的表面处理工艺。

1.2.3 耐磨性

零件成型时材料与模具型腔表面发生相对运动，使型腔表面产生了磨损，从而使模具的尺寸精度、形状和表面粗糙度发生变化而失效。耐磨性指标可采用常温下的磨损量或相对耐磨性表示。磨损是一种复杂的过程，在模具中常遇到的磨损形式有磨料磨损、黏着磨损、氧化磨损和疲劳磨损等。

影响磨损的因素很多，除模具工作过程的润滑情况以外，还在很大程度上取决于模具材料的化学成分、组织状态、力学性能等。如模具的表面硬度越高，耐磨性一般也越好；钢的组织中，马氏体的耐磨性较好，下贝氏体的耐磨性最好。另外，钢中碳化物的性质、数量和分布状态对耐磨性也有显著的影响。

1.2.4 韧　性

韧性是材料在冲击载荷作用下抵抗产生裂纹的一个特性，反映了模具的脆断抗力，常用冲击韧度 α_k 来评定。冷作模具材料因多在高硬度状态下使用，在此状态下 α_k 值很小，很难相互比较，因而常根据静弯曲挠度的大小，比较其韧性的高低。工作时承受巨大冲击载荷的模具，须把冲击韧度作为一项重要的性能指标。如通常要求锤锻模具用钢的 α_k 值不应低于 30 J/cm^2，而压力机锻模具用钢的冲击韧度可低于锤锻模具用钢。对于某些热作模具材料和高强度冷作模具钢，有时还需考虑其断裂韧度。

韧性不是单一的性能指标，而是强度和塑性的综合表现。影响韧性的因素主要是钢的成分、组织和冶金质量。碳含量越低，杂质越少，钢的韧性越高；细晶粒组织、板条状马氏体组织、下贝氏体组织和高温回火组织都具有高的韧性。

1.2.5 疲劳性能

模具工作时承受着机械冲击和热冲击的交变应力，热作模具在工作过程中，热交变应力会更明显地导致模具热裂。受应力和温度梯度的影响，往往在型腔表面形成浅而细的裂纹，它的迅速传播和扩展会导致模具失效。

影响疲劳抗力的因素取决于钢的化学成分及组织的不均匀性，如钢中化学成分不均匀或存在非金属夹杂物、气孔、显微裂纹等均可导致钢的疲劳抗力降低，因为在交变应力的作用下，首先在这些薄弱地区产生疲劳裂纹并发展成为疲劳破坏。

1.2.6 耐热性

热作模具、部分成型模具或冷作模具等，由于工作温度较高，通常需要考虑模具材料的耐热性。当模具工作温度升高时，在常温下各种起强化作用的介稳组织要转变为稳定组织（如马氏体分解、碳化物聚集长大等），这将导致材料的强度、硬度等力学性能指标下降，同时氧化情况也趋于加重。因此，保证耐热性的关键是模具的组织应有较好的热稳定性。

高温材料的热稳定性常以 600 ~ 700 °C 时的屈服强度来表示，它与钢的回火稳定性有关。因此，加入某些合金元素提高钢的再结晶温度、增加钢中基体组织和碳化物的稳定性都能增加钢的耐热性。

1.2.7 耐蚀性

部分塑料模具和压铸模具在工作时，受到被加工材料的腐蚀，从而加剧模腔表面磨损。所以这些模具材料应具有相应的耐蚀性。合金化或进行表面处理是提高模具钢耐蚀性的主要方法。

1.3 模具的失效形式及影响因素

模具失效是指模具失去正常工作的能力。模具的失效有达到预定寿命的正常失效，也有远低于预定寿命的早期失效。正常失效是比较安全的，而早期失效则会带来经济损失，甚至可能造成人身或设备事故，因此，应尽量避免早期失效。模具的失效不能仅理解为破坏或断裂，它还有着更广泛的含义。

对模具的失效进行分析，找出引起模具失效的原因，这样才能采取相应的措施来提高模具的使用寿命。影响模具寿命的因素很多，包括模具设计、加工制造、材料选择、热处理工艺、使用和维护等，任何一个环节安排不当，都可能会严重影响模具的使用寿命。

1.3.1 模具的失效形式

模具的主要失效形式有磨损、断裂、局部崩块、腐蚀、疲劳和变形等。模具在工作过程中可能同时出现多种形式的损伤，各种损伤之间又相互渗透、相互促进、各自发展，而当某种损伤的发展导致模具失去正常功能时，则模具失效。

1. 断裂失效

根据模具断裂前变形量的大小和断口形状的不同，断裂可分为脆性断裂和韧性断裂两种。造成模具断裂和开裂的原因很多，除了模具安装和操作不当外，还与模具设计、材质、热处理工艺等因素有密切的关系。

2. 磨损失效

模具在工作过程中的相对运动不可避免地会引起磨损，因此耐磨性是模具钢的基本性能之一。冷作模具的磨损主要是咬合磨损和磨料磨损；热作模具的磨损主要是热磨损。

3. 疲劳失效

冷作模具承受的载荷都是在一定的能量下，周期性地施加的多次冲击载荷，容易出现应力疲劳失效。热作模具长期经受反复加热和冷却所产生的热应力作用，容易出现热疲劳失效，尤其是压铸模具，热疲劳失效占失效总数的 60%～70%。

4. 变形失效

在冷镦、冷挤和冷冲过程中，冲头由于抗压或抗弯强度不足而出现镦粗、下陷、弯曲等变形失效。在热锻模、热辊锻模上，尤其是热锻模的下模，型腔表面在热坯料的热作用下容易出现软化、塌陷等变形失效。

5. 腐蚀失效

腐蚀失效主要发生在热作模具和塑料模具中，在金属压铸模具中比较容易出现冲蚀。在成型含 F、Cl 塑料的塑料模具中容易出现介质腐蚀失效。

1.3.2 影响模具失效的因素

对于不同类型的模具，失效的主要形式会有所不同，如冷作模具容易出现脆断失效，而热作模具容易出现冷热疲劳失效；即使同一类型的模具，失效的形式也是变化的。

1. 模具结构

模具结构包括模具的几何形状、模具间隙、冲头的长径比、端面倾斜角、过渡角大小、模具中开设的冷却水路、装配结构等。不合理的模具结构可能引起严重的应力集中或高的工作温度。图 1-1 为 3 种反挤压模结构，其中图 1-1（c）平端型凸模的单位挤压力比其余两种结构约高 20%，易于出现早期失效，但图 1-1（a）凸端型结构和图 1-1（b）尖端型结构的倾斜角也不能太大，如过大虽能降低挤压力，但凸模容易挤偏而折断。

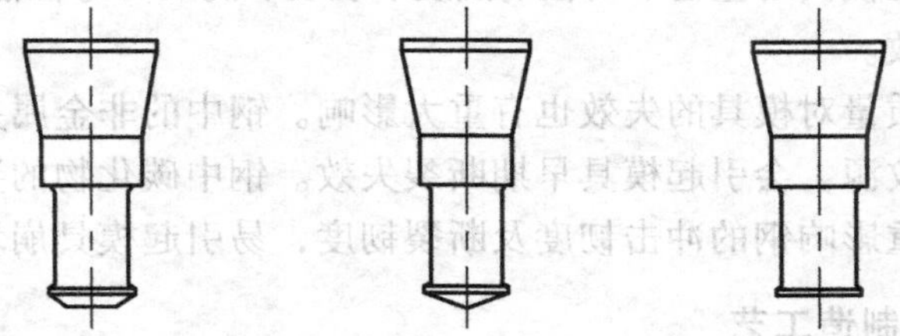

（a）凸端型　（b）尖端型　（c）平端型

图 1-1 三种反挤压模结构

图 1-2 为两种不同结构的塔形热挤压凹模。使用图 1-2（a）整体式凹模时，由于模具型腔受急冷急热，极易产生热疲劳裂纹，微裂纹的不断扩展，会发生断裂失效。当改用图 1-2（c）所示的组合式凹模后，降低了型腔表面的拉应力，避免了应力集中，不再出现早期失效。

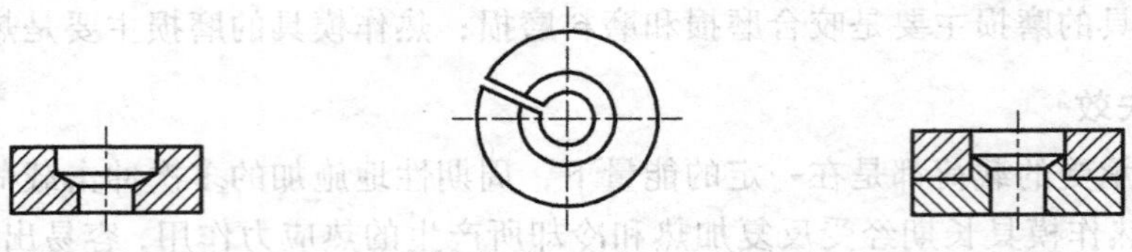

（a）整体式凹模　　（b）整体式凹模的早期断裂　　（c）组合式凹模

图 1-2　塔形热挤压凹模的早期断裂

锤锻模、压铸模、塑料模等型腔模具的拔模斜度对制件的脱模及模腔底部圆角处的应力状态有直接影响，其中锤锻模更为明显。模锻斜角及圆角半径对底部最大比较应力的影响如图 1-3 所示。如某连杆锻模，当拔模斜度由 7° 改为 10° 后，模具寿命由 3 000 件提高到 5 000 件。当然，角度的最佳值应根据具体模具的部位做出分析和选择。

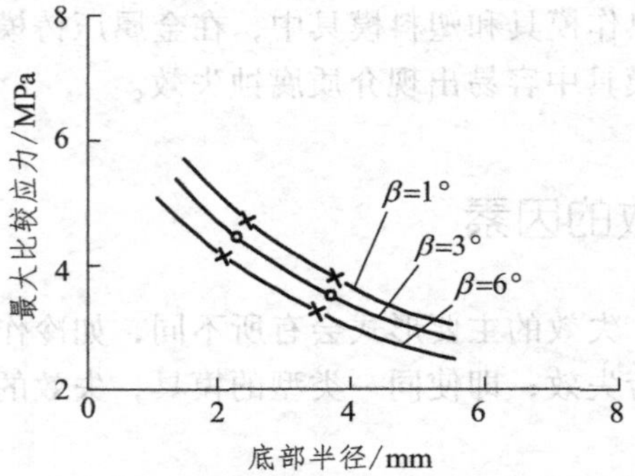

图 1-3　模锻斜度 β 及圆角半径对应力的影响

与模具寿命有关的结构因素是多种多样的，根据理论分析和模具使用的实际情况，不断改进和优化结构设计，是提高模具寿命的最经济、有效的方法。

2. 模具材料

模具材料必须满足模具对塑性、韧性、强度、硬度、抗疲劳等性能的要求，如不能满足，则模具会发生早期失效。

模具材料的冶金质量对模具的失效也有重大影响。钢中的非金属夹杂物的自身强度和塑性很低，容易形成裂纹源，会引起模具早期断裂失效。钢中碳化物的数量过多，形状、尺寸及分布不理想，会严重影响钢的冲击韧度及断裂韧度，易引起模具崩块、折断、劈裂等。

3. 热处理及加工制造工艺

热处理不当或工艺不合理，可能导致模具产生热处理缺陷或性能降低，从而引起模具早期失效。如淬火温度过高，会引起钢的过热甚至过烧，易引起晶粒长大甚至晶粒熔化，使模具的韧性下降，发生崩刃或早期断裂。淬火冷却速度过快或油温过低，都会出现淬火裂纹，甚至会出现早期断裂。

模具加工制造工艺，特别是锻造工艺对模具的影响也很大。若锻造工艺不合理，则达不到打碎晶粒、改善方向性、提高致密度的目的，甚至引发锻造裂纹等缺陷。因此，对锻造加热温度、加热时间、锻后冷却速度应严格控制。模具的切削加工应严格保证尺寸过渡处的圆角半径，圆弧与直线相接处应光滑，工作部位应严禁留有刀痕，保证工作部位光滑无痕。

1.4　模具寿命

1.4.1　模具材料与模具寿命

模具材料对模具寿命的影响是模具材料种类、化学成分、组织结构、硬度和冶金质量等因素的综合反映，其中材料种类和硬度影响最为明显。

模具材料种类对模具寿命的影响是很大的。如对同一种工件，使用不同的模具材料做弯曲试验，用 9Mn2V 材料，其寿命为 5 万次；用 Cr12MoV 渗氮，其寿命可达 40 万次。因此，在选用模具材料时，应根据制件的批量大小，合理选用模具材料。

模具工作零件的硬度对模具寿命的影响也很大，但并不是硬度越高，模具寿命越长。如采用 T10 钢制造硅钢片冲模，硬度为 52 ~ 56 HRC，只冲几千次，冲件毛刺就很大。如果将硬度提高到 60 ~ 64 HBC，则刃磨寿命可达 2 万 ~ 3 万次。但如果继续提高硬度，则会出现早期断裂。有的冲模硬度不宜过高，如采用 Cr12MoV 钢制造六角螺母冷镦凸模，硬度为 56 ~ 60 HRC 时，一般寿命为 2 万 ~ 3 万件，失效形式是崩裂；如将硬度降到 50 ~ 54 HRC，则寿命可提高到 6 万 ~ 8 万件。由此可见，模具硬度必须根据成型性质和失效形式而定，应使硬度、强度、韧性、耐磨性、耐疲劳性等达到成型所需要的最佳配合。

采用新的热处理工艺，挖掘现有材料的潜力，对提高模具寿命是有效的，不过也是有限的。特别是加工工艺的发展越来越趋向高温、高压、高速，模具的服役条件更加苛刻，因此要大幅度提高模具寿命，则必须研制和应用新的模具材料。

近年来，我国研制出不少适合我国特点的新型高效模具材料，如橡塑模具钢中的 06Ni6CrMoVTiAl（06Ni）、Y55CrNiMnMoV（SM1）、Y20CrNi3AlMnMo（SM2）、5CrNiMnMoVSCa、10Ni3MnCuAlMo（PMS）、0Cr16Ni4Cu3Nb（PCR）等，冷作模具钢中的 6Cr4W3Mo2VNb（65Nb）、6CrNiSiMnMoV（GD）、7Cr7Mo2V2Si（LD）、7CrSiMnMoV 等，热作模具钢中的冷热兼用的 5Cr4W5Mo2V（RM2）、5Cr4Mo3SiMnVAl（012Al）、3Cr3Mo3W2V（HMl）、4Cr2NiMoV、4CrMnSiMoV 等新钢种的采用，都能获得提高模具寿命的效果。因此，作为模具工作者，应正确选用并合理使用模具材料，以保证模具的正常使用，并提高模具的使用寿命。

模具钢的冶金质量对模具寿命有很大影响，应提出相应的要求，检验合格后再进行加工。采用先进的冶金生产技术，如电渣重熔、炉外精炼、真空脱气等都能明显提高模具钢的冶金质量和模具寿命。

1.4.2　锻造与模具寿命

目前，我国模具的标准化程度很低，钢材的规格较少，用户需将所购的圆钢改锻成模具毛坯，因此，锻造的第一个目的是使钢材达到模具毛坯的尺寸及规格，为后续加工做好准备。

锻造的第二个目的是改善模具钢的组织和性能，使大块碳化物破碎，并均匀分布，改善金属纤维的方向性，使流线合理分布，消除或减轻冶金缺陷，提高模具钢的致密度。

从冶金厂购进的钢材首先要检验碳化物的不均匀度，如果碳化物的不均匀度级别大于3级，则钢材的力学性能会明显下降。对于这类钢材，要采取多向多次锻拔，以便尽量击碎碳化物，改善锻件金属纤维的方向性。

模具钢的碳含量、合金元素含量都较高，导热性较差，特别是高碳高合金钢的锻造温度范围较窄，如操作不当极易锻裂。因此，模具钢的锻造要严格遵守锻造工艺。同时，加热温度不能过高，加热要均匀，加热速度不能太快。锻造时要轻重掌握适度，停锻后应慢冷。

1.4.3 热处理与模具寿命

热处理可使模具获得所需的组织和性能，保证在正常服役条件下有一定的使用寿命。但是，如果热处理工艺不合理或操作不当，将会产生明显的热处理缺陷，使模具出现早期失效。

预备热处理的主要目的是为模具的机械加工和最终热处理做组织准备，其最关键的因素是加热温度、冷却速度或等温温度的选择。

最终热处理的关键是淬火工艺的制定，其中包括淬火加热温度、淬火冷却速度的合理选择。淬火加热时的保护也很重要，如果保护不当，将引起模具表面脱碳，从而降低模具的耐磨性和疲劳强度。对于精密模具或性能要求高的模具，可以采用真空加热或保护气氛加热，确保模具表面无加热缺陷。

回火工艺也是最终热处理中的重要工序。回火一定要充分，高合金钢一般要回火两次以上，这是因为钢中的残留奥氏体是在回火冷却过程中转变为马氏体的，经两次以上的回火，可使残留奥氏体充分转变；否则，将在模具中残留较大的淬火应力，降低模具的韧性。

对于用高合金钢制造的高精度模具，为提高模具的硬度和尺寸稳定性，淬火后可采用 -40 ~ -80 °C 的冷处理。冷处理后，应立即进行回火。

复习思考题

1. 模具及模具材料一般可以分为哪几类？
2. 评价冷作模具材料塑性变形抗力的指标有哪些？这些指标能否用于评价热作模具材料的塑性变形抗力，为什么？
3. 反映冷作模具材料断裂抗力的指标有哪些？影响这些指标的主要因素是什么？
4. 磨损类型主要有哪些？简述在各类磨损过程中影响其耐磨性的主要因素。
5. 什么是耐热性？什么是冷热疲劳抗力？两者有什么关系？
6. 模具失效的特点是什么？模具失效分析的意义是什么？
7. 改进和优化模具结构设计的最基本作用是什么？举例说明这种作用对模具寿命的影响。
8. 模具材料对模具寿命的影响表现在哪些方面？
9. 如何提高模具寿命？
10. 模具材料的主要性能指标有哪些？

2 模具的失效分析

19 世纪以来，人类在生产与科学实践活动中经常遇到严重的产品事故，如火车运行中车轴断裂、桥梁的脆性破裂、飞机的失事、导弹和运载火箭的失控爆炸等。为了查明产生事故的原因，寻求防止产品失效的方法，曾做了大量试验和研究工作。在此过程中，随着近代科学技术的发展，开始对产品失效进行系统科学的分析研究，逐步建立了失效分析技术。随着产品日趋复杂，失效分析工作也日益受到重视。现代大型产品往往是由上万个，甚至上百万个零部件组成的复杂系统，这类产品的失效或故障会造成巨大的灾害和经济损失。1986 年 1 月 28 日，美国航天飞机“挑战者”号第 10 次飞行中因固体助推器密封环失效而引起空中爆炸，造成直接经济损失近 20 亿美元，7 名航天员死亡，航天飞机的飞行也被迫中断近 2 年。现在失效分析的研究已不限于已发生的事故，而更重视产品失效的潜在因素、探索防止失效的措施，以杜绝类似事故再次发生。本章主要介绍失效的基本概念、机理分析及模具的失效类型等内容。

2.1 失效和失效分析

2.1.1 失　效

产品丧失规定的功能（包括规定功能的完全丧失、降低）称为失效。对于可修复的产品，通常称之为故障。

判断失效的模式，查找失效原因和机理，提出预防再失效的对策的技术活动和管理活动称为失效分析。

1. 失效和事故

失效与事故是紧密相关的两个范畴，事故强调的是后果，即造成的损失和危害，而失效强调的是机械产品本身的功能状态。失效和事故常常有一定的因果关系，但两者没有必然的联系。

2. 失效和可靠

失效是可靠的反义词。机电产品的可靠度 $R(t)$是指时间 t 内还能满足规定功能产品的比率，即 $n(t)/n(0)$，其中 $n(t)$ 为时间 t 内满足规定功能产品的数量，$n(0)$为产品试验总数量。累积失效概率 $F(t)$ 就是时间 t 内的不可靠度，即 $F(t) = 1 - R(t) = [n(0) - n(t)]/n(0)$。

3. 失效件和废品

失效件是指进入商品流通领域后发生故障的零件，而废品则是指进入商品流通领域前发生质量问题的零件。废品分析采用的方法常与失效分析方法一致。

2.1.2 失效的分类

1. 按功能分类

由失效的定义可知，失效的判据是看其规定功能是否丧失。因此，失效的分类可以按功能进行分类。例如，按不同材料的规定功能，可以用各种材料缺陷（包括成分、性能、组织、表面完整性、品种、规格等方面）来划分材料失效的类型。对机械产品可按照其相应的规定功能来分类。

2. 按材料损伤机理分类

根据机械失效过程中材料发生变化的物理、化学的本质机理不同和过程特征差异进行分类，如图 2-1 所示。

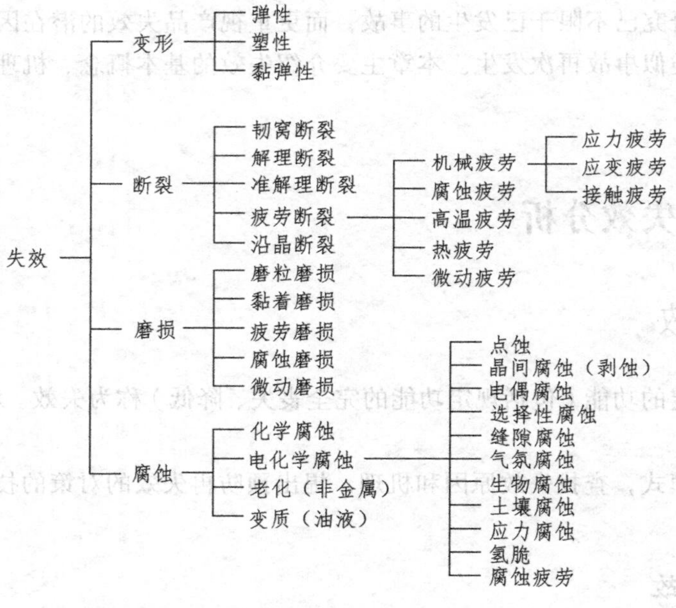

图 2-1 失效的分类

3. 按机械失效的时间特征分类

（1）早期失效：由于产品在设计、制造、储存、运输等形成的缺陷，以及调试、跑合、启动不当等人为因素所造成的失效。一般情况下，新产品在研究和试制阶段出现的失效，多为早期失效。

（2）突发失效：在产品的正常工作时期，此时产品的失效是随机的，这一阶段的失效是不能预测的，事前更换元件也是无效的。

4. 按机械失效的程度分类

（1）部分失效：产品的性能偏离某种规定的界限，但尚未完全丧失规定功能的失效。

（2）完全失效：完全丧失规定功能的失效。

5. 按机械失效的后果分类

（1）轻度失效：不妨碍产品完成规定功能的产品组成单元的失效。

（2）危险性（严重）失效：导致产品完成规定功能的能力降低的产品组成单元的失效。

（3）灾难性（致命）失效：导致重大损失的失效。

2.1.3 失效分析的分类

失效分析的分类一般按分析的目的不同可分为如下几类。

（1）狭义的失效分析：主要目的在于找出引起产品失效的直接原因。

（2）广义的失效分析：不仅要找出引起产品失效的直接原因，而且要找出技术管理方面的薄弱环节。

（3）新品研制阶段的失效分析：对失效的研制品进行失效分析。

（4）产品试用阶段的失效分析：对失效的试用品进行失效分析。

（5）定型产品使用阶段的失效分析：对失效的定型产品进行失效分析。

（6）修理品使用阶段的失效分析：对失效的修理品进行失效分析。

2.1.4 失效分析预测和预防的地位与作用

从人类认识客观世界的历史长河来说，人的认识是有限的，而客观时间是无限的。失效是人们的主观认识与客观事物相互脱离的结果，失效发生与否是不为人们的主观意志为转移的。因此，失效是绝对的，而安全则是相对的。失效分析是人们认识客观物理本质和规律的逆向思维探索，是对正向思维研究的不可缺少的重要补充，是变失效（失败）为安全（成功）的关键因素，是人们深化客观事物认识的知识源泉。失效分析、改进提高、再失效分析研究、再提高发展，如此往复循环、螺旋上升、发展飞跃，这是人类科学技术发展的历史，也是社会发展历史的全过程。因此，广义地说，人类的科学技术发展史、社会发展史就是与广义失效不断作斗争，变失效（失败）为安全（成功）的历史。

当今，科学技术是第一生产力，高科技的发展已成为国民经济和国防科技发展的主要关键和依托，而高科技发展也依赖于高科技发展中的失效分析预测和预防，因此，高科技的发展更需要失效分析预测和预防技术的进一步强化，并将失效分析预测和预防列为高科技的发展领域之内。具体来说有以下几点：

（1）失效分析可以减少和预防机械产品同类失效事故的重复发生，从而提高机械产品质量和减少经济损失，它是创建名牌机械产品的必由之路和科学途径。

（2）失效是产品质量控制发生偏差的反映，失效分析是可靠性工程必不可少的基础技术工作，加强机械产品失效及其分析工作的管理必将强化全面质量管理工作。因此，它是机械产品全面质量管理中的重要组成部分和关键的技术环节。

（3）失效分析是机械产品维修工作的技术基础，它可以决定维修的可能性、技术和方法，从而提高维修工作的质量、速度和效益。

（4）失效分析可以为仲裁失效事故的责任、侦破犯罪案件、开展技术保险业务、修改和制定产品质量标准等提供可靠的科学技术依据，它是经济立法工作中的重要程序和基础技术工作，从而可提高经济立法的完整性、科学性和可观权威性。

（5）失效分析是技术开发、技术改造、技术进步乃至整个科学技术水平提高等方面的“开拓者”和“杠杆”，它提供信息、方向、途径和方法，从而提高国民经济发展和科学技术发展的速度。

（6）机械产品失效及其分析工作的累积统计资料可以提供技术信息、经济信息和人才信息，它可以反映经济工作、科学技术研究和人才培养方面的薄弱环节和失误或失调，因此它是领导者们进行宏观经济和技术决策的重要信息来源，也是科学技术人员认识事物和改造事物的信息源泉。

总之，失效分析预测和预防是从失败入手着眼于成功和发展，是从过去入手着眼于未来和进步的科学技术领域，并且正向失效学这一分支学科方向发展。重视这一分支学科的发展，有意识地运用它已有的成就来分析、解决和攻克相关领域中的失效（失败、故障）问题，是人们走向成功，使科技发展少走弯路的捷径之一。

下面根据机械失效过程中材料发生变化的物理、化学的本质和特征的分类，结合模具失效的特点，分别介绍磨损失效、断裂失效、变形失效这 3 种失效形式。

2.2 磨损失效

磨损失效是机械设备和零部件的 3 种主要失效形式——断裂、腐蚀和磨损失效形式之一。通常磨损过程是一个渐进的过程，正常情况下磨损直接的结果也并非灾难性的，因此，人们容易忽视对磨损失效重要性的认识。实际上，机械设备的磨损失效造成的经济损失是巨大的。美国曾有统计，每年因磨损造成的经济损失占其国民生产总值的 4%。2004 年底，由中国工程院和国家自然科学基金委共同组织的北京摩擦学科与工程前沿研讨会的资料显示，磨损损失了世界一次能源的 1/3，机电设备的 70% 损坏是由于各种形式的磨损而引起的；当时我国的 GDP 只占世界的 4%，却消耗了世界 30% 以上的钢材；我国每年因摩擦磨损造成的经济损失在 1 000 亿人民币以上，仅磨料磨损每年就要消耗 300 多万吨金属耐磨材料。可见减摩、抗磨工作具有节能、节材、充分利用资源和保障安全的重要作用，越来越受到国内外的重视。因此，研究磨损失效的原因，制定抗磨对策、减少磨损耗材、提高机械设备和零件的安全寿命有很大的社会和经济效益。

磨损的定义和磨损失效的主要类型：

磨损——由于机械作用造成物体表面材料逐渐损耗。

磨损失效——由于材料磨损引起的机械产品丧失的应有功能。

通常，按照磨损机理和磨损系统中材料与磨料、材料与材料之间的作用方式划分，磨损可分为磨料磨损、黏着磨损、冲蚀磨损、疲劳磨损、腐蚀磨损和微动磨损等类型。

2.2.1 磨粒磨损

1. 磨粒磨损的分类

磨粒磨损有多种分类方法，如以力的作用特点来分，可分为低应力划伤式磨料磨损、高应力辗碎式磨料磨损、凿削式磨料磨损。

（1）低应力划伤式磨料磨损，其特点是磨料作用于零件表面的应力不超过磨料的抗压强度，材料表面被轻微划伤。生产中的犁铧、煤矿机械中的刮板、输送机溜槽的磨损情况就是属于这种类型。

（2）高应力辗碎式磨料磨损，其特点是磨料与零件表面接触处的最大压应力大于磨料的抗压强度。生产中球磨机衬板与磨球、破碎式滚筒的磨损就是属于这种类型。

（3）凿削式磨料磨损，其特点是磨料对材料表面有大的冲击力，从材料表面凿下较大颗粒的磨屑，如挖掘机斗齿及颚式破碎机的齿板的磨损就是属于这种类型。

另外，还有以磨损接触物体的表面分类，分为双体型磨料磨损和三体型磨料磨损。双体型磨料磨损的情况是，磨料与一个零件表面接触，磨料为一物体，零件表面为另一物体，如犁铧。而三体型磨料磨损，其磨料介于两个滑动零件表面，或者介于两个滚动物体表面，前者如活塞与气缸间落入磨料，后者如齿轮间落入磨料。这两种分类法最为常用。

2. 磨粒磨损机理

关于磨粒磨损机理，现在主要有3种学说。

（1）微观切削。赫罗绍夫等人认为，磨粒磨损主要是由于磨粒在金属表面发生微观切削作用引起的，法向载荷将磨粒压入表面，相对运动时磨粒对表面产生犁刨作用，因而形成磨屑和磨痕。

（2）疲劳破坏。克拉盖尔斯基等人认为，磨屑从金属表面上一次被切削下来的情况是很少见的，大部分是通过载荷的重复作用而导致表面疲劳破坏，使小颗粒材料从表层剥落下来而形成磨屑和磨痕。

（3）挤压剥落。纽康姆等人认为，磨粒磨损过程好似钢球在载荷作用下压入软金属表面并在其上划过一样。磨粒压入表面移动时，使表面发生严重的塑性变形，压痕两侧的材料受到损伤，因而极易从表面挤出或剥落下来形成磨屑。

实际上，以上几种现象可能同时存在，这是因为只有边缘尖锐的磨粒才能起到切削作用。其余磨粒则发挥挤压剥落与疲劳破坏的作用。至于哪一个起主要作用，则因具体情况不同而异。图2-2是磨粒磨损机理示意图。

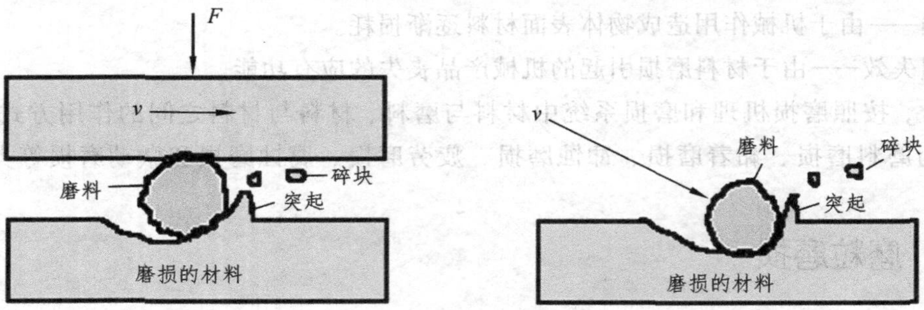

图 2-2　磨粒磨损示意图

3. 磨损的性能参量

为了反映零件的磨损，常需要用一些参量来表征材料的磨损性能。常用的参量有以下几种：

（1）磨损量——由于磨损引起的材料损失量，它可通过测量长度、体积或质量的变化而得到，并相应称它们为线磨损量、体积磨损量和质量磨损量。

（2）磨损率——以单位时间内材料的磨损量表示，即磨损率 $I = dV/dt$（V 为磨损量，t 为时间）。

（3）磨损度——以单位滑移距离内材料的磨损量来表示，即磨损度 $E = dV/dL$（L 为滑移距离）。

（4）耐磨性——指材料抵抗磨损的性能，它以规定摩擦条件下的磨损率或磨损度的倒数来表示，即耐磨性 $= dt/dV$ 或 dL/dV。

（5）相对耐磨性——指在同样条件下，两种材料（通常其中一种是 Pb-Sn 合金标准试样）的耐磨性之比值，即相对耐磨性 $\varepsilon_{w} = \varepsilon_{试样}/\varepsilon_{标样}$。

4. 影响磨损的因素

（1）硬度。磨粒硬度 H_0 与被磨材料硬度 H 之间的相对值会影响磨粒磨损的特性，如图 2-3 所示。当 $H_0<(0.7 \sim 1)H$ 时，将不会产生磨粒磨损或产生轻微磨损；当 $H_0>H$ 时，磨损度随 H_0 值的增大而增大；若 H_0 值更大时，将产生严重磨损，但磨损度不再随 H_0 值的增大而变化。

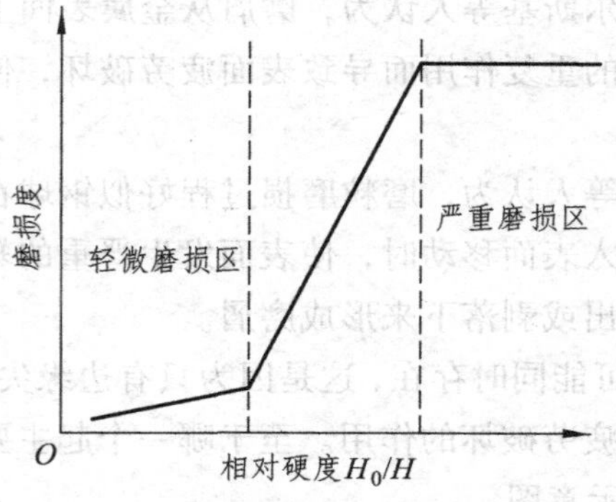

图 2-3　相对硬度的影响

图 2-4 是赫罗绍夫等人对金属的相对耐磨性的研究结果。由图 2-4（a）可以说明，纯金属及未经热处理的钢，其相对耐磨性与该材料的自然硬度成正比；图 2-4（b）表明，经热处理的钢，其相对耐磨性随热处理硬度的增大而线性增大，但比未经热处理的钢要增大得慢一些；从图 2-4（b）还可发现，钢的含碳量及碳化物生成元素（如锰、铬、钼等）的含量越高，其相对耐磨性越大；由图 2-4（c）可知，金属材料经不同程度的冷作硬化，可提高其硬度，但不能改善其相对耐磨性。相对耐磨性与冷作硬化的硬度无关，是因为磨粒磨损中的犁沟作用本身就是强烈的冷作硬化过程。因热处理提高的硬度，其中一部分是因冷作硬化而得来的，故用热处理提高材料相对耐磨性的效果不是很显著。

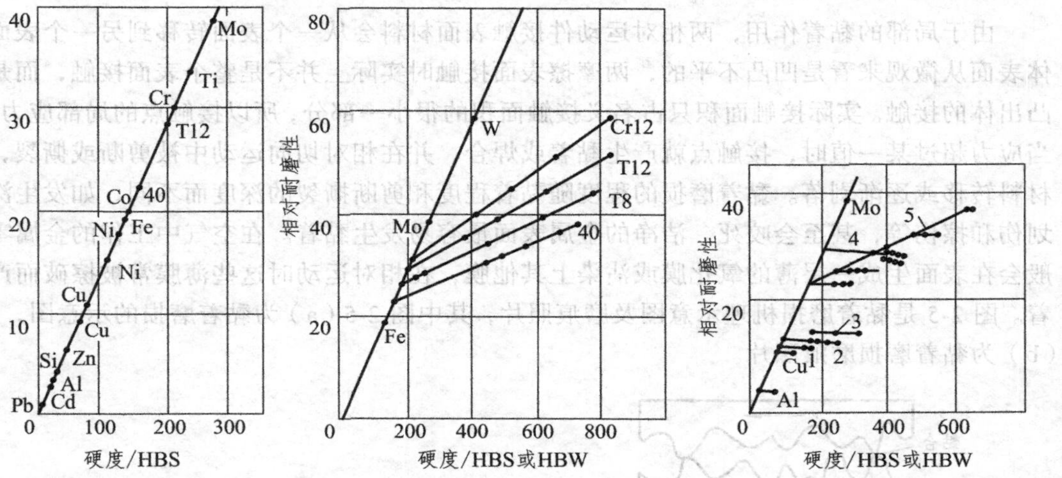

（a）退火状态的工业纯金属和钢的硬度与相对耐磨性的关系　（b）经热处理所获得的不同硬度和相对耐磨性的关系　（c）加工硬化对相对耐磨性的影响

图 2-4　材料硬度影响

1—黄铜；2—铝青铜；3—铍青铜；4—1Cr18Ni9 奥氏体不锈钢；
5—45 钢经 5 种热处理制度获得不同硬度后冷作硬化

试验表明，材料硬度增大时其磨损减轻，而材料弹性模量减小时其磨损也减轻。这是因为弹性模量减小时，摩擦副对偶表面的贴合情况有所改善而使接触应力降低，同时当表面间有磨粒时，会因弹性变形而允许其通过，因此可减轻磨损。如用于船舶螺旋桨中的水润滑橡胶轴承，在含泥沙的水中工作时，比弹性模量较大的材料（如青铜等）制成的轴承具有更高的抗磨粒磨损能力。通常可用材料硬度与弹性模量的比值 H/E 的大小来估计其相对耐磨性的高低，即材料的 H/E 值越大，其相对耐磨性也越高。

（2）磨粒尺寸。试验表明，一般金属的磨损率随磨粒平均尺寸的增大而增大，但磨粒达到一定临界尺寸后，其磨损率不再增大。磨粒的临界尺寸随金属材料的性能不同而异，同时它还与工作元件的结构和精度等有关。有人试验得出，柴油机液压泵柱塞摩擦副在磨粒尺寸为 3 ~ 6 μm 时磨损最大，而活塞对缸套的磨损是在磨粒尺寸 20 μm 左右时最大。因此，当采用过滤装置来防止杂质侵入摩擦副对偶表面间以提高相对耐磨性时，应考虑最佳效果。

（3）载荷。试验表明，磨损量与表面平均压力成正比，但有一转折点，当表面平均压力达到并超过临界压力时，磨损量随表面平均压力的增加变化缓慢，对于不同材料，其转折点也不同。

2.2.2 黏着磨损

当摩擦副两对偶表面做相对滑动时，由于黏着致使材料从一个表面转移到另一个表面，或材料从表面脱落而引起的磨损现象，统称为黏着磨损。

1．黏着磨损的机理

由于局部的黏着作用，两相对运动件接触表面材料会从一个表面转移到另一个表面。固体表面从微观来看是凹凸不平的，两摩擦表面接触时实际上并不是整个表面接触，而是许多凸出体的接触。实际接触面积只占名义接触面积的很小一部分，所以接触点的局部应力很大，当应力超过某一值时，接触点就产生黏着或焊合，并在相对切向运动中被剪断或撕裂，致使材料转移或逐渐剥落。黏着磨损的程度随黏着程度和剪断撕裂的深度而不同，如发生涂抹、划伤和擦伤等，甚至会咬死。洁净的金属表面最容易发生黏着。在空气中工作的金属零件一般会在表面生成一层薄的氧化膜或沾染上其他膜，在相对运动时这些薄膜常被擦破而产生黏着。图 2-5 是黏着磨损机理示意图及磨痕照片，其中图 2-5（a）为黏着磨损的示意图，图 2-5（b）为黏着磨损磨痕照片。

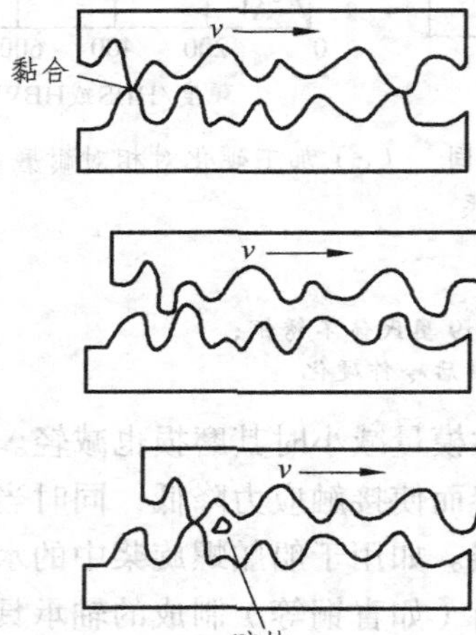

（a）黏着磨损示意图

（b）黏着磨损磨痕

图 2-5　黏着磨损机理示意图及磨痕照片

2．黏着磨损的形式

假设摩擦副的两个基体 A 与 B 以及黏着点 AB 的抗剪强度依次为 τ_A、τ_B、τ_{AB}，其中 $\tau_A < \tau_B$，按照黏着结点的强度和破坏位置的不同，黏着磨损有不同的形式。

（1）轻微黏着磨损。当黏结点的强度低于摩擦副两材料的强度（$\tau_{AB} < \tau_A < \tau_B$）时，剪切发生在界面上，此时虽然摩擦系数增大，但磨损却很小，材料转移也不显著。通常在金属表面有氧化膜、硫化膜、其他涂层时发生这种黏着磨损，如缸套-活塞环副的正常磨损。

（2）涂抹磨损。当黏结点的强度高于摩擦副中较软材料的剪切强度（$\tau_A < \tau_{AB} < \tau_B$）时，破坏将发生在距离接合面不远的软材料表层内，被剪切下的材料涂抹在B的表面上，并形成很薄的涂层，随后变为A材料之间的摩擦。由于表层的冷作硬化，剪切仍发生在A的浅表层，其磨损程度比轻微磨损略大，这种磨损的摩擦系数与轻微磨损相当，如重载蜗杆-蜗轮副的磨损常为此种情况（蜗轮表面的铜涂抹在蜗杆表面上）。

（3）擦伤磨损。当黏结点的强度高于摩擦副材料的强度（$\tau_A < \tau_B < \tau_{AB}$）时，剪切破坏主要发生在软材料A的亚表层内，有时也发生在硬材料B的亚表层内。被剪切下的材料转移到B表面上而形成黏着物，这些黏着物又擦伤A表面，如内燃机中铝活塞-缸套副就常发生这种黏着磨损。

（4）胶合磨损。如果黏结点的强度比摩擦副材料的剪切强度大得多（$\tau_A < \tau_B < \tau_{AB}$），而且黏结点面积较大时，使接触点局部温度较高和接触应力很大，则剪切发生在一方或双方基体较深层处，这时表面将沿着滑动方向呈现明显的撕脱。这是一种危害性极大的磨损（容易发展为咬死），有时会突然发生，所以一定要预防。通常高速重载摩擦副或相同金属材料组成的摩擦副易出现这种磨损。齿轮副、蜗杆-蜗轮副及凸轮-挺杆副等，都有可能发生这种磨损。

（5）咬死黏着点抗剪强度相当高，表面瞬时闪发温度也相当高，黏着面积很大，黏着点不能剪断而造成相对运动中止的现象。咬死现象是胶合磨损最严重的表现形式，如主轴-轴瓦副有时会发生这种现象。

3. 影响黏着磨损的因素

（1）材料性质。脆性材料的抗黏着磨损能力比塑性材料高。塑性材料的黏着破坏常发生在表层深处，磨屑的颗粒大；而脆性材料的黏着破坏常发生在表层浅处，磨屑的颗粒细小。材料的屈服点或硬度越高，其抗黏着磨损能力也越强。

不同材料或互溶性小的材料组成的摩擦副，比相同材料或互溶性大的材料组成的摩擦副的抗黏着磨损能力高，如铁与镍、铝相溶，则不能配对成摩擦副；铅、锡、银与铁不相溶，所以常用这几种金属的合金制作轴瓦。

金属与非金属（如石墨、塑料等）组成的摩擦副比金属组成的摩擦副的抗黏着磨损性能好。

（2）表层性质。采用表面处理工艺使摩擦副对偶表面互溶性减少，从而避免同种金属相互接触，可提高抗黏着磨损能力。例如，电镀、表面化学热处理、表面合金沉积、喷镀、刷镀和堆焊等工艺，都可提高抗黏着磨损能力。

（3）表面平均压力。表面平均压力，即法向载荷除以名义接触面积。当表面平均压力低于σ_s时，磨损度稳定不变；当表面平均压力超过σ_s时，磨损度急剧增大，由缓慢磨损转变为剧烈磨损，严重时将发生咬死现象。这是因为表面平均压力低于σ_s时，相互接触表面的微峰下的塑性变形区绝大多数是相互独立的，这时实际接触面积与法向载荷成正比，而接触应力不会因法向载荷的增大而增大；当表面平均压力超过σ_s时，相互接触的微峰下的塑性变形区相互作用，整个表层都呈塑性流动状态，这时实际接触面积不再随法向载荷的增加而增大，极易出现胶合磨损现象。

（4）滑动速度。在表面平均压力一定的情况下，黏着磨损和磨损率随滑动速度的增大而增大，到了某一极大值后，又随滑动速度的增大而减小。有时随滑动速度的变化，磨损类型也发生变化。

产生上述现象是因为最初滑动速度的增大主要使表面温度升高而将部分表面膜破坏和使摩擦副的强度降低，黏着磨损增加，相应地其磨损率也就增大。当因速度增大而使表面温度高于某一值后，在表面易形成一层氧化膜而阻止金属表面的大面积接触，一方面使黏着磨损减小，相应地其磨损率也就减小；另一方面，因滑动速度升高而产生热量使表层软化而基体并不软化，也可使磨损减轻。

（5）温度。温度对黏着磨损的影响主要表现在3个方面：一是破坏表面膜，使之产生新生面的直接接触；二是使金属处于回火状态，降低了表面硬度；三是使材料局部区域温升过高，以致该区域摩擦副对偶表面产生熔化。这3点都将促使黏着磨损产生并加重，故选用热稳定性高的金属材料（如硬质合金等）或加强冷却等措施，是防止因温升而产生黏着磨损的有效办法。

（6）表面粗糙度。一般来说，摩擦副对偶表面粗糙度值越小，其抗黏着磨损能力就越强。但过分地降低表面粗糙度值，因润滑剂在对偶表面间难以储存又会促进黏着磨损。新机器的合理跑合是降低表面粗糙度值、减少早期黏着磨损的有效措施之一。

（7）润滑。润滑状态对黏着磨损的影响很大，如边界润滑状态下的黏着磨损比液体润滑严重，而液体动压润滑状态下的黏着磨损比液体静压润滑大一些。这是由于摩擦副两对偶表面间润滑膜的作用特性不同而造成的。若在润滑剂中加入极压添加剂（能和接触的金属表面起反应形成高熔点无机薄膜，以防止在高负荷下发生熔结、卡咬、划痕或刮伤的添加剂），即使在同样的润滑状态下，也能成倍地提高相对耐磨性。

防止黏着磨损的措施有：适当地选择摩擦副的配对材料；进行表面处理（如表面热处理、化学热处理和表面涂层等）；选择合理的润滑剂和润滑方法。

2.2.3 表面疲劳磨损

摩擦副两对偶表面做滚动或滚滑复合运动时，由于交变接触应力的作用，使表面材料疲劳断裂而形成点蚀或剥落的现象，称为表面疲劳磨损（或接触疲劳磨损）。

如前所述，黏着磨损和磨粒磨损，都是由于固体表面间的直接接触。如果摩擦副两对偶的表面被一层连续不断的润滑膜隔开，而且中间没有磨粒存在时，上述两种磨损则不会发生。但对于表面疲劳磨损来说，即使有良好的润滑条件，磨损仍可能发生。因此，可以说表面疲劳磨损一般是难以避免的。

1. 表面疲劳磨损的机理

表面疲劳磨损形成的原因，按照疲劳裂纹产生的位置，目前存在两种解释。

（1）裂纹从表面上产生。两个相互滚动或滚动兼滑动的摩擦表面在接触过程中，由于受到法向应力和切应力的反复作用，必然引起表层材料塑性变形而导致表面硬化，最后在表面的应力集中源（如切削痕、碰伤、腐蚀或其他磨损的痕迹等）出现初始裂纹，如图2-6所示，该裂纹源

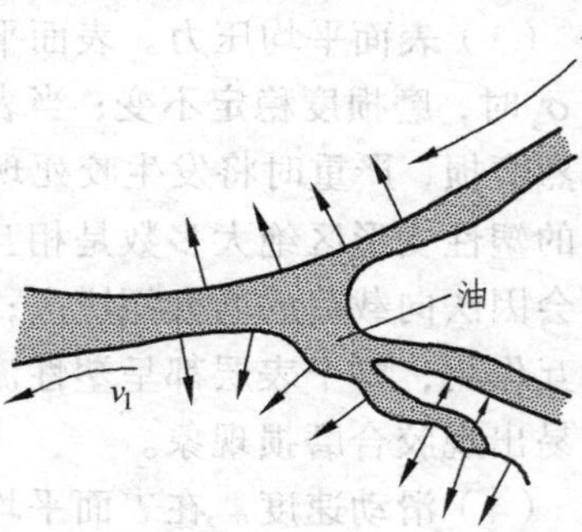

图2-6 表层裂纹扩展示意图

以与滚动方向小于45°的倾角由表向内扩伸。当润滑油楔入裂纹中后，若滚动体的运动方向与裂纹方向一致，当接触到裂口时，裂口封住，裂纹中的润滑油则被堵塞在裂纹内，因滚动使裂纹内的润滑油产生很大压力将裂纹扩展，经交变应力重复作用，裂纹发展到一定深度后则成为悬臂梁形状，在油压作用下材料从根部断裂而在表面形成扇形的疲劳坑，造成表面疲劳磨损，这种磨损称为点蚀。点蚀主要发生在高质量钢材以滑动为主的摩擦副中。这种磨损的裂纹形成时间很长，但扩展速度十分迅速。

（2）裂纹从表层下产生。两点（或线）接触的摩擦副对偶表面，最大压应力发生在表面，最大切应力发生在距表面0.786a（a是点或线接触区宽度的一半）处。在最大切应力处，塑性变形最剧烈，且在交变应力作用下反复变形，使该处材料局部弱化而出现裂纹。裂纹首先顺着滚动方向平行于表面扩展，然后分叉延伸到表面，使表面材料呈片状剥落而形成浅凹坑，造成表面疲劳磨损，这种磨损常称为鳞剥。若在表层下最大切应力处附近有非塑性夹杂物等缺陷，造成应力集中，则极易早期产生裂纹而引起疲劳磨损，这种表面疲劳磨损主要发生在以滚动为主的一般质量的钢制摩擦副中。这种磨损的裂纹形成时间较短，但裂纹扩展速度较慢。这种从表层下产生裂纹的疲劳磨损通常是滚动轴承的主要破坏形式。

滚动接触疲劳磨损要经过一定的应力循环次数之后才发生明显的磨损，并很快形成较大的磨屑，使摩擦副对偶表面出现凹坑而丧失其工作能力；而在此之前磨损极微，可以忽略不计。这与黏着磨损和磨粒磨损从一开始就发生磨损并逐渐增大的情况完全不同。因此，对于滚动接触疲劳磨损来说，磨损度或磨损率似乎不是一个很有用的参数，更有意义的是表面出现凹坑前的应力循环次数。

2. 影响磨损的因素

（1）材料性能。钢中的非塑性夹杂物等冶金缺陷，对疲劳磨损有严重的影响。如钢中的氮化物、氧化物、硅酸盐等带棱角的质点，在受力过程中，其变形不能与基体协调而形成空隙，构成应力集中源，在交变应力作用下出现裂纹并扩展，最后导致疲劳磨损早期出现。因此，选择含有害夹杂物少的钢（如轴承常用净化钢），对提高摩擦副的抗疲劳磨损能力有着重要意义。在某些情况下，铸铁的抗疲劳磨损能力优于钢，这是因为钢中微裂纹受摩擦力的影响具有一定的方向性，且也容易渗入油而扩展；而铸铁基体组织中含有石墨，裂纹沿石墨发展且没有一定的方向性，润滑油不易渗入裂纹。

（2）硬度。一般情况下，材料抗疲劳磨损能力随表面硬度的增加而增强，而表面硬度一旦越过一定值，则情况相反。

钢的芯部硬度对抗疲劳磨损有一定影响，在外载荷一定的条件下，芯部硬度越高，产生疲劳裂纹的危险性就越小。因此，对于渗碳钢应合理地提高其芯部硬度，但也不能无限地提高，否则韧性太低也容易产生裂纹。此外，钢的硬化层厚度也对抗疲劳磨损能力有影响，硬化层太薄时，疲劳裂纹将出现在硬化层与基体的连接处而易形成表面剥落。因此，选择硬化层厚度时，应使疲劳裂纹产生在硬化层内，以提高抗疲劳磨损能力。

如齿轮副的硬度选配，一般要求大齿轮硬度低于小齿轮，这样有利于跑合，使接触应力分布均匀并对大齿轮齿面产生冷作硬化作用，从而有效地提高齿轮副寿命。

（3）表面粗糙度。在接触应力一定的条件下，表面粗糙度值越小，抗疲劳磨损能力越高；当表面粗糙度值小到一定值后，对抗疲劳磨损能力的影响减小。如滚动轴承，当表面粗糙度

值为 $R_a0.32$ 时，其轴承寿命比 $R_a0.63$ 时高 2～3 倍，$R_a0.16$ 比 $R_a0.32$ 高 1 倍，$R_a0.08$ 比 $R_a0.16$ 高 0.4 倍，$R_a0.08$ 以下时，其变化对疲劳磨损影响甚微。如果接触应力太大，则无论表面粗糙度值多么小，其抗疲劳磨损能力都较低。此外，若零件表面硬度较高，其表面粗糙度值就应减小，否则会降低抗疲劳磨损能力。

（4）摩擦力。接触表面的摩擦力对抗疲劳磨损有着重要的影响。通常，纯滚动的摩擦力只有法向载荷的 1%～2%，而引入滑动以后，摩擦力可增加到法向载荷的 10%，甚至更大。摩擦力促进接触疲劳过程的原因是：摩擦力作用使最大切应力位置趋于表面，增加了裂纹产生的可能性。此外，摩擦力所引起的拉应力会促使裂纹扩展加速。

（5）润滑。试验表明，润滑油的黏度越高，抗疲劳磨损能力也越高；在润滑油中适当加入添加剂或固体润滑剂，也能提高抗疲劳磨损能力；润滑油的黏度随压力变化越大，其抗疲劳磨损能力也越大；润滑油中含水量过多，对抗疲劳磨损能力影响也较大。

此外，接触应力的大小、循环速度、表面处理工艺、润滑油量等因素，对抗疲劳磨损也有较大影响。

2.2.4 腐蚀磨损

摩擦副对偶表面在相对滑动过程中，表面材料与周围介质发生化学或电化学反应，并伴随机械作用而引起的材料损失现象，称为腐蚀磨损。腐蚀磨损通常是一种轻微磨损，但在一定条件下也可能转变为严重磨损。常见的腐蚀磨损有氧化磨损和特殊介质腐蚀磨损。

1. 氧化磨损

除金、铂等少数金属外，大多数金属表面都被氧化膜覆盖着，纯净金属瞬间即与空气中的氧发生反应而生成单分子层的氧化膜，且膜的厚度逐渐增长，增长的速度随时间以指数规律减小，当形成的氧化膜被磨掉以后，又很快形成新的氧化膜。可见，氧化磨损是由氧化和机械磨损两个作用相继进行的过程。同时应指出的是，一般情况下氧化膜能使金属表面免于黏着，氧化磨损一般要比黏着磨损缓慢，因而可以说氧化磨损能起到保护摩擦副的作用。

2. 特殊介质腐蚀磨损

在摩擦副与酸、碱、盐等特殊介质发生化学腐蚀的情况下而产生的磨损，称为特殊介质腐蚀磨损。其磨损机理与氧化磨损相似，但磨损率较大，磨损痕迹较深。金属表面也可能与某些特殊介质起作用而生成耐磨性较好的保护膜。

为了防止和减轻腐蚀磨损，可从表面处理工艺、润滑材料及添加剂的选择等方面采取措施。

2.3 断裂失效

2.3.1 引 言

机械产品的失效一般可分为非断裂失效与断裂失效两大类。非断裂失效一般包括磨损失效、腐蚀失效、变形失效及功能退化失效等。

断裂失效是机械产品最主要和最具危险性的失效，其分类比较复杂，一般有如下几种：

（1）按断裂机理分为滑移分离、韧窝断裂、蠕变断裂、解理与准解理断裂、沿晶断裂和疲劳断裂；

（2）按断裂路径分为穿晶、沿晶和混晶断裂；

（3）按断裂性质分为韧性断裂、脆性断裂和疲劳断裂。在失效分析实践中大都采用这种分类法。

断裂失效分析是从分析断口的宏观与微观特征入手，确定断裂失效模式，分析研究断口形貌特征与材料组织和性能、零件的受力状态以及环境条件（如温度、介质等）等之间的关系，揭示断裂失效机理、原因与规律，进而采取改进措施与预防对策。

下面分别介绍韧性、脆性及疲劳三类断裂失效分析的基础知识及典型失效案例分析。

2.3.2 韧性断裂失效

2.3.2.1 定 义

韧性断裂又叫延性断裂和塑性断裂，即零件断裂之前，在断裂部位出现较为明显的塑性变形。在工程结构中，韧性断裂一般表现为过载断裂，即零件危险截面处所承受的实际应力超过了材料的屈服强度或强度极限而发生的断裂。

在正常情况下，机载零件的设计都将零件危险截面处的实际应力控制在材料的屈服强度以下，一般不会出现韧性断裂失效。但是，由于机械产品在经历设计、材质选用、加工制造、装配直至使用维修的全过程中，存在着众多环节和各种复杂因素，因而机械零件的韧性断裂失效至今仍难完全避免。

2.3.2.2 韧性断裂机理与典型形貌

工程材料的显微结构复杂，特定的显微结构在特定的外界条件（如载荷类型与大小、环境温度与介质）下有特定的断裂机理和微观形貌特征。金属零件韧性断裂的机理主要是滑移分离和韧窝断裂。

1. 滑移分离

韧性断裂最显著的特征是伴有大量的塑性变形，而塑性变形的普遍机理是滑移，即在韧性断裂前晶体产生大量的滑移，过量的滑移变形会出现滑移分离。因此有必要对滑移分离加以叙述。

（1）金属材料滑移的一般规则。

① 滑移方向总是原子的最密排方向；

② 滑移通常在最密排的晶面上发生；

③ 滑移首先沿具有最大切应力的滑移系发生。

（2）滑移的形式。晶体材料产生滑移的形式是多种多样的，主要有一次滑移、二次滑移、多系滑移、交滑移、波状滑移、滑移碎化和滑移扭折等。

（3）滑移分离断口形貌。滑移分离的宏观断口基本特征是：断面呈 45°角倾斜；断口附近有明显的塑性变形；滑移分离是在平面应力状态下进行的。

滑移分离的主要微观特征是滑移线或滑移带、蛇形花样、涟波花样和延伸区。

① 滑移带。晶体材料的滑移面与晶体表面的交线称为滑移线，滑移部分的晶体与晶体表面形成的台阶称为滑移台阶。由这些数目不等的滑移线或滑移台阶组成的条带称为滑移带。确切地说，目前人们将在电子显微镜下分辨出来的滑移痕迹称为滑移带。滑移带中各滑移线之间的区域为滑移层，滑移层宽度为 5 ~ 50 nm。随着外力的增加，一方面滑移带不断加宽；另一方面，在原有的滑移之间还会出现新的滑移带。

图 2-7（a）为在电子显微镜下观察到的滑移线形貌，是多系滑移留下的微观痕迹。

② 蛇形花样。多晶体材料受到较大的塑形变形产生交滑移，而导致滑移面分离，形成起伏弯曲的条纹，通常称为蛇形滑移花样，如图 2-7（b）所示。

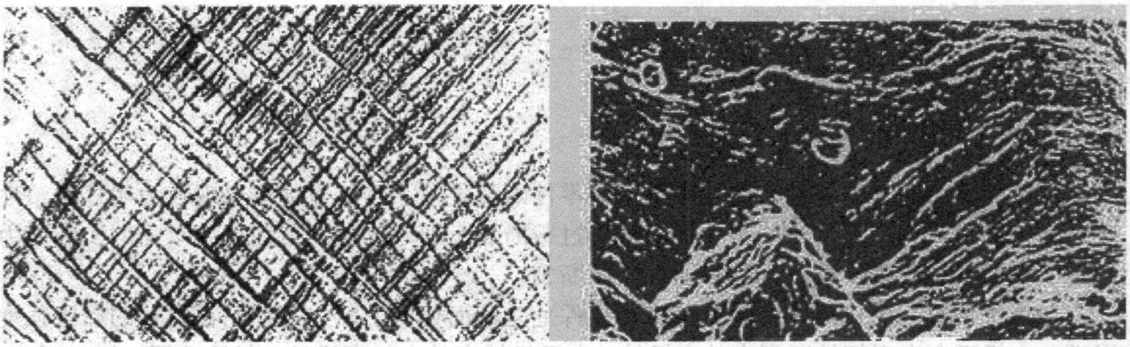

（a）典型的滑移线形貌图　　（b）蛇形滑移花样图

图 2-7　在电子显微镜下观察到的滑移分离形貌

③ 涟波花样。若变形程度加剧，则蛇形滑移花样因变形而平滑化，形成“涟波”花样，如图 2-8 所示。

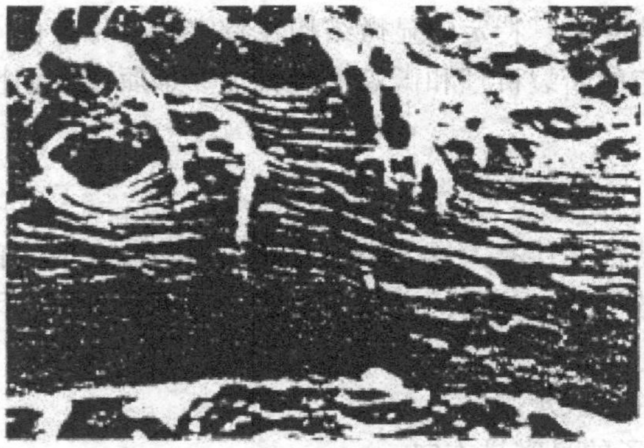

图 2-8　涟波形貌

④ 延伸区。涟波花样也将进一步平坦化，在断口上留下了没有什么特殊形貌的平坦区，称为延伸区。

实际材料总是存在缺陷，如缺口、裂纹和显微空洞等。在应力作用下，这些缺陷附近的区域可能发生纯剪切过程，在其内表面上也会显示出蛇形滑移、涟波和延伸区等特征。

靠滑移分离而导致的断裂，即使在晶界处也能发生。这种断裂有两种可能：一种是在相邻的两个晶粒内部发生了滑移而导致晶界产生分离；另一种是由于晶界本身的滑移而产生分离。沿晶界滑移分离的断口显微形貌也具有蛇形滑移、涟波花样及延伸区等特征。

2. 韧窝断裂

韧窝是金属韧性断裂的主要特征。韧窝又称作迭波、孔坑、微孔或微坑等。韧窝是材料在微区范围内塑性变形产生的显微空洞，经形核、长大、聚集，最后相互连接导致断裂后在断口表面留下的痕迹。图 2-9 为典型的韧窝形貌。

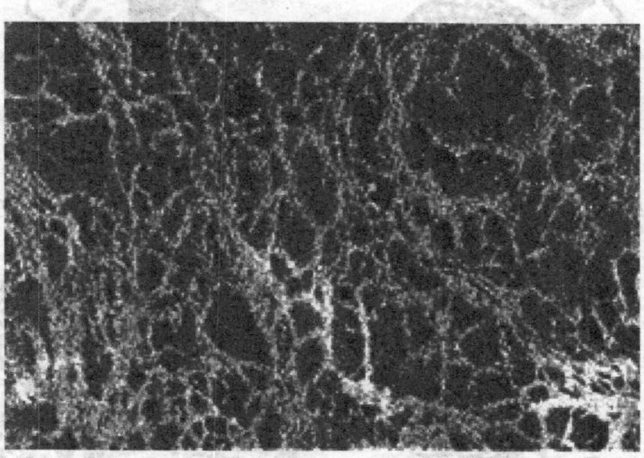

图 2-9　典型的韧窝形貌（SEM）

虽然韧窝是韧性断裂的微观特征，但不能仅仅据此得出韧性断裂的结论，因为韧性断裂与脆性断裂的主要区别在于断裂前是否发生可察觉的塑性变形。即使在脆性断裂的断口上，个别区域也可能由于微区塑变而形成韧窝。

（1）韧窝的形成。韧窝形成的机理比较复杂，大致可分为显微空洞的形核、显微空洞的长大和空洞的聚集 3 个阶段。根据实验结果，建立的韧窝形核及生长模型如图 2-10 所示。其中图 2-10（a）为微孔聚集模型，图 2-10（b）为第二相粒子形核模型。

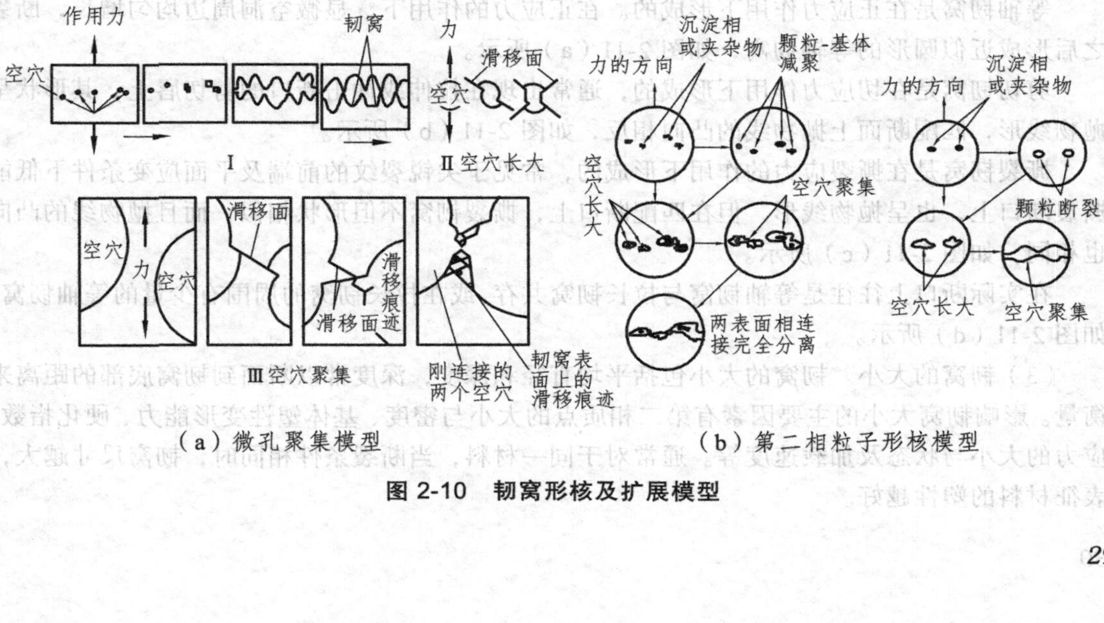

图 2-10　韧窝形核及扩展模型

这个韧窝模型，可以同时解释在拉应力作用下形成等轴韧窝、抛物线韧窝和夹杂物或第二相粒子在切应力作用下破碎而形成韧窝的现象。

（2）韧窝的形状。韧窝的形状主要取决于所受的应力状态，最基本的韧窝形状有等轴韧窝、撕裂韧窝和剪切韧窝 3 种，如图 2-11 所示。

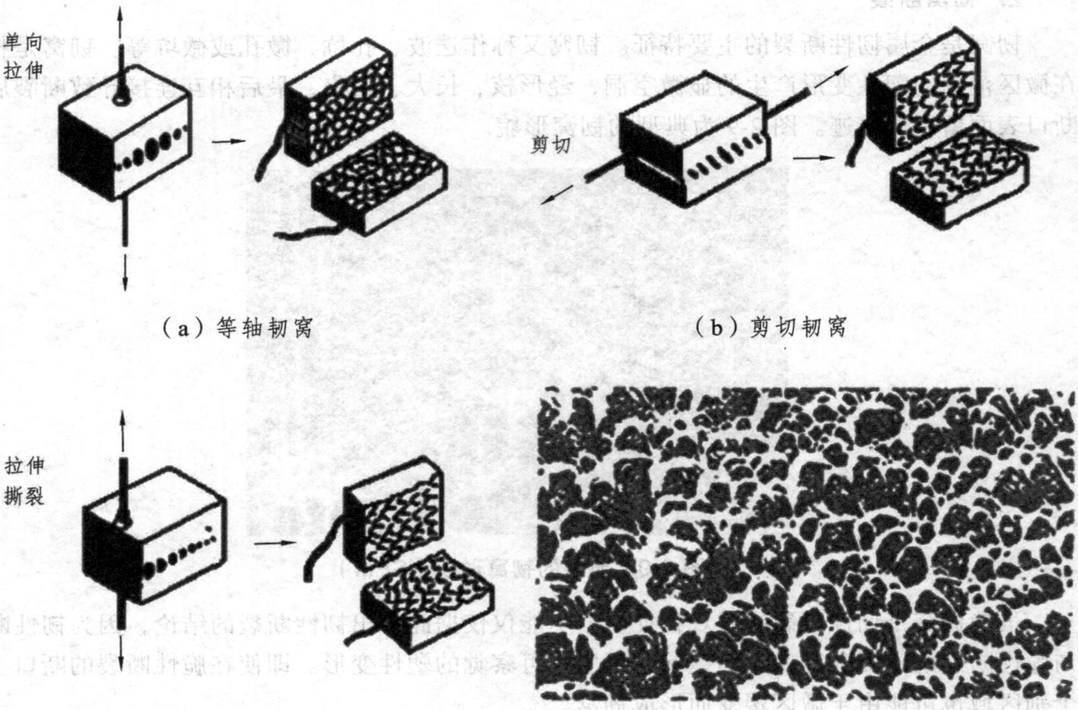

（a）等轴韧窝　（b）剪切韧窝　（c）撕裂韧窝　（d）拉长韧窝

图 2-11　三种基本韧窝形态示意图

等轴韧窝是在正应力作用下形成的。在正应力的作用下，显微空洞周边均匀增长，断裂之后形成近似圆形的等轴韧窝，如图 2-11（a）所示。

剪切韧窝是在切应力作用下形成的，通常出现在拉伸或冲击断口的剪切唇上，其形状呈抛物线形，匹配断面上抛物线的凸向相反，如图 2-11（b）所示。

撕裂韧窝是在撕裂应力的作用下形成的，常见于尖锐裂纹的前端及平面应变条件下低能撕裂断口上，也呈抛物线形，但在匹配断口上，撕裂韧窝不但形状相似，而且抛物线的凸向也相同，如图 2-11（c）所示。

在实际断口上往往是等轴韧窝与拉长韧窝共存，或在拉长韧窝的周围有少量的等轴韧窝，如图 2-11（d）所示。

（3）韧窝的大小。韧窝的大小包括平均直径和深度，深度常以断面到韧窝底部的距离来衡量。影响韧窝大小的主要因素有第二相质点的大小与密度、基体塑性变形能力、硬化指数、应力的大小与状态及加载速度等。通常对于同一材料，当断裂条件相同时，韧窝尺寸越大，表征材料的塑性越好。

2.3.2.3 韧性断裂的宏观特征与微观特征

1. 韧性断裂的宏观特征

零件所承受的载荷类型不同，断口特征也会有所差异，但基本的断裂特征是相似的。以拉伸载荷造成的韧性断裂为例，其断裂的宏观特征主要有：

（1）断口附近有明显的宏观塑性变形。

（2）断口外形呈杯锥状。杯底垂直于主应力，锥面平行于最大切应力，与主应力呈 45°角；或断口平行于最大切应力，与主应力呈 45° 的剪切断口。

（3）断口表面呈纤维状，其颜色呈暗灰色。

2. 韧性断裂的微观特征

韧性断裂的微观特征主要是在断口上存在大量的韧窝。不同加载方式造成的韧性断裂，其断口上的韧窝形状是不同的，如图 2-11 所示。然而，只有通过电子显微镜（主要是扫描电子显微镜）观察才能做出准确的判断。

需要注意的是：

（1）在断口上的个别区域存在韧窝，不能简单地认为是韧性断裂。这是因为，即使在脆性断裂的断口上，个别区域也可能产生塑性变形而存在韧窝。

（2）沿晶韧窝不是韧性断裂的特征，沿晶韧窝主要是显微空穴优先在沿晶析出的第二相处聚集长大而形成的。

2.3.2.4 金属零件韧性断裂失效分析

1. 韧性断裂失效分析的判据

根据上述韧性断裂的宏观与微观特征，在实际的失效分析中，判断金属零件是否是韧性断裂的主要判据如下：

（1）断口宏观形貌粗糙，色泽灰暗，呈纤维状；边缘有与零件表面呈 45°的剪切唇；断口附近有明显的塑性变形，如残余扭角、挠曲、变粗、缩颈和鼓包等。

（2）断口上的微观特征主要是韧窝。

2. 引起零件韧性断裂失效的载荷性质分析

由于不同类型载荷所造成的韧性断裂其断口特征不同，因此反过来可根据零件断口宏观、微观特征来分析判定该零件所受载荷的类别。

（1）拉伸载荷引起的韧性断裂，宏观断口往往呈杯锥状或呈 45° 切断外形，断裂处一般可见缩颈，断口上具有大面积的韧窝，且大都呈等轴韧窝或呈轻微拉长韧窝。

（2）扭转载荷引起的韧性断裂，宏观断口大都呈切断型，微观上是拉长韧窝，匹配面的韧窝拉长方向相反。

（3）冲击载荷引起的韧性断裂，在宏观上有冲击载荷作用留下的痕迹，断口周边有不完整的 45° 唇口，微观上呈撕裂拉长韧窝，匹配面上的韧窝拉长方向相同。

3. 韧性断裂原因分析与预防

金属零件韧性断裂的本质是零件危险截面处的实际应力超过材料的屈服强度所致。因此，下列因素之一均有可能引起金属零件韧性断裂失效。

（1）零件所用材料强度不够。

（2）零件所承受的实际载荷超过原设计要求。

（3）零件在使用中出现了非正常载荷。

（4）零件存在偶然的材质或加工缺陷而引起应力集中，使其不能承受正常载荷而导致韧性断裂失效。

（5）零件存在不符合技术要求的铸造、锻造、焊接和热处理等热加工缺陷。

为了准确地找出引起零件韧性断裂失效的确切原因，需要对失效件的设计、材质、工艺和实际使用条件进行分析，针对分析结果采取有针对性的改进与预防措施，防止同类断裂失效再次出现。

4. 零件韧性断裂失效实例分析

例 1：某输油管分油阀门杆工作时承受拉应力，用 25 号无缝钢管经焊接、机加工、杆部镀铬、螺纹部镀锌和装配出厂，仅使用 6 h，就在阀门杆端螺纹部位的销钉孔处产生断裂。

分析得出：螺纹部位沿主应力方向变形明显；断口附近的螺距由原来的 0.8 mm 伸长到 1.6 mm；断口微观形貌为等轴韧窝；杆的材质合格；机加工质量良好。

上述结果表明，该阀门杆属韧性断裂失效。其原因是销钉孔处设计安全系数过小，从而导致过载韧性断裂失效。

例 2：在 QT600-3 球墨铸铁拉伸试样、冲击试样及球铁铸件的断口中都可能出现灰斑区，如图 2-12 所示。

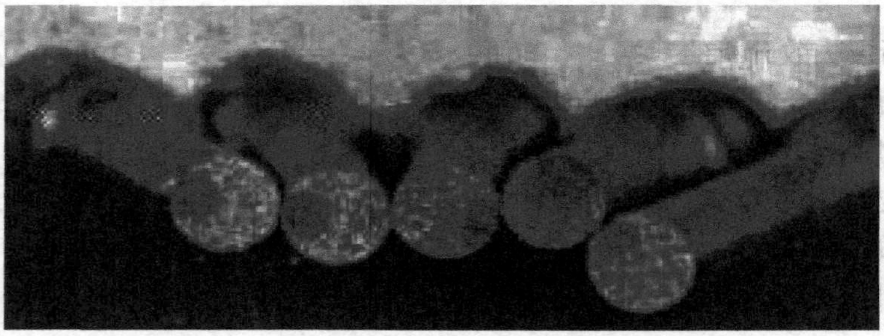

图 2-12 有灰斑断口的拉伸试样

经实验对拉伸试样断口观察分析，发现灰斑断口出现具有以下几个特征点：

① 断口中，灰斑区的大小、分布位置没有一定规律，可能出现在试样断口的中心，也可能出现在断口边缘，并多数出现在断口边缘。

② 有灰斑区的试样与无此现象的试样相比，通常拉伸强度较低，而延伸率较高。

③ 灰斑断口多出现在铁素体珠光体混合基体的球铁中。

④ 对同一试样的灰斑区与银灰色区同时做金相检查，并未发现两者之间出现金相组织上的差别，也即石墨形态、数量、分布与基体组织均无明显变化。在两个区域上取样化验，也未发现化学成分的明显差异。

对球铁拉伸试样灰斑断口用台式扫描电子显微镜观察。图 2-13 为 100×下的断口形貌比较，图中黑色圆球为石墨，可以明显地看出灰斑区中的石墨多于银灰色区中的石墨，并且比较密集。图 2-14 为 500×下的断口形貌比较，在灰斑区中微观断裂特征为石墨球周围形成的大韧窝和基体中形成的小韧窝，属于微孔聚集型的韧性断裂。在银灰色区中微观断裂特征出现河流花样，属于脆性解理断裂。

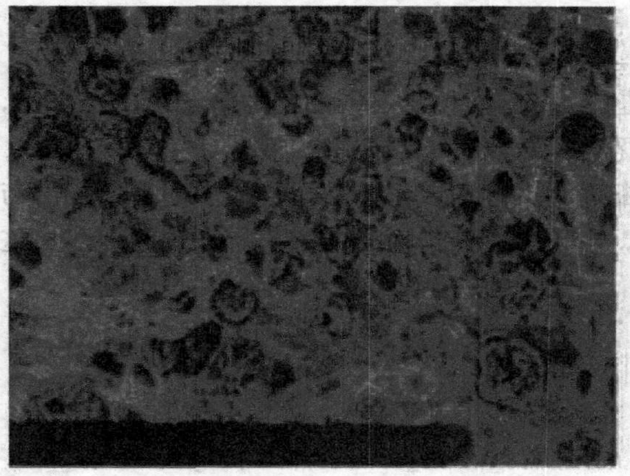

（a）银灰色区

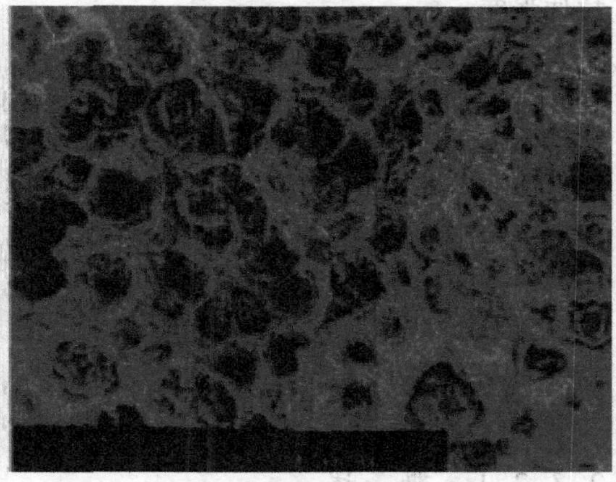

（b）灰斑区

图 2-13　断口扫描电子显微镜照片（100×）

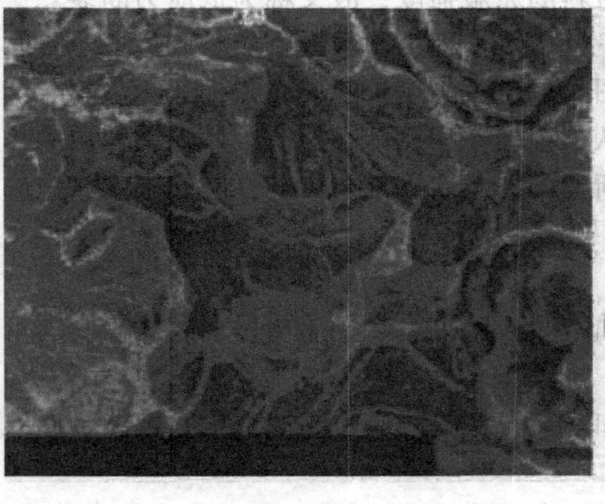

（a）银灰色区

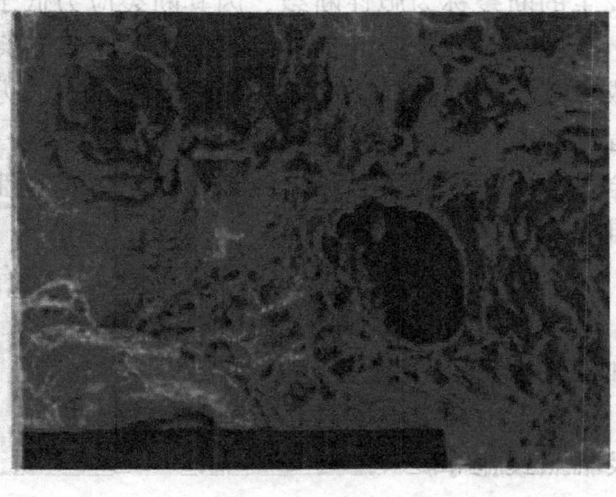

（b）灰斑区

图 2-14　断口扫描电子显微镜照片（500×）

下面对球墨铸铁拉伸试样断裂过程进行分析。

灰斑断口试样的整个断裂过程可以理解为：

试样中的夹渣、表面刀痕等作为裂纹源，球状石墨看成显微空洞，随着应力增加，裂纹沿着石墨球之间发展，并使石墨球之间的金属基体产生撕裂或剪切断裂，从而形成韧窝断口形貌，此时期为韧性断裂。

当夹渣出现在试样芯部时，则在试样中心产生灰斑区。在试样边缘的灰斑区则可能由夹渣或刀痕作为裂纹源而引起。所以，灰斑区的分布具有随机性。

当韧性断裂断口尺寸增大到某一临界时，裂纹以极快速并呈近似直线方向扩展，发生脆性断裂。

由于韧性断裂是在较低应力状态下产生，并且裂纹扩展速度缓慢，所以出现灰斑区断口试样拉伸强度较低，而延伸率较高的现象。由此可知，减少球铁中夹渣、提高球铁球化等级、细化石墨和提高试样表面粗糙度都可以使韧性断裂在较高应力水平下产生，从而提高球铁的拉伸强度。

断口中色泽差异的原因：

（1）韧性断裂中裂纹走向是在石墨球之间进行的，因而可将不同晶面的石墨球裸露出来，使石墨裸露程度较多，这是造成宏观观察中该区色泽灰暗的原因之一。

（2）在银灰色区中，存在脆性穿晶断裂，断面为解理面或解理台阶，石墨的裸露程度与普通金相照片比较接近，显得较为稀疏。另外，由于韧窝断口对光的散射较解理断面多，这也是灰斑区色泽较暗的原因之一。

2.3.3 脆性断裂失效

2.3.3.1 概 述

工程构件在很少或不出现宏观塑性变形（一般按光滑拉伸试样的 $\psi < 5\%$ 确定）情况下发生的断裂称为脆性断裂，因其断裂应力低于材料的屈服强度，故又称为低应力断裂。

由于脆性断裂大都没有事先预兆，具有突发性，对工程构件与设备以及人身安全常常造成极其严重的后果。因此，脆性断裂是人们力图予以避免的一种断裂失效模式。尽管各国工程界对脆性断裂的分析与预防研究极为重视，从工程构件的设计、材质、制造到使用维护的全过程中，采取了各种措施，然而，由于脆性断裂的复杂性，至今由脆性断裂失效导致的灾难性事故仍时有发生。

金属构件脆性断裂失效的表现形式主要有：

（1）由材料性质改变而引起的脆性断裂，如蓝脆、回火脆、过热与过烧致脆、不锈钢的 475 °C 脆和 σ 相脆性等。

（2）由环境温度与介质引起的脆性断裂，如冷脆、氢脆、应力腐蚀致脆、液体金属致脆及辐照致脆等。

（3）由加载速率与缺口效应引起的脆性断裂，如高速致脆、应力集中与三应力状态致脆等。

2.3.3.2 脆性断裂的宏观特征

金属构件脆性断裂，其宏观特征虽随原因不同会有差异，但基本特征是相同的。

（1）断裂处很少或没有宏观塑性变形，碎块断口可以拼合复原。

（2）断口平坦，无剪切唇，断口与应力方向垂直。

（3）断裂起源于变截面、表面缺陷和内部缺陷等应力集中部位。

（4）断面颜色有的较光亮，有的较灰暗。光亮断口是细瓷状，对着光线转动，可见到闪光的小刻面；灰暗断口有时呈粗糙状，有时呈现出粗大晶粒外形。

（5）板材构件断口呈人字纹放射线，放射源为裂纹源，其放射方向为裂纹扩展方向，如图 2-15 所示。

图 2-15 板材构件脆性断口宏观特征

（6）脆性断裂的扩展速率极高，断裂过程在瞬间完成，有时伴有大响声。

2.3.3.3 脆性断裂机理与微观特征

金属构件脆性断裂主要有穿晶脆断（解理与准解理）和沿晶脆断两大类。

1. 解理断裂

解理断裂是金属在正应力作用下，由于原子结合键被破坏而造成沿一定晶体学平面（即解理面）快速分离。解理面一般是表面能量最小的晶面。常见的解理面如表 2-1 所示。面心立方晶系的金属及合金，在一般情况下，不发生解理断裂。

表 2-1 常见的解理面

晶 系	材 料	主解理面	次解理面
体心立方	Fe、W、Mn	{100}	{110}
密排六方	Zn、Mg、Cd、αi-Ti	{0001}	$\{11\bar{2}4\}$
金刚石型晶体	Si	{111}	—
离子晶体	NaCl、LiF	{100}	{110}

（1）解理裂纹的萌生与扩展。

① 解理裂纹形核的位置。解理裂纹大都在有界面存在的地方及位错易于塞积的地方（如晶界、亚晶界、孪晶界、杂质及第二界面）形核。

② 解理裂纹的萌生。解理裂纹萌生的模型有位错单向塞积、位错双向塞积、位错交叉滑移和刃型位错合并等。它们都是建立在解理生核之前存在变形这一前提之下。如果位错塞积处不产生塑性变形，则由于应力集中加大会导致裂纹的萌生。

除位错塞积机制外，还有位错反应机制。该机制认为，在适当的条件下，柏氏矢量较小的位错相互反应生成柏氏矢量较大的位错，大位错像楔子一样塞入解理面，将其劈开。

③ 解理裂纹的扩展。解理裂纹形成后能否扩展至临界长度，不仅取决于应力大小和应力状态，而且还取决于材料的性质和环境介质与温度等因素。

（2）解理裂纹的微观形貌特征。

解理裂纹区通常呈典型的脆性状态，不产生宏观塑性变形。

解理小刻面是解理断裂的典型特征。解理断口上的小刻面即为结晶面，呈无规则取向。当断口在强光下转动时，可见到闪闪发光的特征。图 2-16 为解理断口上见到的小刻面特征。在多晶体中，由于每个晶粒的取向不同，尽管宏观断口表面与最大拉伸应力方向垂直，但在微观上每个解理小刻面并不都是与拉力方向垂直。

典型的解理小刻面上有以下微观特征：解理台阶、河流花样、舌状花样、鱼骨状花样、扇形花样等。图 2-17 中 *A* 区域以及 *B* 区域所指的河流花样中的每条支流都是解理台阶。弄清解理台阶的特征及其形成过程，对于理解与解释解理断裂的主要微观特征——河流花样，是非常重要的。

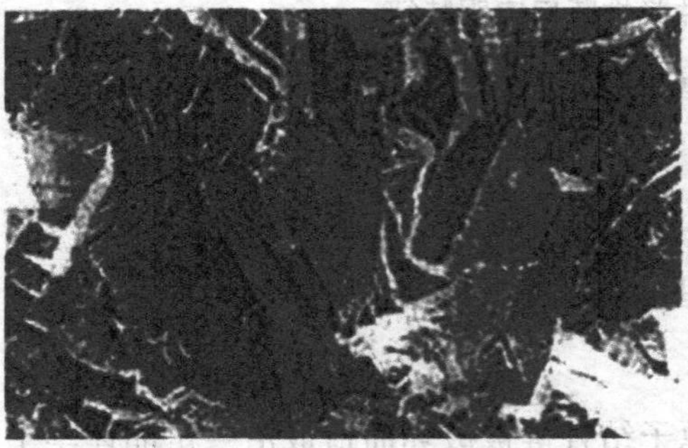

图 2-16　解理断口上的小刻面

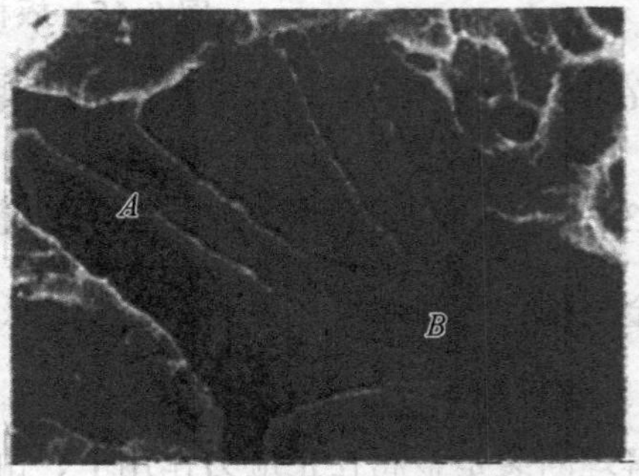

图 2-17　解理小刻面的微观形貌

A—台阶；*B*—河流花样

① 解理台阶。解理裂纹与螺位错相交割而形成台阶。设晶体存在一个螺位错，当解理裂纹沿解理面扩展时，与螺位错交割，产生一个高度为柏氏矢量的解理台阶，如图 2-18 所示。

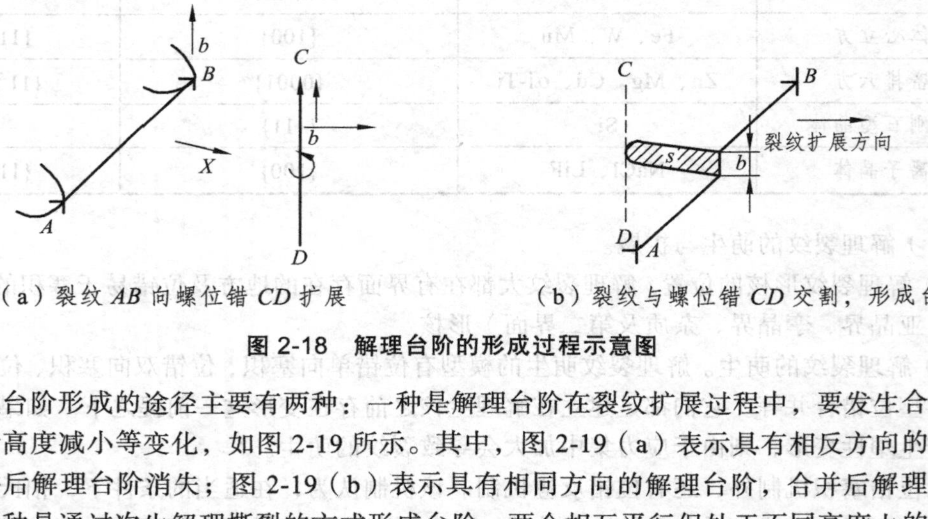

（a）裂纹 *AB* 向螺位错 *CD* 扩展　　（b）裂纹与螺位错 *CD* 交割，形成台阶

图 2-18　解理台阶的形成过程示意图

解理台阶形成的途径主要有两种：一种是解理台阶在裂纹扩展过程中，要发生合并与消失或台阶高度减小等变化，如图 2-19 所示。其中，图 2-19（a）表示具有相反方向的解理台阶，合并后解理台阶消失；图 2-19（b）表示具有相同方向的解理台阶，合并后解理台阶增加。另一种是通过次生解理撕裂的方式形成台阶。两个相互平行但处于不同高度上的解理裂纹可通过次生解理或撕裂的方式互相连接而形成台阶，如图 2-20 所示。

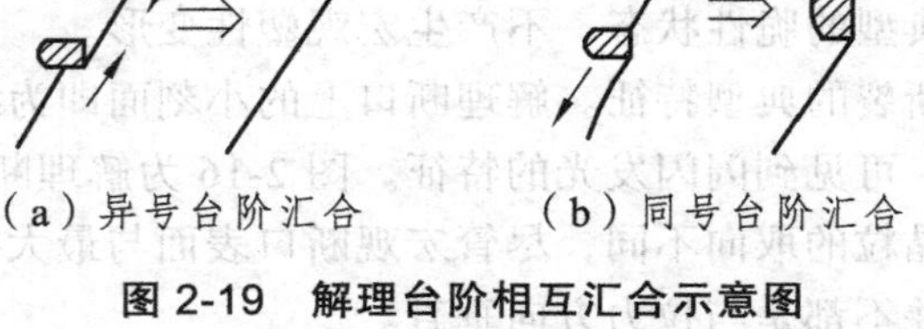

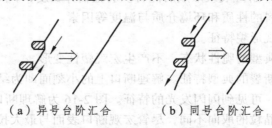

（a）异号台阶汇合　　（b）同号台阶汇合

图 2-19　解理台阶相互汇合示意图

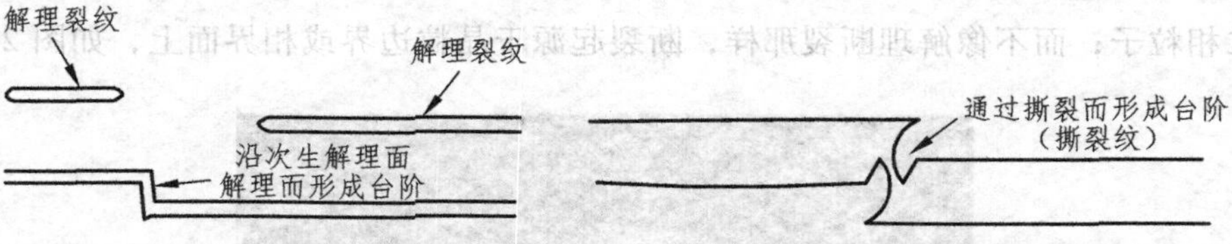

（a）通过次解理而形成台阶　　（b）通过撕裂而形成台阶

图 2-20　通过次生解理或撕裂而形成台阶

② 河流花样。解理裂纹扩展过程中，台阶不断地相互汇合，便形成了河流花样，如图 2-21 所示。河流花样是解理断裂的重要微观形貌特征。

在断裂过程中，台阶合并是一个逐步的过程。许多较小的台阶（即较小的支流）到下游又汇合成较大的台阶（即较大的支流）。河流的流向恰好与裂纹扩展方向一致。所以根据河流花样的流向，判断解理裂纹在微区内的扩展方向。

③ 舌状花样解理舌是解理面上的典型特征之一，它的显微形貌为舌状，如图 2-22 所示。

图 2-21　河流花样形成示意图

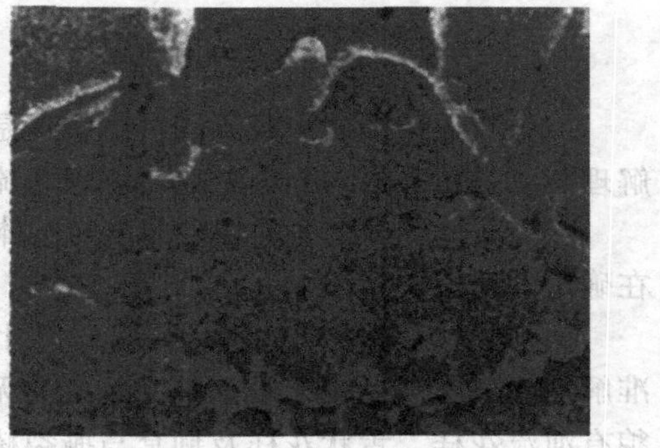

图 2-22　舌状花样

解理舌的形成与解理裂纹沿变形孪晶与基体之间的界面扩展有关。此种变形孪晶是当解理裂纹以很高的速度向前扩展时，在裂纹前端形成的。

④ 其他花样。

a. 扇形花样。在很多材料中，解理面并不是等轴的，而是沿着裂纹扩展方向伸长，形成椭圆形或狭长形的特征，其外观类似扇形或羽毛形状。

b. 鱼骨状花样。在解理面上，有时可以见到类似于鱼骨状花样。

2. 准解理断裂

准解理断裂是介于解理断裂和韧窝断裂之间的一种过渡断裂形式。准解理的形成过程如图 2-23 所示。首先在不同部位（如回火钢的第二相粒子处），同时产生许多解理裂纹核，然后按解理方式扩展成解理小刻面，最后以塑性方式撕裂，与相邻的解理小刻面相连，形成撕裂棱。

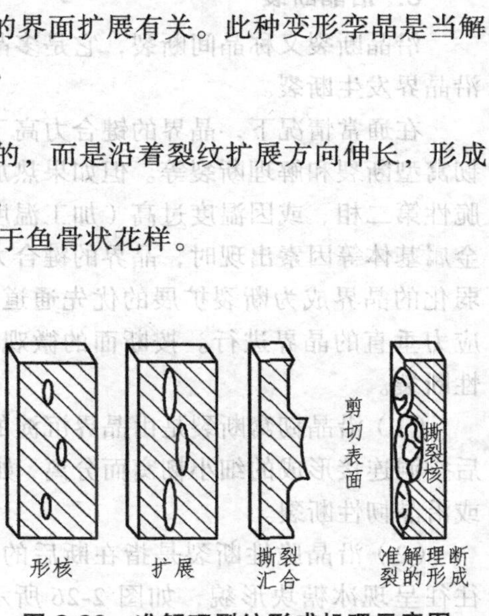

图 2-23　准解理裂纹形成机理示意图

准解理断口与解理断口的不同之处如下：

（1）准解理断裂起源于晶粒内部的空洞、夹杂物和第二相粒子；而不像解理断裂那样，断裂起源于晶粒边界或相界面上，如图 2-24 所示。

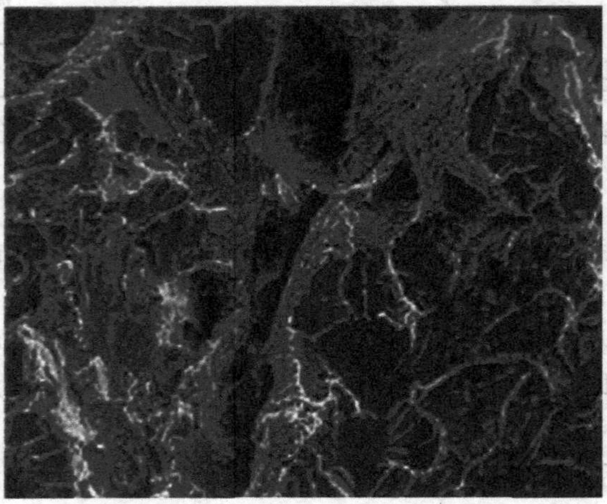

图 2-24　准解理断面典型形貌

（2）裂纹传播的途径不同。准解理是由裂源向四周扩展，不连续，而且多是局部扩展；解理裂纹是由晶界向晶内扩展，表现河流走向。

（3）准解理小平面的位向并不与基体（体心立方）的解理面{100}严格对应，相互并不存在确定的对应关系。

（4）在调质钢中准解理小刻面的尺寸要大得多，它相当于淬火前的原始奥氏体晶粒尺度。准解理断口宏观形貌比较平整，基本上无宏观塑性或宏观塑性变形较小，呈脆性特征。其形貌有河流花样、舌状花样及韧窝与撕裂棱等。

3. 沿晶断裂

沿晶断裂又称晶间断裂，它是多晶体沿不同取向的晶粒所形成的沿晶粒界面的分离，即沿晶界发生断裂。

在通常情况下，晶界的键合力高于晶内，断裂扩展的路径不是沿晶而是穿晶，如前述的韧窝型断裂和解理断裂等。但如果热加工工艺不当，造成杂质元素在晶界富集或沿晶界析出脆性第二相、或因温度过高（加工温度与使用温度）使晶界弱化、或因环境介质沿晶界浸入金属基体等因素出现时，晶界的键合力被严重削弱，往往在低于正常断裂应力的情况下，被弱化的晶界成为断裂扩展的优先通道而发生沿晶断裂。沿晶断裂的路线一般沿着与局部拉应力垂直的晶界进行。按断面的微观形貌，通常可将沿晶断裂分为沿晶韧窝断裂和沿晶脆性断裂。

（1）沿晶韧窝断裂是由晶界沉淀的分散颗粒作为裂纹核，然后以剪切方式形成空洞，最后空洞连接形成的细小韧窝而分离，如图 2-25 所示。这种沿晶断裂又称微孔聚合型沿晶断裂或沿晶韧性断裂。

（2）沿晶脆性断裂是指在断后的沿晶分离面产生平滑、干净及无微观塑性变形特征，往往呈现冰糖块形貌，如图 2-26 所示。这种沿晶断裂又叫沿晶光面断裂或非微孔聚合型沿晶断裂。

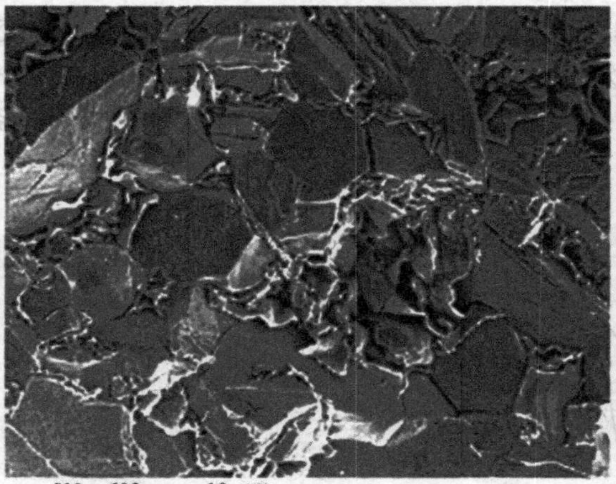

图 2-25 沿晶韧性断裂

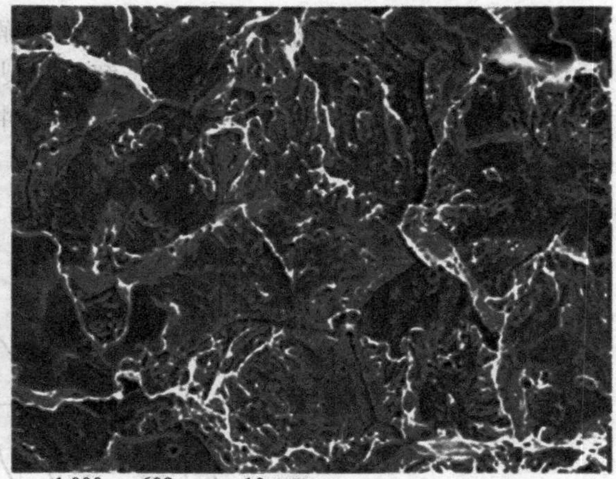

图 2-26 沿晶脆性断裂

回火脆、氢脆、应力腐蚀、液体金属致脆以及因过热、过烧引起的脆断断口大都为沿晶光面断裂特征；而蠕变断裂、某些高温合金的室温冲击或拉伸断口往往为沿晶韧窝形貌。

另外，还有两种情况也属于沿晶断裂范畴：一是沿接合面发生的断裂，如沿焊接接合面发生的断裂；二是沿相界面发生的断裂，如在两相金属中沿两相的交界面发生的断裂。

2.3.3.4 脆性断裂失效分析与预防

1. 脆性断裂起源走向及载荷性质的判断

在了解和掌握上述脆性断裂宏观与微观特征的基础上，只要对实际断裂失效件进行深入细致地观察，并加以综合分析，就可以得出失效件是否属于脆性断裂。但在失效分析中，准确地说明失效性质（模式）只是第一步，重要的是要分析引起失效的原因。

为此，首先要对零件断裂的起源、裂纹扩展走向及载荷类型与速度等进行分析判断。

（1）断裂起源和走向。脆性断裂的宏观断口大都呈放射状撕裂棱或呈人字纹花样。放射状撕裂棱的放射源即为断裂的起源，放射状撕裂棱的方向即为断裂走向。同样，人字纹的交点为断裂起源处，反向即为断裂走向。当构件有缺口时，则相反，人字纹尖顶方向为裂纹的扩展方向。

（2）载荷性质的判断。由拉伸载荷导致的脆断，其断口平齐，并与拉应力垂直，一般呈无定型粗糙表面，或呈现晶粒外形；由扭转载荷导致的脆断，其断口呈麻花状，也呈无定型粗糙表面，或呈现晶粒外形；由冲击载荷导致的脆断，断面有放射条纹或人字纹花样；由压缩载荷造成的脆断，断口一般呈粉碎性条状，有时呈 45° 切断形状，且无塑性变形。

2. 引起脆性断裂失效的原因

（1）引起解理断裂的原因。

引起解理断裂的主要因素有环境温度、介质、加载速度、材料的晶体结构、显微组织、应力大小与状态等。

① 环境温度。环境温度影响解理裂纹扩展时所吸收能量的大小，随着温度的降低，解理裂纹扩展时所吸收的能量较小，更容易导致解理断裂。

② 加载速度。加载速率不同，不仅影响解理裂纹扩展应力的大小，而且还影响材料应变硬化指数。在高应变速率下，有利于解理断裂发生，如图 2-27 所示。由图可以看出，在同一试验温度 T_a 下，加载速率高的 v_2 所对应的冲击能 A_{k2} 小于加载速率低的 v_1 所对应的冲击能 A_{k1}。A_{k1} 为韧性断裂，A_{k2} 则进入脆断区。

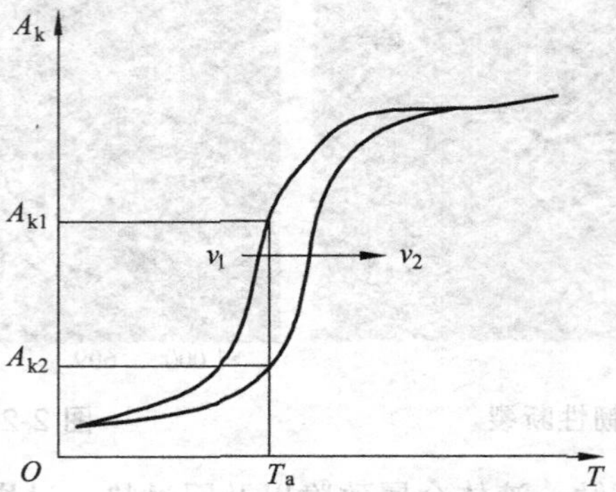

图 2-27 钢的塑性-脆性转变曲线

③ 材料的种类、晶体结构及冶金质量对断裂起着重要的作用。在通常情况下所遇到的解理断裂，大多数都是属于体心立方和密排六方晶体材料，而面心立方晶体材料只有在特定的条件下才发生解理断裂。即使体心立方晶体材料，由于显微组织不同，其解理断裂的形貌特征也不相同。材料的显微缺陷或第二相粒子等分布在解理面上，则有利于解理断裂的发生。如氢集聚在{100}面，将产生氢解理断裂。

（2）引起沿晶脆断的原因。

① 晶界沉淀相引起的沿晶断裂。由晶界沉淀相导致的沿晶断裂，大多属于沿晶韧窝断裂，包括：a. 微量元素形成的第二相质点沿晶界析出；b. 缓冷引起第二相质点沿晶界析出；c. 过热引起第二相质点沿晶界析出；d. 无析出区沿晶界分布。

② 杂质元素在晶界偏聚引起的沿晶断裂。某些杂质元素在晶界上偏聚而导致沿晶脆断的主要因素有：a. 第一类回火脆，某些高强度合金钢在 200 ~ 350 °C 回火时，氮、磷、硫和砷等元素易在晶界上偏聚而引起沿晶脆断；b. 第二类回火脆（可逆回火脆），如合金钢，特别是铬镍钢、铬锰钢、铬硅钢，在 450 ~ 650 °C 回火时，又出现冲击韧度猛烈下降，此现象称为第Ⅱ类回火脆性（第二类回火脆性）。某些高强钢淬火后，如在 450 ~ 550 °C 长时间停留，或冷却时以较慢的速度通过此温度范围，杂质元素（如锑、锡、磷和硫等）在晶界偏聚，会导致沿晶脆断。

3. 预防脆性断裂失效的措施

（1）设计措施。

① 应保证工程构件的工作温度高于所用材料的脆性转变温度，避免出现低温脆断；

② 结构设计应尽量避免三向应力的工作条件，减少应力集中。

（2）制造工艺措施。

① 应正确制订和严格执行工艺规程，避免过热、过烧、回火脆、焊接裂纹及淬火裂纹；

② 热加工后应及时回火，消除内应力，对电镀件应及时而严格地进行除氢处理。

（3）使用措施。

① 应严格遵守设计规定的使用条件，如使用环境温度不得低于规定温度；

② 使用操作应平稳，尽量避免冲击载荷。

2.3.3.5 工程构件脆性断裂失效实例分析

某铁路油罐车在 – 34 °C 运行过程中，在底梁和罩件连接处断裂。

1. 分　析

断裂起源于前盖板（厚 6.3 mm）和侧支撑板（厚 16.0 mm）之间的焊缝处。裂纹沿侧支撑板与外罩板（厚 25.0 mm）之间的焊缝扩展，裂纹长约 200 mm，断口上有人字纹花样，人字纹逆指向裂纹源。断口呈典型的脆性断裂特征，断裂源区有未熔合和表面裂纹等焊接缺陷。

外罩板和侧支撑板均为 20J 钢，化学分析表明，钢板的化学成分符合 ASTM 2A212 要求。经实测，该钢的脆性转变温度仅为 5 ~ 10 °C，而按油罐车使用技术规范要求，所用钢材的脆转变温度应为 – 46 °C 以下。由此可见，实际所用钢材的脆性转变温度不符合设计要求。

2. 结　论

（1）该铁路油罐车为脆性断裂失效。

（2）引起脆性断裂失效的原因如下：

① 所用钢板的脆性转变温度不符合使用要求；

② 断裂源区存在焊接缺陷。

3. 改进措施建议

（1）更换材料。

（2）改善焊接工艺，提高焊接质量。

2.3.4 疲劳断裂失效

2.3.4.1 概　述

按断裂前宏观塑性变形的大小分类，疲劳断裂属脆性断裂范畴。但由于疲劳断裂出现的比例高，危害性大，且是在交变载荷作用下出现的断裂，因此，国内外工程界均将其单独作为一种断裂形式加以重点分析研究。

1. 疲劳断裂的定义

工程构件在交变应力作用下，经一定循环次数后发生的断裂称作疲劳断裂。

2. 疲劳断裂的特点

（1）多数工程构件承受的应力呈周期性变化，称为循环交变应力。如活塞式发动机的曲轴、传动齿轮、涡轮发动机的主轴、涡轮盘与叶片、飞机螺旋桨以及各种轴承等，这些零件的失效，据统计 60% ~ 80% 属于疲劳断裂失效。

（2）疲劳破坏表现为突然断裂，断裂前无明显变形。不用特殊探伤设备，无法检测损伤痕迹。除定期检查外，很难防范偶发性事故。

（3）造成疲劳破坏的循环交变应力一般低于材料的屈服极限，有的甚至低于弹性极限。

（4）零件的疲劳断裂失效与材料的性能、质量以及零件的形状、尺寸、表面状态、使用条件、外界环境等众多因素有关。

（5）很大一部分工程构件承受弯曲或扭转载荷，其应力分布表面最大，故表面状况（如切口、刀痕、粗糙度、氧化、腐蚀及脱碳等）对疲劳抗力有极大影响。

2.3.4.2　交变应力与交变应变

为了清楚地看出应力的变化规律，人们将应力 σ 随时间 t 的变化规律绘成图形，如图 2-28 所示。图中 σ_{max} 为最大应力，σ_{min} 为最小应力，σ_m 为平均应力，σ_a 为应力幅，$\Delta\sigma$ 为应力范围，r 为应力比（$r=\sigma_{min}/\sigma_{max}$）。

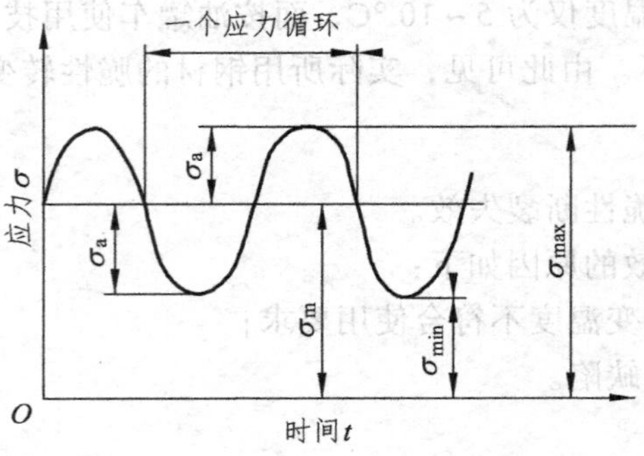

图 2-28　应力循环

同样,交变应变也是在上下两个极值之间随时间做周期性变化,如图 2-29 所示。图中 ε_{max} 为应变幅的最大值，ε_{min} 为应变幅的最小值。根据最大应变与最小应变之间的关系确定出应变幅 ε_a、应变范围 $\Delta\varepsilon$（$\Delta\varepsilon=2\varepsilon_a$）、平均应变 ε_m 和应变比 R。

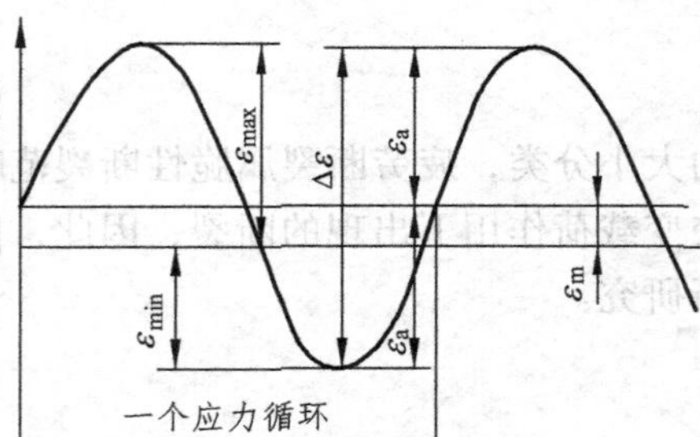

图 2-29　应变循环

1. 疲劳曲线、疲劳极限和疲劳寿命

在交变载荷下，金属承受的最大交变应力 σ_{max} 越大，则导致断裂的应力交变次数 N 越小；反之，σ_{max} 越小，则 N 越大。如果将所加的应力 σ_{max} 和对应的断裂周次 N 绘成图，便得到如图 2-30 所示的曲线，称为疲劳曲线（即 S-N 曲线）。由图知，当应力低到某值时，材料或构件承受无限多次应力循环或应变循环而不发生断裂，这一应力值称为材料或构件的疲劳极限，通常以 σ_r 表示。从开始承受应力直至断裂所经历的循环次数称为疲劳寿命，以 N_T 表示。

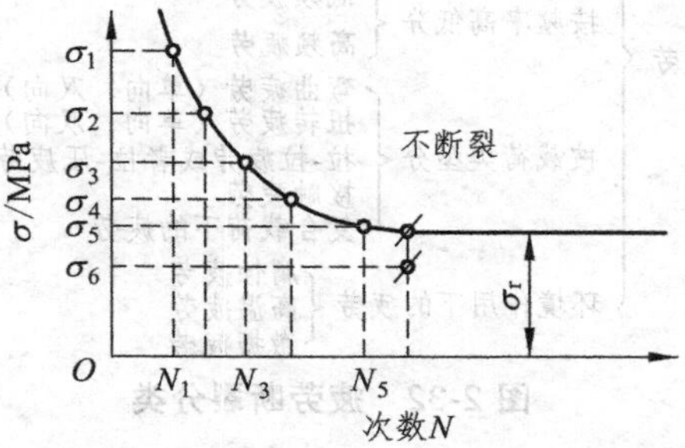

图 2-30 *S-N* 疲劳曲线

2. 应变-寿命曲线

前面的应力-寿命曲线是在控制应力条件下得到的，但工程构件大多存在缺口、圆孔及拐角等，在交变应力作用下，虽然整体上尚处于弹性变形范围，但在缺口等应力集中部位已进入材料的塑性变形范围。这时控制材料疲劳行为已不再是名义应力，而是局部循环塑性应变。

图 2-31 是用双对数坐标表示的循环应变-寿命曲线，图中的弹性应变幅和塑性应变幅与疲劳寿命的关系相交于一点，该点对应的寿命为 $2N_T$，称为过渡疲劳寿命。以 $2N_T$ 为界，左侧 $2N < 2N_T$ 为低周疲劳，其特点是塑性应变幅对疲劳损伤的贡献大于弹性应变幅。

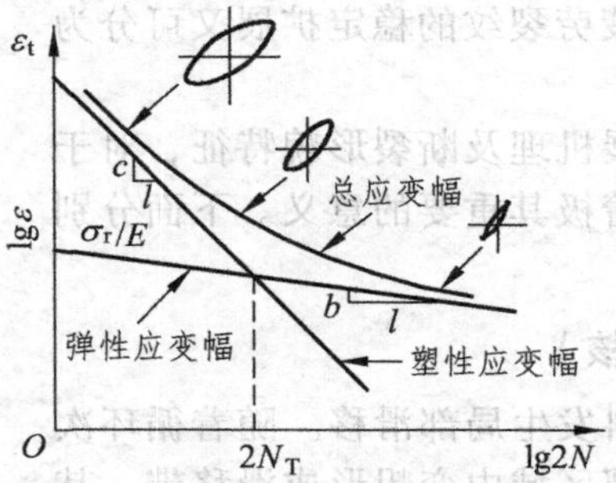

图 2-31 应变-寿命曲线

过渡疲劳寿命 $2N_T$ 是评定材料疲劳寿命的重要指标。研究表明，$2N_T$ 与材料强度密切相关，是科学区分高周疲劳与低周疲劳的依据。

2.3.4.3 疲劳断裂失效的分类

根据零件在服役过程中所受载荷的类型、大小、加载频率的高低及环境介质与温度等，可将疲劳断裂分为如下类别，如图 2-32 所示。

由于各类疲劳断裂寿命均是以循环周次计算，一般分为高周（高循环）疲劳与低周（低循环）疲劳。

- 疲劳
  - 热疲劳（低周疲劳、低频疲劳）
  - 按应力和应变大小分
    - 应变疲劳（低周疲劳）
    - 应力疲劳（高周疲劳）
  - 按频率高低分
    - 低频疲劳
    - 高频疲劳
  - 按载荷类型分
    - 弯曲疲劳（单向、双向）
    - 扭转疲劳（单向、双向）
    - 拉-拉疲劳或者拉-压疲劳
    - 接触疲劳
    - 复合载荷下的疲劳
  - 环境作用下的疲劳
    - 腐蚀疲劳
    - 高温疲劳
    - 微振疲劳

图 2-32　疲劳断裂分类

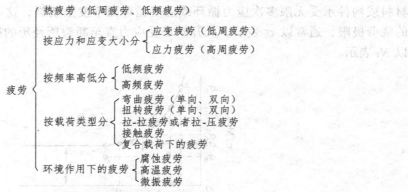

（1）高周疲劳（高循环疲劳）又称应力疲劳，是指零件在较低的交变应力作用下致断裂的循环周次较高，一般 $N_f > 10^4$，它是最常见的疲劳断裂，统称为高周疲劳。

（2）低周疲劳（低循环疲劳）又称大应力或应变疲劳，是指零件在较高的交变应力作用下致断裂的循环周次较低，一般 $N_f \leqslant 10^4$，称之为低周疲劳。

有时将 $N_f > 10^4$ 且 $N_f < 10^6$ 产生的疲劳称为中周疲劳。按其他形式分类的疲劳断裂（包括热疲劳、高频疲劳、低频疲劳、腐蚀疲劳、高温疲劳等）均可按致断裂循环周次的高低而纳入此两类疲劳范畴之内。

2.3.4.4　疲劳断裂机理与微观形貌

疲劳断裂过程可分为疲劳裂纹的萌生、稳定扩展以及失稳扩展断裂 3 个阶段，而疲劳裂纹的稳定扩展又可分为两个阶段，如图 2-33 所示。

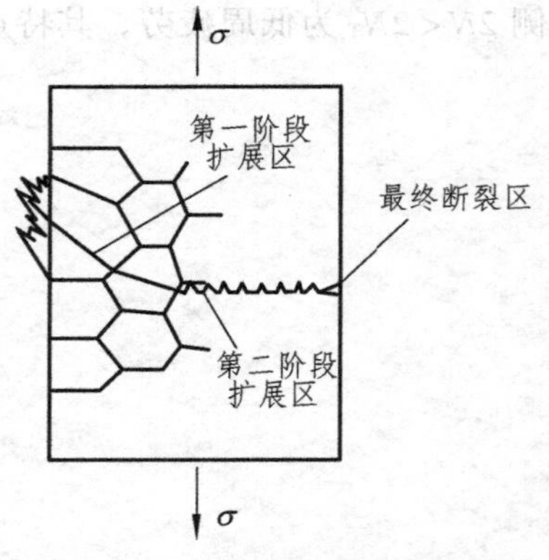

图 2-33　疲劳断裂过程示意图

了解疲劳裂纹萌生、扩展机理及断裂形貌特征，对于分析疲劳断裂失效的原因有着极其重要的意义。下面分别介绍这 3 个阶段。

1. 疲劳裂纹的萌生（形核）

在交变载荷作用下，材料发生局部滑移。随着循环次数的增加，滑移线在某些局部区域内变粗形成滑移带，其中一部分滑移带为驻留滑移带。进一步增加循环次数，驻留滑移带上可以形成挤出峰、挤入槽，如图 2-34 所示，这就是疲劳裂纹的萌生。表面缺陷或材料内部缺陷使应力集中，加速了疲劳裂纹的萌生。

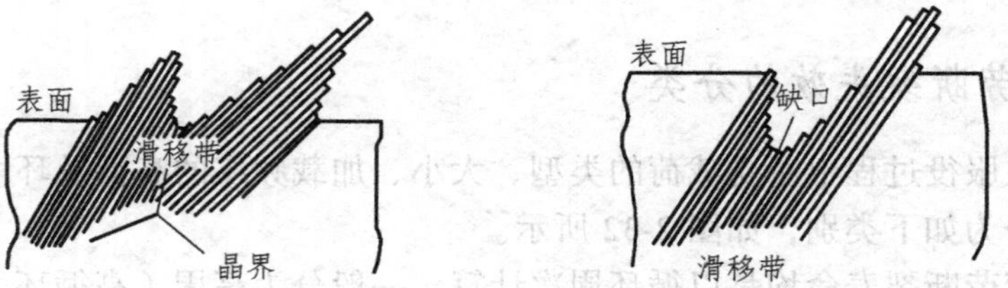

（a）在晶界附近起源　　（b）在滑移带的缺口处起源

图 2-34　滑移带中的挤出、挤入现象

实际工程构件的疲劳裂纹大多在零件表面缺陷、晶界或第二相粒子处萌生。

2. 疲劳裂纹稳定扩展的两个阶段

疲劳裂缝一旦形成，其成长速率与成长方向被局部应力集中的状况及裂缝尖端的材料性质所控制。随着循环应力作用的次数增加，表面的挤出与挤入因具有裂缝的本性，故疲劳裂缝成长的阶段已经开始。疲劳裂缝成长依先后顺序可分为两个阶段，第一阶段是疲劳裂缝沿着永久滑移带方向进行，而第二阶段则是疲劳裂缝沿着垂直应力方向进行，如图 2-33 所示。

（1）疲劳裂纹稳定扩展第一阶段。疲劳裂纹稳定扩展的第一阶段是在裂纹萌生后，在交变载荷作用下立即沿着滑移带的主滑移面向金属内部伸展。此滑移面的取向大致与正应力呈 45° 角，这时裂纹的扩展主要是由于切应力的作用（见图 2-33）。对于大多数合金来说，第一阶段裂纹扩展的深度很浅，在 2 ~ 5 个晶粒之内。这些晶粒断面都是沿着不同的结晶平面延伸，与解理面不同。疲劳裂纹的第一阶段的显微形貌取决于材料类型、应力水平与状态以及环境介质等因素。

（2）疲劳裂纹稳定扩展第二阶段。疲劳裂纹按第一阶段方式扩展一定距离后，将改变方向，沿着与正应力相垂直的方向扩展，此时正应力对裂纹的扩展产生重大影响，这就是疲劳裂纹稳定扩展的第二阶段（见图 2-33）。

疲劳裂纹扩展第二阶段断面上最重要的显微形貌是疲劳条带，又称疲劳辉纹。疲劳条带的主要特征如下：

① 疲劳条带是一系列基本上相互平行的、略带弯曲的波浪形条纹，并与裂纹局部扩展方向相垂直。

② 每一条条带代表一次应力循环，在理论上疲劳条带的数量应与应力循环次数相等。

③ 疲劳条带间距（或宽度）随应力强度因子幅的变化而变化。

④ 疲劳断面通常由许多大小不等、高低不同的小断块所组成，各个小断块上的疲劳条带并不连续，且不平行，如图 2-35 所示。

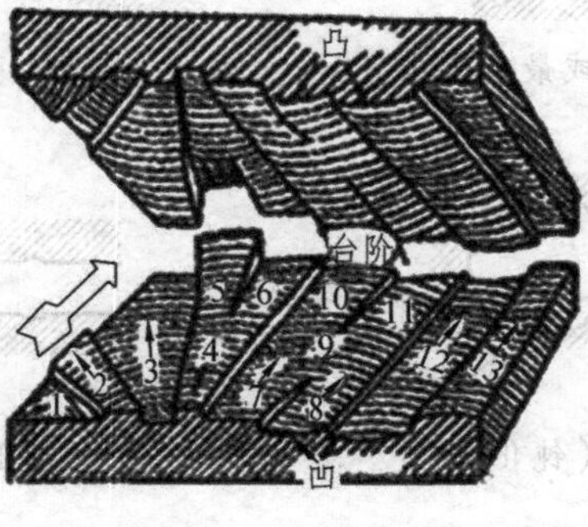

图 2-35 疲劳条带与小断块示意图

⑤ 断口两匹配断面上的疲劳条带基本对应。在实际断口上，疲劳条带的数量与循环次数并不完全相等，因为它受应力状态、环境条件、材质等因素的影响很大。

（3）疲劳条带的类型及其形态。通常将疲劳条带分成塑性疲劳条带与脆性疲劳条带。图 2-36 为两种疲劳条带的典型照片。

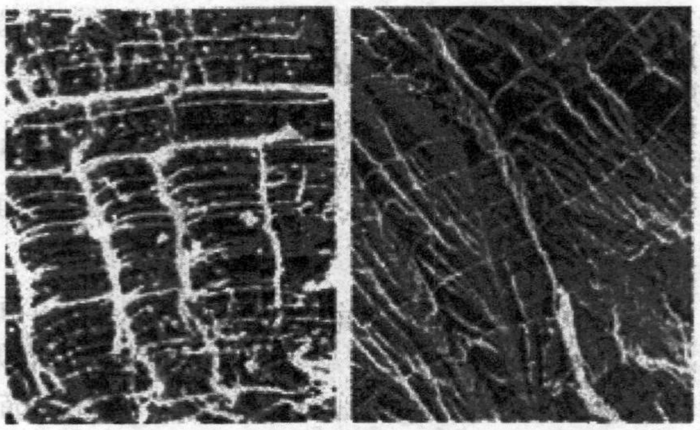

（a）塑性疲劳条带　（b）脆性疲劳条带

图 2-36　塑性疲劳条带与脆性疲劳条带

（4）疲劳条带的形成机理。疲劳条带的形成机理是在研究疲劳裂纹扩展机理的基础上提出的。疲劳裂纹的扩展机理有很多论述，目前，主要有裂纹的连续扩展模型和裂纹的不连续扩展模型两种。疲劳条带的形成机理也有很多种，现将主要的 3 种加以简略地介绍。

① 疲劳裂纹尖端在一次循环中的压缩阶段，裂纹的两个面紧靠在一起，裂纹尖端表面产生塑性变形，接着在下半个拉伸循环中，裂纹角度张开，并使裂纹扩展向前产生一个增量 Δa，这时便形成了一个条带。

② 疲劳裂纹尖端存在显微空穴，当空穴长大到一定尺寸时便与主裂纹连接，使裂纹向前扩展了 Δa 距离，这便形成了一条间距为 Δa 的条带。

这两个疲劳条带形成模型实质上就是疲劳裂纹的连续扩展模型，所形成的疲劳条带均属塑性疲劳条带，如图 2-37 所示。

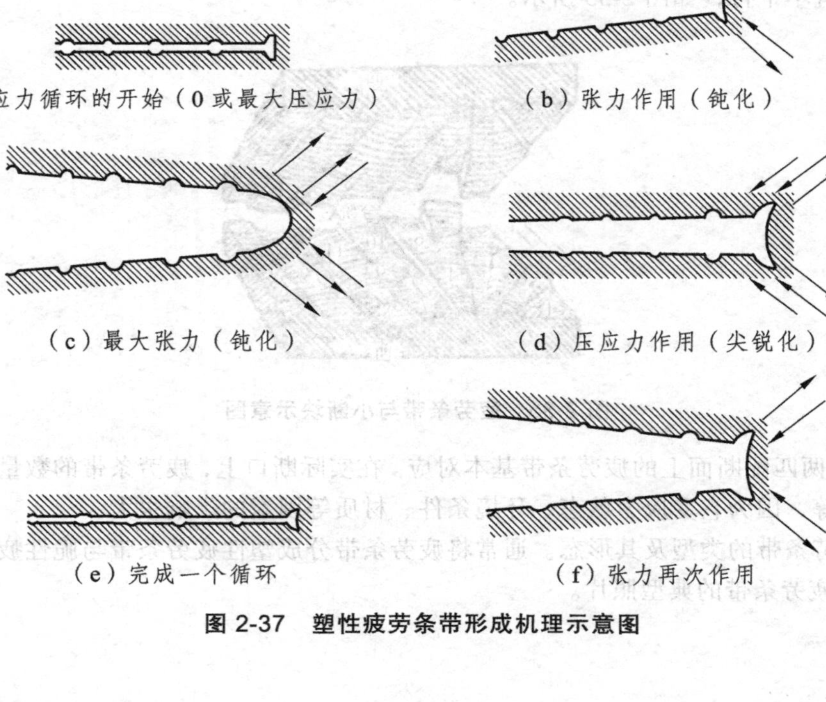

（a）应力循环的开始（0 或最大压应力）　（b）张力作用（钝化）

（c）最大张力（钝化）　（d）压应力作用（尖锐化）

（e）完成一个循环　（f）张力再次作用

图 2-37　塑性疲劳条带形成机理示意图

③ 脆性疲劳条带是在疲劳裂纹扩展过程中，裂纹尖端首先沿解理面断裂成一小段距离，然后因裂纹前端塑性变形而停止扩展。当下一周期开始时，又做解理断裂，如此往复即形成解理疲劳条带，如图 2-38 所示。这种疲劳条带实质上是疲劳裂纹的不连接扩展模型。

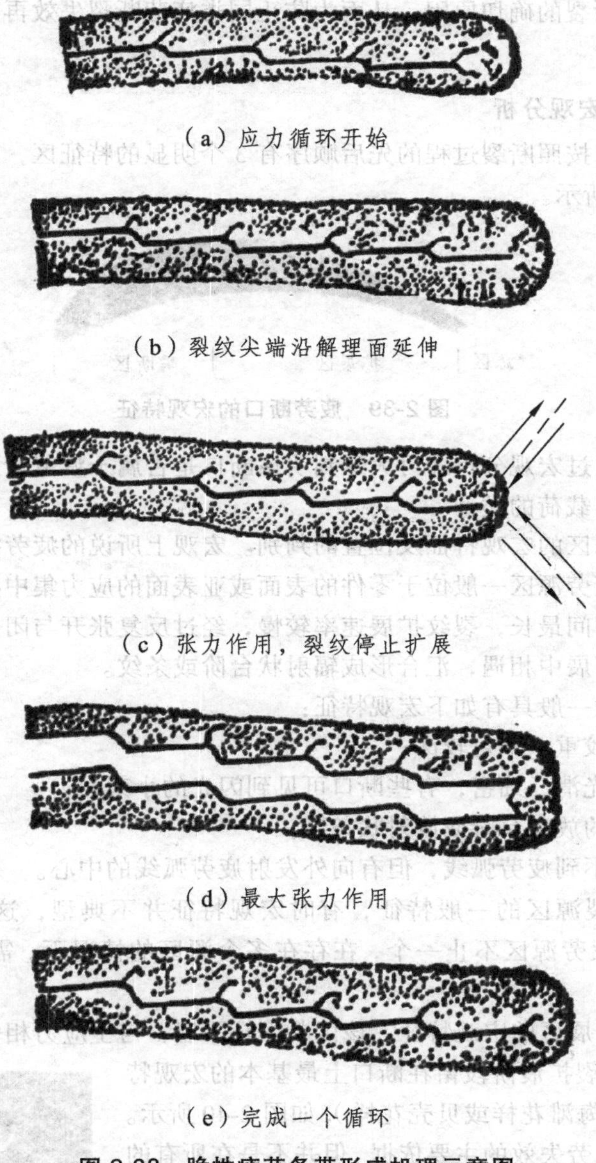

（a）应力循环开始

（b）裂纹尖端沿解理面延伸

（c）张力作用，裂纹停止扩展

（d）最大张力作用

（e）完成一个循环

图 2-38　脆性疲劳条带形成机理示意图

形成疲劳条带的必要条件是：疲劳裂纹的前端必须处于张开型平面应变状态。但这仅仅是必要条件，不是充分条件，也就是说，即使处于张开型平面应变状态下，能否形成疲劳条带，还要取决于材料的性质与环境条件。一般来讲，在张开型平面应变状况下，塑性材料比脆性材料易于形成疲劳条带，面心立方晶系金属比体心立方晶系金属容易形成疲劳条带。

2.3.4.5 疲劳断裂失效分析

疲劳断裂失效分析的内容包括：分析零件的断裂失效是否属于疲劳断裂与疲劳断裂的类别；分析引起疲劳断裂的载荷类型与大小以及疲劳断裂的起源等。疲劳断裂失效分析的目的则是找出引起疲劳断裂的确切原因，从而为防止同类疲劳断裂失效再次出现所要采取的措施提供依据。

1. 疲劳断裂的宏观分析

典型的疲劳断口按照断裂过程的先后顺序有 3 个明显的特征区，即疲劳源区、扩展区和瞬断区，如图 2-39 所示。

图 2-39 疲劳断口的宏观特征

一般情况下，通过宏观分析即可大致判明该断口是否属于疲劳断裂、断裂源区的位置、裂纹的扩展方向以及载荷的类型。

（1）疲劳断裂源区的宏观特征及位置的判别。宏观上所说的疲劳源区包括裂纹的萌生与第一阶段扩展区。疲劳源区一般位于零件的表面或亚表面的应力集中处，由于疲劳源区暴露于空气与介质中的时间最长，裂纹扩展速率较慢，经过反复张开与闭合的磨损，同时在不同高度起始的裂纹在扩展中相遇，汇合形成辐射状台阶或条纹。

因此，疲劳源区一般具有如下宏观特征：

① 氧化或腐蚀较重，颜色较深；

② 断面平坦、光滑、细密，有些断口可见到闪光的小刻面；

③ 有向外辐射的放射台阶或放射状条纹；

④ 在源区虽看不到疲劳弧线，但有向外发射疲劳弧线的中心。

以上是疲劳断裂源区的一般特征，有时宏观特征并不典型，这时需要通过较高倍率来放大观察。有时疲劳源区不止一个，在存在多个源区的情况下，需要找出疲劳断裂的主源区。

（2）疲劳断裂扩展区的宏观特征。该区断面较平坦，与主应力相垂直，颜色介于源区与瞬断区之间，疲劳断裂扩展阶段留在断口上最基本的宏观特征是疲劳弧线（又称海滩花样或贝壳花样），如图 2-40 所示。这也是识别和判断疲劳失效的主要依据。但并不是在所有的情况下，疲劳断口都有清晰可见的疲劳弧线，有时看不到疲劳弧线，这是因为疲劳弧线的形成是有条件的。因此，在分析判断时，不能仅仅根据断口上有无宏观疲劳弧线就做出肯定或否定的结论。

图 2-40 疲劳弧线

一般认为，疲劳弧线是由于外载荷大小、方向发生变化，应力松弛或者材质不均，使得裂纹扩展不断改变方向的结果。在低应力高周疲劳断口上，一般能看到典型的疲劳弧线，而在大应力低周疲劳断口上，一般没有典型的疲劳弧线。此外，在某些静应力作用下的应力腐蚀破坏断口上，有时也有类似于疲劳弧线的宏观特征。

（3）瞬时断裂区的宏观特征。疲劳裂纹扩展至临界尺寸（即零件剩余截面不足以承受外载时的尺寸）后发生失稳快速破断，称为瞬时断裂。断口上对应的区域简称瞬断区，其宏观特征与带尖缺口一次性断裂的断口相近。

① 瞬断区面积的大小取决于载荷大小、材料性质、环境介质等因素。在通常情况下，瞬断区面积较大，则表示所受载荷较大或者材料较脆；相反，瞬断区面积较小，则表示承受的载荷较小或材料韧性较好。

② 瞬断区的位置越处于断面的中心部位，表示所受的外载荷越大；瞬断区的位置越接近自由表面，则表示受到的外力越小。

③ 在通常情况下，瞬断区具有断口三要素（纤维区、放射区、剪切唇区）的全部特征。但由于断裂条件的变化，有时只出现一种或两种特征。

当疲劳裂纹扩展到应力处于平面应变状态以及由平面应变过渡到平面应力状态时，其断口宏观形貌呈现人字纹或放射条纹，当裂纹扩展到使应力处于平面应力状态时，断口呈现剪切唇形态。

2. 疲劳断裂的微观分析

疲劳断裂的微观分析必须建立在宏观分析的基础上，它是宏观分析的继续和深化。对断口进行深入的微观分析，才能较准确地判明断裂失效的模式与机制。疲劳断裂的微观分析一般包括以下内容：

（1）疲劳源区的微观分析。首先要确定疲劳源区的具体位置是表面还是亚表面，对于多源疲劳还需判明主源与次源；其次要分析疲劳源区的微观形貌特征，包括裂纹萌生处有无外物损伤痕迹、加工刀痕、磨损痕迹、腐蚀损伤、腐蚀产物、材质缺陷（包括晶界、夹杂物和第二相粒子）等。疲劳源区的微观分析能为判断疲劳断裂的原因提供十分重要的信息与数据，这是分析的重点。

（2）疲劳扩展区的微观分析。由于第一阶段的范围较小，尤其要仔细观察其上有无疲劳条带、韧窝、台阶、二次裂纹以及断裂小刻面的微观形貌。对第二阶段的微观分析主要是观察有无疲劳条带、疲劳条带的性质及条带间距的变化规律等。搞清这些特征，对于分析疲劳断裂机制、裂纹扩展速度、载荷的性质与大小等将起着重要作用。

（3）瞬断区微观特征分析。主要是观察韧窝的形态是等轴韧窝、撕裂韧窝还是剪切韧窝。搞清韧窝的形貌特征有利于判断引起疲劳断裂的载荷类型。

与图 2-39 所示的源区、扩展区及瞬断区相对应的微观形貌见图 2-41 及图 2-36（a）。图 2-41（a）为源区微观形貌，由图可以看出，断裂起源于叶片盆面一侧的表面，有多个源点，源区有类解理断裂小面（类解理断裂小面系面心立方晶系材料疲劳断裂第一阶段内的独有断裂特征）。图 2-36（a）为扩展区内的典型微观形貌，其上疲劳弧线（粗者）与疲劳条带（细者）清晰，断裂扩展方向明显。图 2-41（b）为瞬断区内的典型微观形貌，其上可见大小不均的等轴韧窝，表明叶片的断裂是在拉应力作用下造成的。

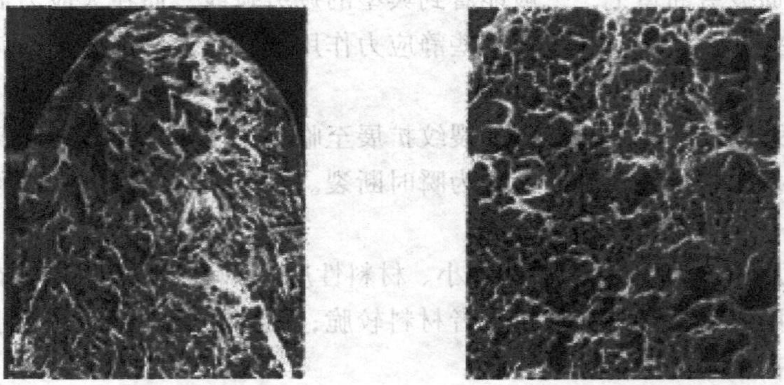

（a）源区微观形貌　　（b）瞬断区内的典型微观形貌

图 2-41　疲劳断口上特征区内的典型微观形貌

3. 引起疲劳断裂的载荷类型分析

各种类型的疲劳断裂失效均是在交变载荷作用下造成的，因此，在分析疲劳断裂失效时，首先要以断口的特征形貌来分析判断所受载荷的类型。

（1）反复弯曲载荷引起的疲劳断裂。构件承受弯曲载荷时，其应力在表面最大、中心最小。所以疲劳裂纹总是在表面形成，然后沿着与最大正应力相垂直的方向扩展。弯曲疲劳断口一般与其轴线呈 90°。

① 单向弯曲疲劳断口在交变单向弯曲载荷作用下，疲劳在交变张应力最大的一边的表面起源。

② 双向弯曲疲劳断口在交变双向弯曲载荷作用下，疲劳破坏源则从相对应的两边开始，几乎是同时向内扩展。

③ 旋转弯曲疲劳断口旋转弯曲疲劳的应力分布是外层大、中心小，故疲劳源区在两侧，这里的裂纹扩展速度较快，中心部位较慢，且其疲劳线比较扁平。由于在疲劳裂纹扩展的过程中，轴还在不断地旋转，疲劳裂纹的前沿向旋转的相反方向偏转。

因此，最后的破坏区也向旋转的相反方向偏转一个角度。

（2）拉-拉载荷引起的疲劳断裂。当材料承受拉-拉（拉-压）交变载荷时，其应力分布是轴的外表面远离中心。由于应力分布均匀，使疲劳源区的位置变化较大。源区可以在零件的外表面，也可以在零件的内部，这主要取决于各种缺陷在零件中分布状态及环境因素等。

（3）扭转载荷引起的疲劳断裂。轴在交变扭转应力的作用下，可能产生一种特殊的扭转疲劳断口，即锯齿状断口。在双向交变扭转应力作用下，在相应各个起点上发生的裂纹，分别沿着 ±45° 两个侧斜方向扩展（交变张应力最大的方向），相邻裂纹相交后形成锯齿状断口；在单向交变扭转应力的作用下，在相应各个起点上发生的裂纹只沿 45° 倾斜方向扩展。当裂纹扩展到一定程度，最后连接部分破断而形成棘轮状断口。

对具有光滑和缺口截面的零件，在不同载荷作用下而产生的疲劳断裂，其断口宏观形貌特征如图 2-42 所示。图中的阴影部分为瞬断区，箭头所指为疲劳断裂扩展方向，弧线为疲劳扩断区。

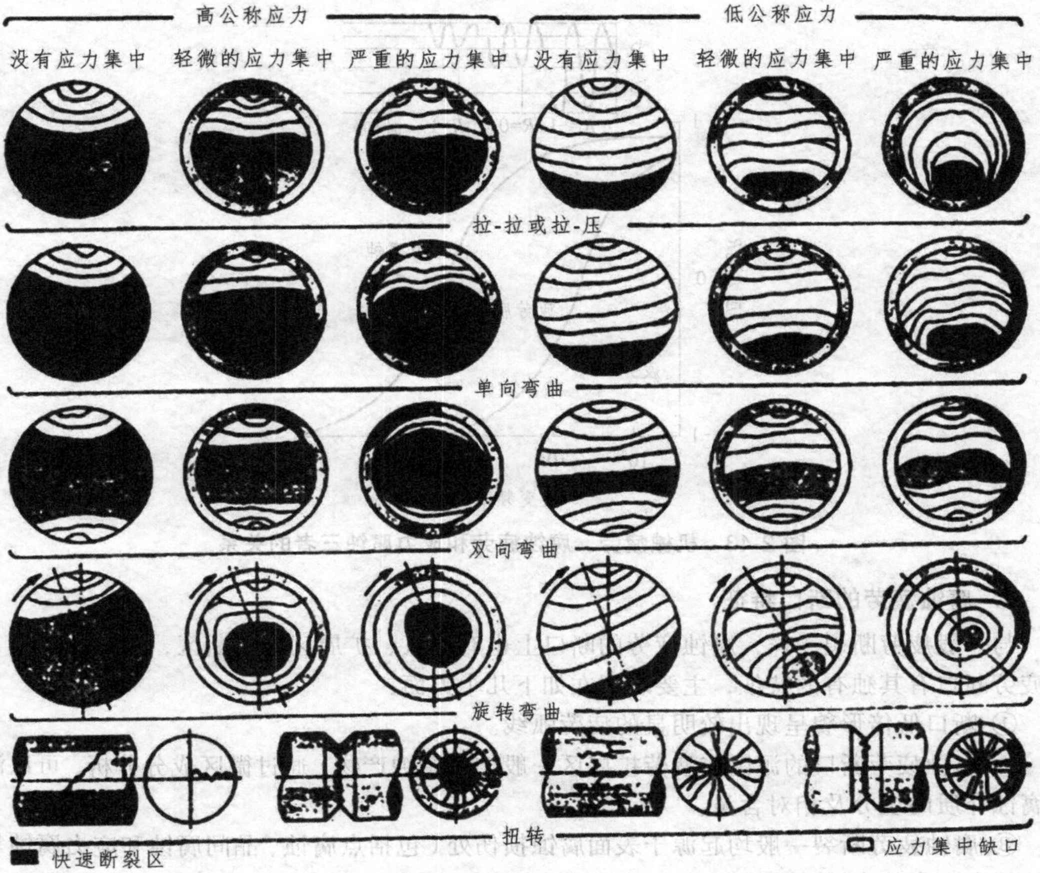

图 2-42 载荷的大小与类型对断口宏观形貌的影响

2.3.4.6 腐蚀疲劳断裂分析

腐蚀疲劳断裂是在腐蚀环境与交变载荷交互作用下发生的一种失效模式。

1. 影响腐蚀疲劳断裂过程的相关因素

① 环境因素，包括环境介质的成分、浓度、酸碱度（pH）以及介质中的氧含量与环境温度等。

② 力学因素，包括加载方式、平均应力、应力比、频率以及应力循环周数。

③ 材质冶金因素，包括材料的成分、强度、热处理状态、组织结构和冶金缺陷等。

2. 机械疲劳、腐蚀疲劳和应力腐蚀的区别

这三者的关系如图 2-43 所示。R 为应力比，即对试样循环加载时的最小载荷与最大载荷之比。

当 $R=1$ 且频率（f）很低时易产生应力腐蚀；当 $R=0$，f 为中等程度时，易产生疲劳腐蚀；随着 f 的增高，腐蚀的作用越来越小，趋于纯机械疲劳。这种区分只是就疲劳裂纹的扩展阶段而言，并未考虑裂纹的萌生阶段。实际上，在腐蚀疲劳裂纹的萌生阶段，腐蚀起了极其重要的作用。

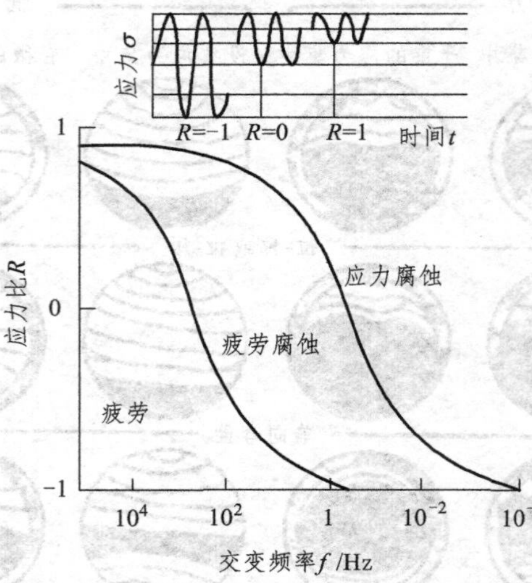

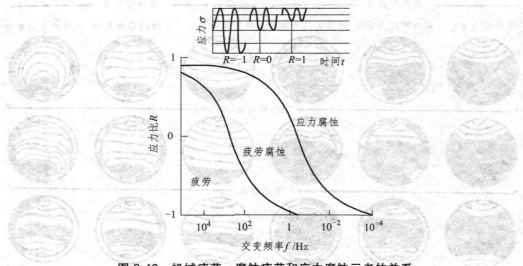

图 2-43 机械疲劳、腐蚀疲劳和应力腐蚀三者的关系

3. 腐蚀疲劳的断口特征

与一般疲劳断裂一样，腐蚀疲劳的断口上也有源区、扩展区和瞬断区，但在细节上，腐蚀疲劳断口有其独有的特征，主要表现在如下几个方面：

① 断口低倍形貌呈现出较明显的疲劳弧线。

② 腐蚀疲劳断口的源区与疲劳扩展区一般均有腐蚀产物，通过微区成分分析，可以测定出腐蚀介质的组分及相对含量。

③ 腐蚀疲劳断裂一般均起源于表面腐蚀损伤处（包括点腐蚀、晶间腐蚀和应力腐蚀等），因此，在大多数腐蚀疲劳断裂的源区可见到腐蚀损伤特征。

④ 腐蚀疲劳断裂扩展区具有某些较明显的腐蚀特征，如腐蚀坑、泥纹花样等。

⑤ 腐蚀疲劳断裂的重要微观特征是穿晶解理脆性疲劳条带，如图 2-36（b）所示。

⑥ 在腐蚀疲劳断裂过程中，当腐蚀损伤占主导地位时，腐蚀疲劳断口呈现穿晶与沿晶混合型，其典型形貌如图 2-44 所示，其上可见脆性疲劳条带、穿晶与沿晶以及腐蚀源等形貌特征。

⑦ 当 $K_{max} > K_{ISCC}$，在频率很低的情况下，腐蚀疲劳断口呈现出穿晶解理与韧窝混合特征。

上述断裂特征并非在每一具体腐蚀疲劳断裂失效件上全部具备，对于某一具体失效件究竟具备上述特征的哪几项，是随力学因素、环境因素和材质冶金因素而定的。

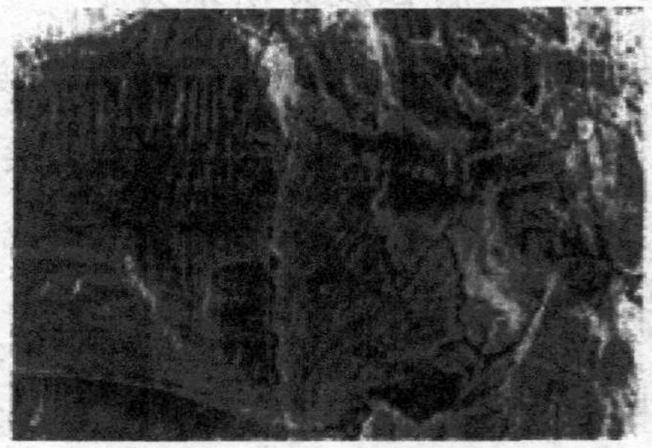

图 2-44 腐蚀疲劳断口上的典型微观形貌

2.3.4.7 热疲劳断裂失效分析

零件在没有外加载荷的情况下，由于工作温度的反复变化而导致的开裂叫作热疲劳。在热循环频率较低的情况下，热应力值有限，而且会逐渐消失，难以引起破坏。但在快速加热、冷却交变循环条件下所产生的交变热应力超过材料的热疲劳极限时，就会导致零件疲劳破坏。

1. **热疲劳的特征**

在冷热交变循环中所产生的交变应力可能并不大，但在高温下，材料的强度降低，即使在较低的应力作用下，材料仍处于塑变状态，因此热疲劳属于应变疲劳。

影响热疲劳的主要因素是冷热循环的频率和上限温度的高低。频率提高，热应力来不及平衡，使零件的应力梯度增加，材料的热疲劳寿命降低；在同样的频率下，上限温度升高，材料塑变增加，降低了材料的热疲劳寿命；如果温度差的大小一定，上限温度降低，使得下限温度很低（零下），而成为连续的冷骤变，此时对材料所造成的损伤远小于热骤变。

影响热疲劳性能的其他因素有材料的热膨胀系数 α、导热率 K 和材料抗交变应变的能力 ε。当然，材料的热膨胀系数小、导热率高、抗交变应变的能力强时，有利于提高材料的热疲劳性能。由于损伤是在高温下产生的，因此热疲劳性能与材料的室温静强度及塑性无关。

2. **热疲劳断口的形貌特征**

对于有表面应力集中的零件，热疲劳裂纹易产生于应变集中处；而对于光滑表面的零件，则易产生于温度高、温差大的部位。在这些部位首先产生多条微裂纹。热疲劳裂纹发展极不规则，呈跳跃式，忽宽忽窄，有时还会产生分枝和二次裂纹，裂纹多为沿晶开裂。

热疲劳断口与机械疲劳断口在宏观上有相似之处，也可以分为 3 个区域，即裂纹起始区、扩展区和瞬时断裂区。其微观形貌为韧窝和疲劳条带，如图 2-45 所示。

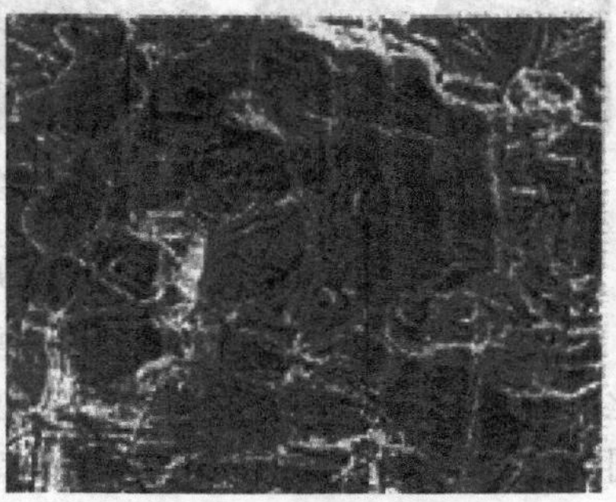

图 2-45 热疲劳断口上的典型微观形貌

2.3.4.8 提高疲劳抗力的措施及疲劳断裂案例分析

1. **提高疲劳抗力的措施**

为防止疲劳断裂失效，须从优化设计、合理选材和提高零件表面抗疲劳性能等方面入手。

（1）优化设计。合理的结构设计和工艺设计是提高零件疲劳抗力的关键。机械构件不可避免地存在圆角、孔、键槽及螺纹等应力集中部位，在不影响机械构件使用性能的前提下，应尽量选择最佳结构，使截面圆滑过渡，避免或降低应力集中。结构设计确定之后，所采用的加工工艺是决定零件表面状态、流线分布和残余应力等的关键因素。

（2）合理选材。合理选材是决定零件具有优良疲劳抗力的重要因素，除尽量提高材料的冶金质量外，还应注意材料的强度、塑性和韧性的合理配合。

（3）零件表面强化工艺。为了提高零件的抗疲劳性能，发展了一系列的表面强化工艺，如表面感应热处理、化学处理、喷丸强化和滚压强化工艺等。实践表明，这些工艺对提高零件的抗疲劳性能效果非常明显。

（4）减少变形约束。对于承受热疲劳的零件，应减少变形约束，减少零件的温度梯度，尽量选用热膨胀系数相近的材料等，提高零件的热疲劳抗力。

2. 疲劳断裂失效案例分析

（1）某汽车用悬架弹簧在使用中发生断裂失效。该弹簧外径 < 100 mm，内径 < 60 mm，呈圆螺旋形状，是用半径 < 11.5 mm 的 55CrSi 钢丝制成。弹簧生产工艺流程为：卷簧→回火→喷丸→立定处理→涂塑。

（2）断口特征。图 2-46 为钢丝断口宏观形貌，有两个高差很大的断面，呈台阶状。断面 A 平坦细密，为疲劳断裂区；断口 B 倾斜粗糙，为瞬断区。疲劳断裂起始钢丝表面的机械损伤处，如图 2-46 中箭头所示。机械损伤呈线状形状，靠近源区的断面平坦细密，有疲劳断裂特征，如图 2-47 所示。

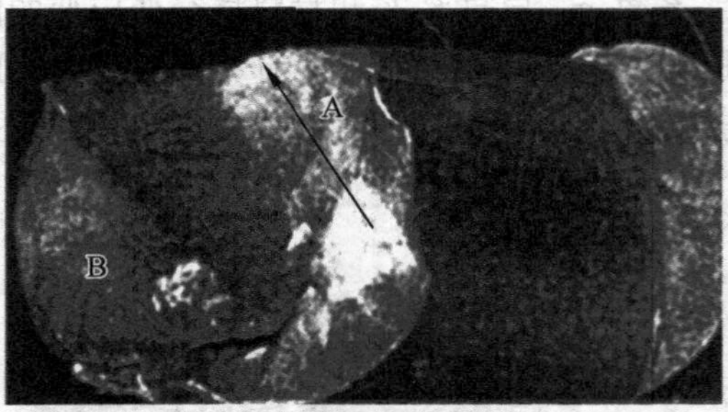

图 2-46　钢丝断口宏观形貌

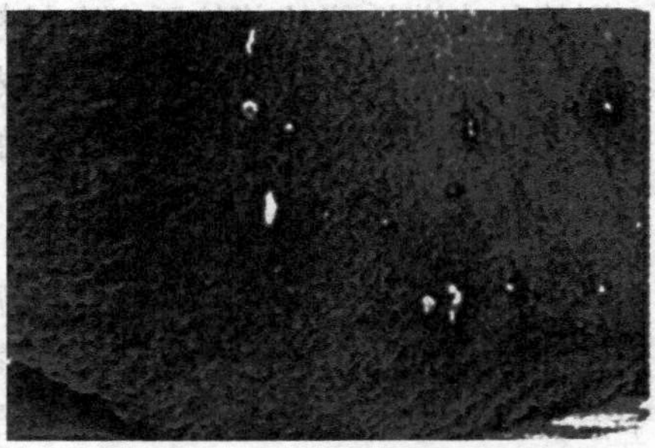

图 2-47　钢丝断口源区微观形貌

以上断裂特征表明，该弹簧为剪断型扭转疲劳断裂。

（3）断裂分析。对于承受拉伸或压缩载荷的圆柱螺旋弹簧，在轴向载荷作用下，在弹簧钢丝的任意横截面内，存在两种剪应力——剪切剪应力和扭转剪应力。两者相加，在弹簧的外圆为高应力区，而在弹簧内圈的钢丝表面上的剪应力最大，断裂往往从内圈钢丝表面上开始。如果处于内圈的钢丝表面上存在缺陷，则会加速疲劳裂纹的萌生。由此可以得出：该弹簧提前疲劳断裂失效的主要原因是内圈钢丝表面上存在的机械损伤。这种机械损伤有可能产生于钢丝生产过程中，也有可能产生于弹簧生产过程中。

（4）结论。该弹簧的失效模式为剪断型扭转疲劳断裂，其原因是钢丝表面存在横向机械损伤。

2.4　金属的断裂韧度

断裂是工程构件危险的一种失效方式；而脆性断裂是最危险的一种失效方式。但用材料的 $\sigma_{0.2}$、δ、ψ、A_k 来设计选材，并不能可靠地防止脆断。而且由于裂纹破坏了材料的均匀连续性，改变了材料内部应力状态和应力分布，所以机件的结构性能就不再相似于无裂纹的试样性能，传统的力学强度理论就不再适用。因此，需要研究新的强度理论和材料性能评价指标，以解决低应力脆断问题。

断裂的特点如下：

（1）突然性或不可预见性；

（2）可能低于屈服力，发生断裂，是一种低应力脆断，其断口没有宏观塑性变形痕迹；

（3）由宏观裂纹扩展引起。

因此，工程上常采用加大安全系数的措施（如加大材料的体积），但这会造成材料的浪费。同时，过于加大材料的体积，不一定能防止断裂。因此，发展出了断裂力学。断裂力学的研究范畴为：把材料看成是裂纹体，利用弹塑性力学理论，研究裂纹尖端的应力、应变，以及应变能分布；确定裂纹的扩展规律；建立裂纹扩展的新的力学参数（断裂韧度）。

2.4.1 平面应力和平面应变的概念

一块带有缺口或裂纹的板试样受拉伸时，在缺口或裂纹端部，因应力集中和形变约束，将产生复杂的应力状态。

假如样板很薄，则裂纹前端 A 附近区域，沿 Z 方向的变形基本不受约束，可以自由变形，在该方向上的应力 $\sigma_Z=0$，但应变 $\varepsilon_Z\neq0$。此时，裂纹前端区域仅在板宽、板长方向上受 σ_X、σ_Y 的作用，应力状态是二维平面型的，这种应力状态称为平面应力状态，如图 2-48（b）所示。

相反，假如是厚板，则裂纹前端区域除了靠近板表面的部位之外，在板的内部，由于 Z 方向受到严重的形变约束，$\sigma_Z\neq0$，而 $\varepsilon_Z=0$。所以，应力是三维的，处于三向拉伸状态，但应变是二维的，$\varepsilon_X\neq0$，$\varepsilon_Y\neq0$，即是平面型的，这种状态称为平面应变状态，如图 2-48（a）所示。

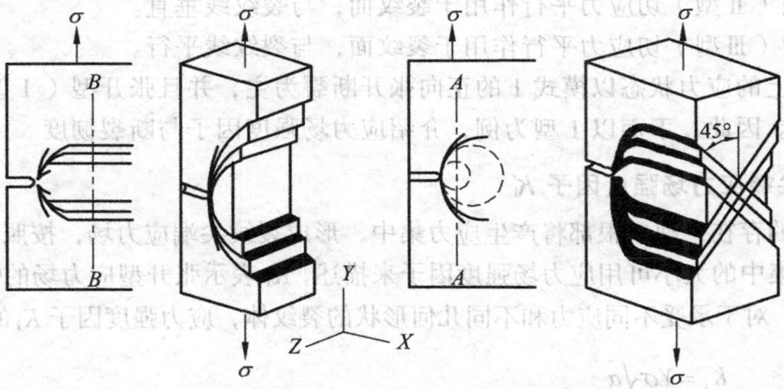

（a）平面应变（$\varepsilon_Z=0$）　　（b）平面应力（$\sigma_Z=0$）

图 2-48　材料变形方式

裂纹前端处的应力状态不同，将显著影响裂纹的扩展过程和构件的抗断裂能力。若为平面应力状态，则裂纹扩展的抗力较高；若为平面应变状态，则裂纹扩展的抗力较低，易脆断。

2.4.2 应力场强度因子 K_{I} 和断裂韧度 K_{IC}

1. 裂纹形态

裂纹尖端附近的应力场和应变场与裂纹的变形方式有关，共有 3 种变形方式：张开型、滑开型、撕开型，如图 2-49 所示。在上述 3 种裂纹变形方式中，张开型裂纹最常见，也最危险。

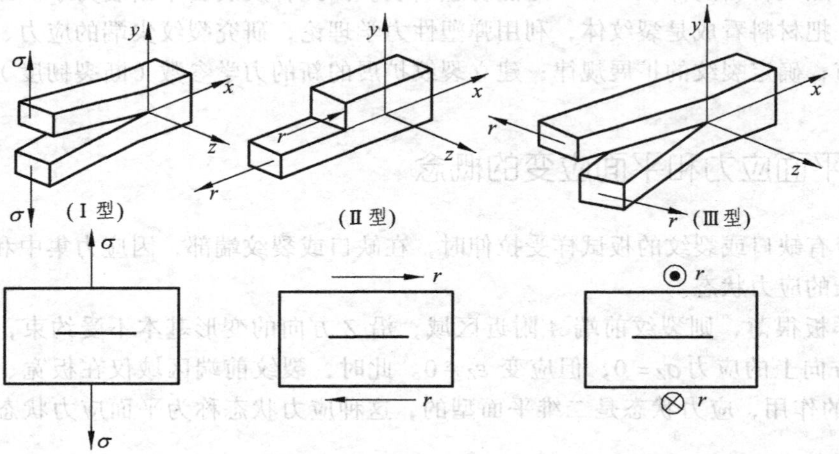

（a）张开型（Ⅰ型）　（b）滑开型（Ⅱ型）　（c）撕开型（Ⅲ型）

图 2-49　裂纹扩展的基本形式

① 张开型（Ⅰ型）拉应力垂直作用于裂纹扩展面。

② 滑开型（Ⅱ型）切应力平行作用于裂纹面，与裂纹线垂直。

③ 撕开型（Ⅲ型）切应力平行作用于裂纹面，与裂纹线平行。

实际工程上的应力状态以模式Ⅰ的正向张开断裂为主，并且张开型（Ⅰ型）是最危险的裂纹变形方式。因此，下面以Ⅰ型为例，介绍应力场强度因子与断裂韧度。

2. 裂纹尖端应力场强度因子 K_{I}

由于缺陷的存在，缺口根部将产生应力集中，形成裂纹尖端应力场，按照断裂力学理论，裂纹尖端应力集中的大小可用应力场强度因子来描述，K_{I} 表示张开型应力场的强弱程度，称为应力强度因子。对于承受不同应力和不同几何形状的裂纹体，应力强度因子 K_{I} 的一般表达式为

$$K_{\mathrm{I}}=Y\sigma\sqrt{a}$$

式中　a——裂纹长度的一半，mm；

Y——裂纹形状系数，无量纲，一般 $Y=1\sim2$；

σ—外加应力，$\mathrm{N/mm^2}$。

裂纹前沿各点的应力和位移由 K_{I} 和坐标（r，θ）决定。当 K_{I} 确定后，不管 σ 和 a 如何变化，裂纹前沿的应力场和位移场完全相同。应力强度因子是表征裂纹尖端应力场和位移场的一个有效参数。

3. 断裂韧度 K_{IC}

当应力强度因子 K 超过一临界值时，裂缝将发生失稳扩展，而使材料迅速断裂，此临界值称为“临界应力强度因子”K_{C}，K_{C} 代表材料抵抗裂缝扩展的能力，因此也称为“断裂韧性”；断裂韧性为材料特性值之一。

当一个有裂纹的试样上的拉伸应力加大，或裂纹逐渐扩展时，裂纹尖端的应力场应力强度因子 K_I 也随之逐渐增大，若 K_I 达到临界值，则试样中的裂纹将产生失稳扩展。材料裂纹尖端主要承受平面应变状态，这个应力场应力强度因子 K_I 的临界值，称为临界应力强度因子 K_{IC}。即 $K_I = Y\sigma\sqrt{a} = K_{IC}$ 时，发生脆性断裂。

由式 $K_I = Y\sigma\sqrt{a} = K_{IC}$ 可求得对应于裂纹长度 a 的断裂应力 σ_C 或对应于应力 σ 的临界裂纹长度 a_C。断裂韧度和临界应力强度因子都是表征材料抗裂纹扩展能力的参数。

研究表明，断裂韧性 K_C 与样品厚度有关，当样品厚度超过某一程度时，即材料主要承受平面应变状态，断裂韧性 K_C 趋近于固定值，此即为平面应变断裂韧性 K_{IC}，作为材料特性值的断裂韧性就指这种情形。当样品厚度较小时，即材料趋近于在平面应力状态，断裂韧性值 K_C 较高。

通常，人们称 K_{IC} 为张开型平面应变条件下的临界应力强度因子，或称它为材料的“断裂韧度”。应当指出，材料的断裂韧度 K_{IC} 和它的强度指标 σ_b、$\sigma_{0.2}$ 一样，也是材料本身所具有的一种力学性能指标，是材料常数，它和裂纹本身的大小、形状无关，也和外加应力大小无关。图 2-50 为一厚板明亮的断口组织，显示由平面应变状态发展而来的平坦的断口表面形貌。

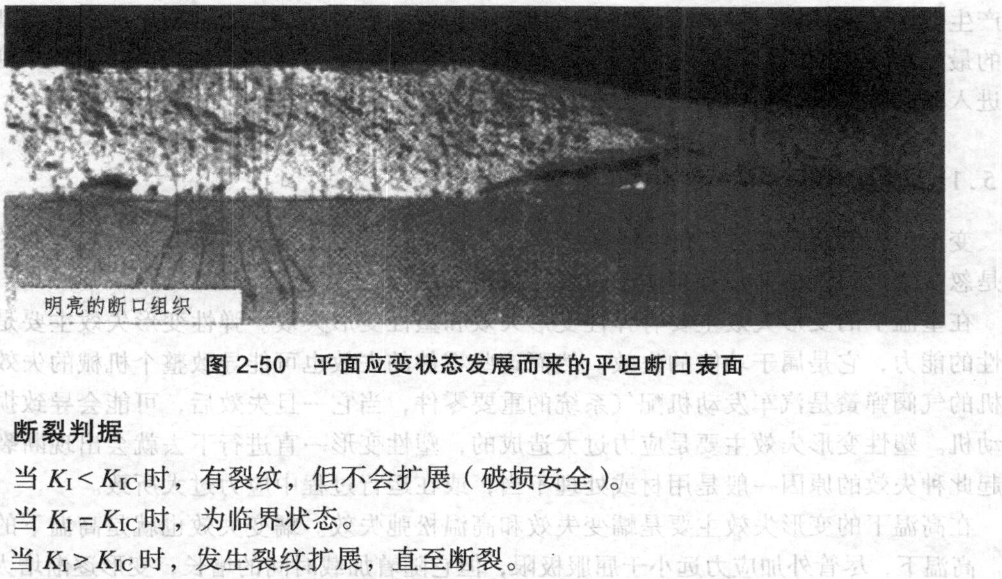

图 2-50 平面应变状态发展而来的平坦断口表面

4. 断裂判据

① 当 $K_I < K_{IC}$ 时，有裂纹，但不会扩展（破损安全）。

② 当 $K_I = K_{IC}$ 时，为临界状态。

③ 当 $K_I > K_{IC}$ 时，发生裂纹扩展，直至断裂。

通过断裂判据可以判断构件是否发生脆断，为选材和设计提供依据。

5. 影响断裂失效的主要因素

（1）模具表面形状对 K_{IC} 的影响。

增大圆角半径，减少突变，避免尖角，减小应力集中，减少断裂失效倾向。

（2）模具材料对 K_{IC} 的影响。

金属的晶粒的大小、杂质及第二相的存在都影响 K_{IC} 的数值。晶粒越细，裂纹扩展时所耗费的能量越多；金属中杂质及第二相的韧性比基体差，称为脆性相，这些脆性相能降低材料 K_{IC} 的数值，因此减少夹杂物、提高冶金质量、提高材料强度，能降低断裂失效倾向。

（3）加载速率与温度对 K_{IC} 的影响。

断裂过程取决于加载速率与温度。当应变速率增加、温度降低时，绝大多数材料变得更强但是更脆，使材料的断裂韧度随之减小。

2.5 变形失效

2.5.1 概 论

2.5.1.1 金属构件在静载下的行为

金属构件在外力作用下产生形状和尺寸的变化称为变形。根据外力去除后变形能否恢复，变形又分为弹性变形和塑性变形两种。能恢复的变形称为弹性变形，不能恢复的变形称为塑性变形。从拉伸曲线中可看出，金属材料在外力的作用下，会产生弹性变形、塑性变形和断裂 3 种现象，即随着外载荷的增加，材料首先产生弹性变形，当应力逐渐超过屈服极限后，就产生塑性变形，如果外加应力继续增加，则塑性变形也增加，这种现象一直保持到拉伸图上的最高载荷点，即对应于抗拉强度 σ_b 的那一点，从这一点开始，如果继续加载，则材料开始进入断裂阶段，即产生微裂纹、裂纹扩展，直至最后断裂。

2.5.1.2 变形失效的分类

变形失效都是逐步进行的，一般都属于非灾难性，因此这类失效并不引起人们的关注。但是忽视变形失效的监督和预防，也会导致很大的损失。

在室温下的变形失效主要有弹性变形失效和塑性变形失效。弹性变形失效主要是失去了弹性的能力，它是属于功能的失效。然而这些零件的失效也可能导致整个机械的失效。如汽油机的气阀弹簧是汽车发动机配气系统的重要零件，当它一旦失效后，可能会导致损坏整台发动机。塑性变形失效主要是应力过大造成的，塑性变形一直进行下去就会出现断裂失效。引起此种失效的原因一般是用材或处理不当，或在运行过程中应力过大所致。

在高温下的变形失效主要是蠕变失效和高温松弛失效。蠕变失效也就是高温下的变形失效。高温下，尽管外加应力远小于屈服极限，但它随着加载时间的增长，变形逐渐增大，若对蠕变失效不予以重视，甚至会发生蠕变断裂。蠕变断裂的出现，其后果将不堪设想。高温松弛失效，也就是在高温下失去弹性的功能。高温下弹性一般随着使用时间的延长而逐渐降低，最终导致失效。蒸汽轮机的高温紧固螺栓经长期使用发生松弛，将使蒸汽轮机不能正常工作。

2.5.2 金属的弹性变形失效

2.5.2.1 弹性变形的定义和特点

所谓弹性变形，是在加上外载荷后就产生，而卸去外载荷后即消失的变形，当变形消失后，零部件的形状和尺寸完全恢复到原样。弹性变形的特点如下：

（1）它具有可逆的性质，即加载时产生，卸载后恢复到原状的性质。

（2）在弹性变形过程中，不论是在加载阶段还是在卸载阶段，有的材料弹性变形的应力和应变保持线性对应关系，有的材料则呈非线性的对应关系。无论哪一种关系，其应力和应变都是单值对应的关系。

（3）金属的弹性应变主要发生在弹性阶段，但在塑性变形阶段也伴随着发生一定量的弹性变形。两个变形中弹性变形总量是很小的，加起来一般不到 0.5%～1.0%。

综上所述，金属弹性变形具有可逆性、单值性和变形量很小的特点。

2.5.2.2 弹性变形的物理过程

为什么弹性变形具有上述 3 个特点呢？这就需要了解金属弹性变形产生的物理本质。

众所周知，金属是由原子规则排列所组成的晶体，相邻原子间存在一定的作用力。弹性变形就是外力克服了原子间的作用力，使原子间距发生变化的结果。当外力去除后，原子间原来的作用力又使它们恢复到原来的平衡位置，从而使弹性变形消失，这就是弹性变形具有可逆性的物理原因。

假设 2 个原子处于平衡时的间距为 r_0，分析表明，当外力使两个原于靠近时（即 $r < r_0$），斥力占主导地位，而当 $r > r_0$ 时，引力占主导地位，其变化均沿着斥力和引力的合力线进行，因此表现出单值对应的特点。

理论计算表明，金属最大的弹性变形在理论上可达到 25%，但由于实际金属材料存在位错和其他缺陷，金属材料在受力过程中，或者由于位错运动产生塑性变形，或者因为缺陷作用而提前断裂，所以实际弹性变形量很小，这就说明了弹性变形的第 3 个特点。

2.5.2.3 胡克定律

胡克最早研究了弹性变形和外加载荷的关系，得出在一定的载荷范围内，外加载荷与变形量之间成正比的关系：

$$\sigma = E\varepsilon$$

式中 σ——拉应力；

ε——相对变形量；

E——正弹性模量。

经过分析和实验证实，在一定的应变范围内，金属材料的剪应力 τ 和剪应变 r 也成正比关系：

$$\tau = Gr$$

式中 G——金属材料的剪切弹性模量，或称切弹性模量。

正弹性模量 E 和切弹性模量 G，都是金属材料弹性变形阶段的重要性能参数，在零部件的设计计算和材料的研究中，这是两个很重要的参数。除了 E 和 G 外，金属材料的弹性变形阶段还有一个重要的性能参数，叫作泊松比，其定义如下；

$$\nu = \varepsilon_1 / \varepsilon_2$$

式中　ε_1——单向拉伸（或压缩）时的纵向应变值；

ε_2——单向拉伸（或压缩）时，由于材料体积不变而产生的横向收缩（或膨胀）的横向应变。

由于 ε_1 与 ε_2 的方向始终相反。因此，反映材料弹性收缩（或膨胀）性能的泊松比总是负值。

在材料 3 个弹性性能参数 E、G 和 ν 之间，存在着下列简单的关系：

$$G = \frac{E}{2(1-\nu)}$$

即知道了其中任意两个的数值后，就可利用上式求得第 3 个数值。对于大部分的钢来说，$E = 206\ \text{kN/mm}^2$，$G = 75\ \text{kN/mm}^2$，$\nu = 0.25 \sim 0.30$。

2.5.2.4　弹性变形失效的特征及判断依据

理想的弹性变形应该是单值性的可逆变形，加载时立即变形，卸载时又立即恢复原状，变形和时间无关。但是实际金属是多晶体并有各种缺陷存在，因此，弹性变形会出现弹性后效、弹性滞后和包申格效应等现象。

金属经过预先加载产生微量的塑性变形，然后再同向加载，使弹性极限升高；而反向加载，弹性极限降低的现象叫作包申格效应。例如，T10 钢淬火回火后拉伸，$\sigma_{0.2} = 1\,130\ \text{MPa}$；如果先经过预压变形再拉伸时，$\sigma_{0.2} = 880\ \text{MPa}$。显然，包申格效应对于预先经轻度塑性变形，而后又反向加载的构件十分有害；这也是引起弹性变形失效的主要原因。

弹簧、紧固件等经常会产生弹性变形失效，然而判断弹性变形失效往往是很困难的，因为在工作状态下引起变形导致失效的零部件，在解剖或测量尺寸时，在实际操作中有一定的困难。为了判断是否因弹性变形引起的失效，要综合考虑以下几个因素：

（1）失效的零件是否有严格的尺寸匹配要求，是否有高温或低温的工作条件。

（2）在分析失效零件时，应注意观察在正常工作下相互不接触的配合表面上是否有划伤、擦伤或磨损的痕迹。例如，高速旋转的零件，在离心力的作用下会弹性伸长，当伸长量大于它与壳体的间隙时，就会引起表面擦伤。因此，只要观察到了这种擦伤，而在不运行时仍保持有间隙存在，则这种擦伤很可能是由于弹性变形造成的。

（3）在设计时是否考虑了弹性变形的影响及采取了相应的措施。

（4）通过计算来验证是否有弹性变形失效的可能。

（5）测量零件（如弹簧等）的弹性性能，若不符合设计要求，则认为是弹性变形失效。

2.5.3　金属的塑性变形失效

2.5.3.1　塑性变形的定义和特点

金属受外力作用下，当超过弹性极限后就开始塑性变形。与弹性变形相比，塑件变形是一种不可逆的变形。材料塑性变形量的大小反映了材料塑性的好坏。通常反映材料塑性性能优劣的指标是延伸率 $\delta\%$ 和断面收缩率 $\psi\%$。

实际上，金属材料都是多晶体，其塑性变形具有下列一些特点：

（1）各晶粒变形的不同时性。多晶体的各晶粒，其取向均是不同的，在外加应力的作用下，那些有利于滑移取向的晶粒就先开始滑移变形，而其相邻晶粒只能在增加应力后才能开始滑移变形。因此，多晶体塑性变形时，各晶粒不是同时开始的，而是先后相继进行的。

（2）塑性变形量的不均一性。这种不均一性不仅表现在基体金属的各个晶粒之间，而且表现在基体金属晶粒与第二相之间，即使在一个晶粒的内部也是如此。这样，从外观上看整个宏观塑性变形虽还不大时，然而个别晶粒的塑性变形量可能已达到极限值，因而这些部位将出现裂纹，导致早期韧性断裂，并将成为失效的裂源。

（3）塑性变形的时间性。在介质中，金属的弹性变形是以声速传播的。但是塑性变形的传播是很慢的。因此，在测定弹性极限和屈服极限时，加载速度特别重要。

（4）变形过程中伴随着力学性能和其他物理、化学性能的改变。这种变化主要由于塑性变形时，金属内部组织结构发生变化，如亚晶结构的形成和内应力的形成有关。

2.5.3.2 塑性变形的物理过程

金属的塑性变形的方式主要有滑移、孪晶、晶界滑移和扩散性蠕变 4 种。

（1）滑移和孪晶滑移是金属塑性变形的主要方式。它是在剪切应力作用下，晶体沿着滑移面和滑移方向产生滑移的结果。一个滑移面与其上的一个滑移方向的组合叫作滑移系。滑移系少的金属晶体，如密排六方晶格金属，在不利的受力情况下不能滑移，而是以孪生方式产生塑性变形，如 Zn、Mg 等。体心立方晶格金属，如 α-Fe 及其合金，在冲击载荷或低温下也常发生孪晶变形。孪晶本身提供的变形量是很小的，如 Cd 孪晶变形只有 7.4% 的变形度，而滑移可达 300% 的变形度。孪晶在变形中可以调整滑移面的方向，间接对塑性变形做出贡献，使之有利于滑移。

（2）晶界滑移和扩散性蠕变。高温下多晶体金属因晶界性质弱化，变形将集中于晶界上进行。变形时可以是晶界切变活动，也可以借助于晶界上空穴或间隙原子扩散迁移来实现。

2.5.3.3 塑性变形失效的特征及判断依据

塑性变形一般是不允许在受力的零件上出现的，它的出现说明零件的受力已经过大。但也不是出现任何程度的塑性变形都必然导致失效。当零件在某个部位所承受的实际应力大于材料的屈服强度时，该部位将产生塑性变形。

零件的计算应力与所承受的实际应力往往有一定的误差，其原因是：

（1）复杂零件的应力计算往往使用经验公式，这就会存在一定的误差。

（2）零件承受载荷的额定值与实际值有一定的差别。

（3）零件在加工及热处理过程中产生的残余内应力，可能与外加应力相叠加。

（4）应力集中因素。

（5）由于材料性能有离散性，以及材料内部的金相组织、成分、夹杂物、缺陷等微观不均匀性，因此，材料的实际屈服强度与技术条件的规范值也有差别。

塑性变形失效的特征是失效件有明显的塑性变形。塑性变形是很容易鉴别的，只要将失效件进行测量或与正常件进行比较即可断定。严重的塑性变形，如扭曲、弯曲、薄壁件的凹陷等变形特征，用肉眼即可判别。

2.5.3.4 塑性变形失效的实例

在模具中塑性变形失效的事例是经常出现的，如凹模在工作过程中出现型腔塌陷、型孔胀大、棱角倒塌以及冲头在工作过程中因出现冲头镦扭、纵向弯曲，从而不能继续工作等，均属于塑性变形失效。

模具出现塑性变形失效的主要原因有以下几方面：

（1）模具材料的强度水平不高。

（2）模具材料虽选择正确，但热处理工艺不正确，未能充分发挥模具钢的强韧性。

（3）冲压操作不当，发生意外超载。

过载压痕损伤是塑性变形失效的一种特殊形式。如果在两个互相接触的曲面之间，存在有静压应力，可使匹配的一方或双方产生局部塑性变形而成为局部的凹陷，严重的将会影响其正常工作。例如，滚珠轴承在开始运转前，如果静载过大，钢球将压入滚道使其表面受到损伤。这样的轴承在随后的工作中就会使振动加剧而导致失效。

2.6 失效分析的内容

广义地说，失效分析的工作内容应包括失效分析的业务工作（即“门诊”工作）、失效分析的研究工作和失效分析的管理及技术反馈工作。

2.6.1 失效分析预测预防的业务工作

总的来说，失效分析的业务工作有两个方面：一方面是产品的失效分析；另一方面是产品的安全度评定和剩余寿命的预测。前者是失效事后的分析，而后者是失效事前的分析。

根据失效分析的定义，一个失效事件分析的全过程一般包括侦测、诊断和事后处理 3 个阶段，即利用各种“侦测”手段，调查、侦查、测试和记录有关失效的现场、参数和信息；通过“诊断”鉴别和确定产品失效的模式、过程、原因、影响因素和机理；经过“事后处理”采取补救措施（对服役件）、预防措施（对新生产的产品）和其他技术的、管理的反馈活动，以达到预防、提高和开发的目的。侦测、诊断和事后处理是失效分析工作的 3 个要素。

产品失效分析的重点无疑是分析产品的早期失效事件、突发性失效事件以及致命的失效事件，因为这些失效事件的分析事关重大或关系到全局。

失效分析的深度应依其分析的目的和要求不同而异。失效分析工作者的任务是根据失效分析的不同目的和要求，做出确切而恰当的诊断及对策。按照产品发展的阶段——试制阶段、试生产阶段和定型生产阶段的不同，其失效分析的内容也各不相同。

2.6.2 失效分析预测预防的研究工作

失效分析的研究工作主要是指失效物理的研究、失效机理的研究、失效诊断的研究和失效预防工程技术的研究4个方面的工作。下面分别给予简要介绍。

（1）失效物理的研究工作。所谓失效物理（或称为可靠性物理）就是从原理上，即从原子和分子的角度出发，来解释元件、材料失效的现象。失效物理学的基础是数理统计方法、可靠性工程和材料科学工程学。失效物理的基本研究内容则是失效的物理模型定性及定量的描述方法、失效物理模式的识别及其应用。因此，对失效物理的深入研究和广泛应用，必将加强失效分析的广度和深度。

（2）失效机理的研究工作。失效机理是研究失效的物理、化学原因以及失效过程和影响因素等。如果认为失效物理的研究内容主要是失效模式（模型）及其应用的话，那么失效机理的研究则主要集中在失效的本质（物理、化学原因）和过程。失效机理和失效模式不同，以人的生病来打比喻，失效机理相当于病理，而失效模式则相当于病症。具体地说，失效机理主要研究各种失效方式，研究材料成分、组织结构和性能等内部因素对失效过程的影响。

（3）失效诊断的研究工作。失效诊断是分析失效原因的思维学和方法论。具体地说，失效的诊断研究一般应包括失效诊断依据的研究、失效诊断思路的研究和失效诊断技术与方法的研究3个方面。

（4）失效预防的研究工作。失效预防的研究工作是为了探讨失效的补救措施、预防方法和管理途径。失效分析成果的反馈和失效预防，可防止同类失效事故的重复发生，是失效分析的重要目的之一。

失效预防的研究工作范围很广，它应包括机械系统或设备的性能参数的分析，诊断技术工况的监测方法、技术、装置及系统的开发和采用；产品的安全度评定和剩余寿命的估算；失效预防工程方法，包括表面损伤的预防方法、断裂失效临界状态的评定和预测方法——失效评定图、断裂控制图、变形机制图、蠕变机制图和疲劳机制图等的研究开发和应用推广；关于机械产品失效维修的原则、原理、技术、方法及其应用方面的研究等。可以看出，失效预防方法的研究工作是艰巨的、十分重要的，又是大有可为的。

2.6.3 失效分析预测预防的管理和技术的反馈工作

失效分析的管理和技术反馈应该包括全国性、部门性、地区性的失效分析和管理机构的建立；失效分析的技术指导性文件、规程和标准的颁布实行；失效事件的分析工作的组织和管理；失效研究工作的组织和开展；失效及可靠数据库和技术反馈系统的建立和运转；各级失效分析人员的培训和提高等。

值得指出的是，从失效分析的定义中就已经把“管理活动”当作失效分析不可缺少的内容和环节之一。从以上的讨论中还可进一步看出，失效分析的管理和技术反馈的内容及范围十分广泛、重要，因此，应给予足够重视。

2.6.3.1 零件失效分析的意义

产品质量是企业的生命线。提高产品质量、延长零部件的使用寿命，是企业的立足之本。

（1）减少和预防同类机械零件失效现象的重复发生，保障产品质量，提高产品的竞争力。

（2）分析机械零件的失效原因，为认定事故责任、侦破刑事犯罪案件、裁定赔偿责任、确定保险业务、修改产品质量标准等提供科学依据。

（3）为企业技术开发、技术改造提供信息，增加企业产品的技术含量，从而获得更大的经济效益。

2.6.3.2 零件失效分析的步骤

1. 事故调查

（1）现场调查；

（2）失效件的收集；

（3）走访当事人和目击者。

2. 资料搜集

（1）设计资料：机械设计资料、零件图；

（2）材料资料：原材料检测记录；

（3）工艺资料：加工工艺流程卡、装配图；

（4）使用资料：维修记录、使用记录等。

3. 失效分析的工作流程

（1）失效机械的结构分析。

失效件与相关件的相互关系、载荷形式、受力方向的初步确定。

（2）失效件的粗视分析。

用眼睛或者放大镜观察失效零件，粗略判断失效类型（性质）。

（3）失效件的微观分析。

用金相显微镜、电子显微镜观察失效零件的微观形貌，分析失效类型（性质）和原因。

（4）失效件材料的成分分析。

用光谱仪、能谱仪等现代分析仪器，测定失效件材料的化学成分。

（5）失效件材料的力学性能检测。

用拉伸试验机、弯曲试验机、冲击试验机、硬度试验机等测定材料的抗拉强度、弯曲强度、冲击韧度、硬度等力学性能。

（6）应力分析、测定。

用 X 光应力测定仪测定应力。

（7）失效件材料的组成相分析。

用 X 光结构分析仪分析失效件材料的组成相。

（8）模拟试验（必要时）。

在同样工况下进行试验，或者在模拟工况下进行试验。

4. 分析结果提交

（1）提出失效性质、失效原因；

（2）提出预防措施（建议）；

（3）提交失效分析报告。

2.6.4 首断件的判定

机械设备在服役过程中，由于某一零件（或元件）首先发生开裂或断裂失效，往往会导致多个不同零件或相同零件（如叶片）先后出现断裂。在这种情况下，须从众多的开裂或断裂件中准确地找出首先开裂件，通常称为首断件，作为分析断裂失效原因和事故原因的主要对象。根据各零件的功能特征、各相关零件的损伤痕迹、各零件的断裂形貌特征等加以综合分析判断，分析首断件所要遵循的原则如下：

（1）各断裂件中，既有塑性断裂，又有脆性断裂时，一般脆性断裂件发生在前，塑性断裂件发生在后；

（2）各断裂件中，既存在脆性断裂件，又存在疲劳断裂件时，则疲劳断裂件应为首断件；

（3）当存在两个或两个以上的疲劳断裂件时，低应力疲劳断裂件出现在前，而高应力疲劳断裂件出现在后；

（4）当各断裂件均为塑性断裂时，则应根据各零件的受力状态、结构特性、断裂的走向、材质与性能等进行综合分析与评定，才能找出首先断裂的失效件。

2.6.5 主裂纹及裂纹源的判断

在机械事故分析中，当残骸拼凑之后，经常会发现在同一失效件上出现多条裂纹，如涡轮盘的断裂、环形齿圈的断裂、压力容器的破裂等就有这种情况。这就需要从中准确地找出首先开裂的部位——主裂纹。

一般来说，在同一零件上出现多条裂纹或存在多个断口时，这些断裂在时间上是依次陆续产生的，也就是说，形成断裂的时间是有先后顺序的。从众多的碎片中确定最先开裂的部位的常用方法如下：

1. "T"形法

若一个零件上出现两块或两块以上的碎片时，可将其合拢（注意不要将其断面相互碰撞），其断裂构成"T"形，如图 2-51 所示。在通常情况下，横贯裂纹 *A* 为主裂纹。因为 *A* 裂纹最先形成，阻止了 *B* 裂纹向前扩展，故 *B* 裂纹为二次裂纹。

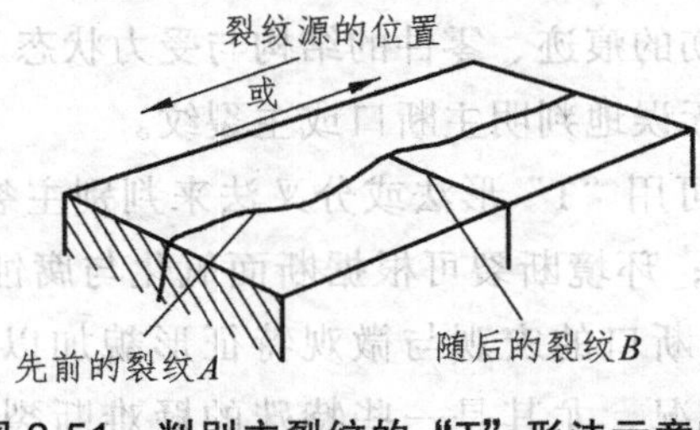

图 2-51 判别主裂纹的"T"形法示意图

A—主裂纹；*B*—二次裂纹

2. 分叉法

机械零件在断裂过程中，往往在出现一条裂纹后，要产生多条分叉或分支裂纹，如图 2-52 所示。一般裂纹的分叉或分支的方向为裂纹的扩展方向，其反方向为断裂的起始方向。也就是说，分叉或分支裂纹为二次裂纹，汇合裂纹为主裂纹。

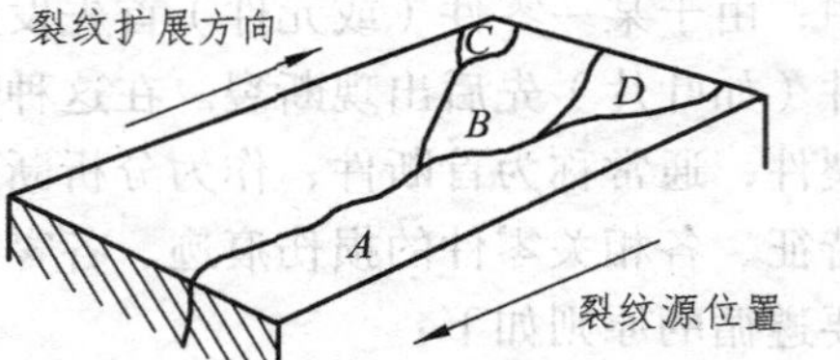

图 2-52 判别主裂纹的分叉法示意图

A—主裂纹；B，C，D—二次裂纹

3. 变形法

当机械零件在断裂过程中产生变形并断成几块时，可测定各碎块不同方向上的变形量大小，变形量大的部位为主裂纹，其他部位为二次裂纹。

4. 氧化颜色法

机械零件产生裂纹后在环境介质与温度作用下发生腐蚀与氧化，并随时间的增长而趋于严重，由于主裂纹面开裂的时间比二次裂纹要早，经历的时间要长，腐蚀氧化要重，颜色要深。因此可以判定，氧化腐蚀比较严重、颜色较深的部位是主裂纹部位；而氧化腐蚀较轻、颜色较浅的部位是二次裂纹的部位。

5. 疲劳裂纹长度法

在实际的机械零件断裂失效中，往往在同一零件上同时出现多条疲劳裂纹或多个疲劳区。在这种情况下，一般可根据疲劳裂纹扩展区的长度或深度、疲劳弧线或疲劳条带间距的疏密来判定主断口或主裂纹。疲劳裂纹长、疲劳弧线或条带间距密者，为主裂纹或主断口；反之为次生裂纹或二次断口。

由于实际断裂事故情况复杂多变，因此，在实际分析中，应根据各种具体情况和具体条件，如裂纹扩展的规律、断裂的形貌特征、断口表面的颜色、各部位相对变形的大小、零件散落的部位及分布、表面损伤的痕迹、零件的结构与受力状态、零件的材质与性能等，加以综合分析与比较，才能准确无误地判明主断口或主裂纹。

一般情况下，脆性断裂可用“T”形法或分叉法来判别主裂纹与二次裂纹；塑性断裂则可用变形法来判别主次裂纹；环境断裂可根据断面氧化与腐蚀程度及颜色深浅来区分主次断裂；而疲劳断裂常常利用断口的宏观与微观特征形貌加以区分。上述方法只是对一般情况而言，不能包括所有情况，尤其是一些特殊的疑难断裂件，需要运用多种手段才能予以鉴别。

复习思考题

1. 什么是失效分析？失效分析的目的是什么？
2. 影响模具寿命的因素有哪些？
3. 失效形式有哪些？
4. 磨损主要有哪些失效形式？
5. 什么是断裂韧度？影响断裂韧度的因素有哪些？
6. 金属断裂有哪些分类？
7. 解理断裂的微观断口形貌有哪些基本特征？
8. 零件失效分析的步骤有哪些？
9. 常用判断主裂纹及裂纹源的方法有哪些？

3 冷作模具材料及热处理工艺

冷作模具主要用于金属或非金属材料的冷态成型，它的寿命长短，直接影响产品的生产效率及成本。影响模具寿命长短的因素很多，其中合理的选材及实施正确的热处理工艺，是保证模具寿命的关键技术。为了做到这一点，首先必须了解模具的工作条件、失效形式以及对模具的使用性能要求；其次要掌握各类冷作模具用钢所具有的特性。

目前，应用的冷作模具主要有如下几种类型：冷冲裁模、冷挤压模、冷镦模、拉深模、冷弯曲模、冷成型模等。由于各类模具的工作条件、失效形式不同，因而所用材料也不同。目前，常用的冷作模具材料有冷作模具钢、硬质合金、陶瓷材料、铸铁等，但使用最多的是冷作模具钢和硬质合金。本章将结合这两类材料的特性和发展，以及近几年来提高冷作模具寿命的经验和成果，对冷作模具的工作条件、失效形式、材料选择、热处理特点进行综合分析。

3.1 冷作模具的失效形式与材料的性能要求

冷作模具主要用于完成金属和非金属材料的冲裁、弯曲、拉深、镦锻、挤压等工序。由于加载形式和被加工材料的性质、规格不同，因而各种模具的工作条件差别很大，故其失效形式也不相同。

3.1.1 冷冲裁模的工作条件、失效形式与性能要求

冷冲裁模主要用于各种板材的冲切及成型，按其功能不同可分为落料模、冲孔模、切边模等。

1. 工作条件及主要失效形式

模具的工作部位是凸、凹模的刃口。冲裁时，刃口部受到弯曲和剪切力的作用，还要受到冲击。同时，板料与刃口部位产生强烈的摩擦。根据被切板料的厚度，冷冲裁模分为薄冲裁模（板厚≤1.5 mm）和厚板冲裁模（板厚 > 1.5 mm）两种。在冲裁软质薄板时，冲头的压力并不大，在冲裁中、厚钢板时，尤其是在厚钢板上冲小孔时，冲头所承受的单位压力很大，对模具要求很高。

磨损是冷冲裁模最基本的失效形式，当刃口磨损严重时，会使冲件产生毛刺，此时模具就会因磨损超差而不能再用。当冲件厚度大、具有较强的磨粒磨损作用（如硅钢片等）或咬

合倾向（如奥氏体钢）时，都会加快磨损失效。

薄板冷冲裁模的主要失效形式是磨损，极少情况是脆断失效，脆断的原因主要是热处理不当或操作失误。厚板冷冲裁模除磨损外，还可能发生崩刃、断裂等。

2. 性能要求

通过工作条件及失效形式分析，对薄板冷冲裁模用钢要求具有高的耐磨性，而对厚板冷冲裁模用钢除要求具有高的耐磨性、抗压屈服点外，为防止模具崩刃或断裂，还应具有高的强韧性。

由此可见，冷冲裁模的性能要求是刃口强韧、耐磨。对于冷冲裁厚钢板的冲头，除要求具有强韧性、耐磨性外，还要求冲头不变形、不折断。

3.1.2　冷镦模的工作条件、失效形式与性能要求

冷镦模是使金属棒料在模具型腔内冷变形成型的模具，主要用于紧固件、滚动轴承、滚子链条、汽车零件的成型。

1. 工作条件及主要失效形式

零件的冷镦成型在冷镦机上进行，冷镦频率为每分钟 60 ~ 120 次，冲击力为 300 ~ 2 500 kN。冷镦凸模承受强烈的冲击力，又由于被冷镦材料硬度不均、坯料端面不平、冷镦机精度不够等原因，还可使凸模产生弯曲应力；冷镦凸模表面还承受剧烈的冲击性摩擦，产生的温度可达 300 °C，可使凸模表面磨损。冷镦凹模的型腔承受冲击性胀力，型腔表面还承受强烈的摩擦和压力。

冷镦模主要的失效形式是开裂、折断，即由韧性不足引起的损伤占有很大比例，因上述原因导致的失效占 90% 以上，材料韧性不足极大影响着模具的使用寿命。

2. 性能要求

冷镦模要求有足够的硬度（凸模为 60 ~ 62 HRC，凹模为 58 ~ 60 HRC）、高的抗压强度和高的冲击韧度。尤其是冷镦凹模，需要有良好的强韧性配合，因此整个截面不能淬透，硬化层深度一般控制在 1.5 ~ 4 mm。硬化层深度过深，易碎裂、崩块；硬化层深度过浅，模腔易磨损、拉毛、黏模而使工件精度下降。

3.1.3　冷挤压模的工作条件、失效形式与性能要求

冷挤压是在常温下利用模具在压力机上对金属以一定的速度施加相当大的压力，使金属产生塑性变形，从而获得所需形状和尺寸的制品或零件。

1. 工作条件及主要失效形式

金属的冷挤压成型，受到强烈的三向压应力的作用，变形抗力大。当挤压有色金属时，挤压力达到 1 000 MPa 以上；当挤压钢材时，一般正挤压力达 2 000 ~ 2 500 MPa，而反挤压力达 3 000 ~ 3 500 MPa。因此，模具不仅受到强大的挤压力作用，而且还受到坯料塑变流动

的剧烈摩擦，由摩擦热引起的模具表面局部温升可达 300 ~ 400 °C。

此外，凸模比凹模的工作条件更苛刻。冷挤压模成型时，当毛坯端面不平整，凸模和凹模不同心时，凸模除了受到巨大的压应力，必然还会受到弯曲应力的作用。此外，脱模时由于毛坯和凸模之间的摩擦，使凸模还受到拉应力的作用。因此，在多种作用力的叠加作用下，在凸模应力集中处，极易发生脆性断裂（折断、劈裂等）。同时，凹模内壁受到变形金属的强烈摩擦，容易导致磨损。此外，凹模还受到切向应力的作用，有胀裂的可能。

冷挤压凸模的失效形式有折断、疲劳断裂、塑性变形及磨损，冷挤压凹模的失效形式主要是胀裂及磨损。

2. 性能要求

制作冷挤压模的材料必须具有高的强韧性及良好的耐磨性。一般凸模要求硬度为 61 ~ 63 HRC，凹模要求硬度为 58 ~ 62 HRC。如果硬度过高，模具容易碎裂、崩块；硬度不够，模具容易磨损，也有可能发生压塌及变形。由于冷挤压时，模具承受极大的挤压力，故模具抗压强度要高，为防止折断，抗弯强度也要高。此外，冷挤压是在整个模具型腔内进行，模具产生较大的温升，这就要求模具还要具有较高的高温强度及硬度。由于模具是在冷热交变条件下工作，模具材料还要具有较高的冷热疲劳抗力。耐磨性是决定模具寿命的重要因素，耐磨性取决于基体硬度及碳化物等硬质点的状况，碳化物的数量越多，碳化物与基体的硬度越高，则钢材的耐磨性越好。

冷挤压材料按耐磨性优劣依次为硬质合金→高速钢→高碳高铬钢→合金工具钢→碳素工具钢。

3.1.4 拉拔模及成型模的工作条件、失效形式与性能要求

这类模具主要包括拉深模、胀形模、弯曲模和拔管模，利用这些模具可使板材或棒材延伸并压制成一定形状的产品。

1. 工作条件及主要失效形式

模具工作时受载较轻，但模具表面受到强烈的摩擦。凹模主要受到径向张力的作用，凸模主要承受轴向压缩力和摩擦力的作用。

成型模具的主要失效形式是磨损，而拉拔模除严重磨损外，还会产生“黏附”（咬合）现象，即在温度和压力作用下，模腔局部表面可与坯料发生焊合，使小块坯料黏附在模腔表面形成坚硬的小瘤，这些小瘤将使制品表面产生划痕和擦伤。

2. 性能要求

对拉拔模的主要性能要求是高的耐磨性，一般凸模硬度要求为 58 ~ 62 HRC，凹模硬度要求为 62 ~ 64 HRC，并且还要求具有良好的抗咬合性。对成型模的耐磨性要求稍低，一般凸模硬度为 54 ~ 58 HRC，凹模硬度为 56 ~ 60 HRC，但要求有较高的韧性。

3.2 冷作模具对材料性能的要求

3.2.1 使用性能要求

冷作模具种类繁多，结构复杂，在工作中受到拉伸、弯曲、压缩、冲击、疲劳、摩擦等机械力的作用，其正常的失效形式主要是磨损、脆断、变形、咬合等。因此，对冷作模具材料使用性能的基本要求如下：

1. 良好的耐磨性

冷作模具在工作时，模具与坯料之间产生很大摩擦，在这种摩擦的作用下，模具表面会划出一些微观凹凸痕迹，这些痕迹与坯料表面的凹凸不平相咬合，使模具表面逐渐产生切应力，造成机械破损而磨损。

由于材料硬度和组织是影响模具耐磨性能的重要因素，所以，为提高冷作模具的抗磨损能力，通常要求硬度应高于工件硬度的30%～50%；材料的组织要求为回火马氏体或下贝氏体，其上分布着细小、均匀的粒状碳化物。

2. 高强度

强度指标对于冷作模具的设计和材料选择是极为重要的依据，主要包括拉伸屈服点、压缩屈服点。其中，压缩屈服点对冷作模具冲头材料的变形抗力影响最大。为了获得高的强度，在材料选定的情况下，主要是通过适当的热处理工艺进行强化。

3. 足够的韧性

对韧性的具体要求，应根据冷作模具的工件条件考虑，对受冲击载荷较大、易受偏心弯曲载荷或有应力集中的模具等，都需要较高的韧性。对一般工作条件下的冷作模具，通常受到的是小能量多次冲击载荷的作用，在这种载荷作用下，模具的失效形式是疲劳断裂，所以不必追求过高的冲击韧度值，而是要提高多冲疲劳抗力。这一点，在制订冷作模具的热处理工艺时必须给予充分的重视。

4. 良好的抗疲劳性能

很多情况下，冷作模具（如冷镦、冷挤、冷冲）是在交变载荷作用下发生疲劳破坏的，所以要求有较高的疲劳抗力。影响疲劳抗力的因素很多，如钢中带状和网状碳化物、粗大晶粒，模具表面的微小刀痕、凹槽以及截面突然变化和表面脱碳等，都能导致疲劳抗力降低。

5. 良好的抗咬合能力

当冲压材料与模具表面接触时，在高压摩擦下，润滑油膜被破坏，此时，被冲压件金属“冷焊”在模具型腔表面形成金属瘤，从而在成型工件表面划出道痕。咬合抗力就是对发生“冷焊”的抵抗能力。影响咬合抗力的主要因素是成型材料的性质，如镍基合金、奥氏体不锈钢、精密合金等有较强的咬合倾向。模具材料及润滑条件对咬合抗力也有较大的影响。

3.2.2 工艺性能要求

冷作模具材料还必须具备适宜的工艺性能，主要包括可锻性、可加工性、可磨削性、热处理工艺性等。

1. 可锻性

锻造不仅减少了模具的机械加工余量，更重要的是可改善坯料的内部组织缺陷，所以锻造质量的好坏对模具质量有很大影响。

为了获得良好的锻造质量，对可锻性的要求是：热锻变形抗力低，塑性好，锻造温度范围宽，锻裂、冷裂及析出网状碳化物的倾向性小。

2. 可加工性

对可加工性的要求是：切削力小、切削用量大、刀具磨损小、加工表面光洁。

大多数模具材料切削加工都较困难，为了获得良好的切削加工性能，需要正确进行热处理；对于表面质量要求极高的模具，往往选用含 S、Ca 等元素的易切削模具钢。

3. 可磨削性

为了达到模具的尺寸精度和表面粗糙度的要求，许多模具零件必须经过磨削加工。对于可磨削性的要求是：对砂轮质量及冷却条件不敏感，不易发生磨伤与磨裂。

4. 热处理工艺性

热处理工艺性主要包括淬透性、回火稳定性、脱碳倾向、过热敏感性、淬火变形和开裂倾向等。

（1）淬透性。对于大型模具，除了要求表面有足够的硬度外，还要求芯部有良好的强韧性配合，这就需要模具钢具有高的淬透性——淬火时采用较缓的冷却介质，就可以获得较深的硬化层。对于形状复杂的小型模具，也常采用高淬透性的模具钢制造，这是为了使其淬火后能获得较均匀的应力状态，以避免开裂或有较大的变形。

（2）回火稳定性。回火稳定性反映了冷作模具受热软化的抗力，可以用软化温度（保持硬度 58 HRC 的最高回火温度）和二次硬化硬度来评定。回火稳定性越高，钢的热硬性越好，在相同的硬度情况下，其韧性也较好。所以，对于受到强烈挤压和摩擦的冷作模具，要求模具材料具有较高的回火稳定性。一般情况下，对于高强韧性模具钢，二次硬化硬度不应低于 60 HRC，对于高承载模具钢，二次硬化硬度不应低于 62 HRC。

（3）脱碳倾向、过热敏感性。脱碳严重会降低模具的耐磨性和疲劳寿命；过热会得到粗大的马氏体，降低模具的韧性，增加模具早期断裂的危险性。所以要求冷作模具钢的脱碳倾向、过热敏感性要小。

（4）淬火变形、开裂倾向。模具钢淬火变形、开裂倾向与材料成分、原始组织状态、工件几何尺寸、工件形状、热处理工艺方法和参数都有很大关系，在模具的设计选材时必须加以考虑。

通常，由热处理工艺引起的变形、开裂问题，可以通过控制加热方法、加热温度、冷却方法等热处理工序来解决；而由材料特性引起的变形、开裂问题，主要是通过正确选材、控制原始组织状态和最终组织状态来解决。

3.2.3 冷作模具材料的成分特点

根据模具材料的性能要求，冷作模具钢的成分特点如下：

1. 钢的含碳量

含碳量是影响冷作模具钢性能的决定性因素。一般情况下，随着含碳量的增加，钢的硬度、强度和耐磨性提高，塑性、韧性变差。对于高耐磨的冷作模具钢，碳的质量分数一般控制在 0.7% ~ 2.3%，以获得高碳马氏体，并形成一定量的碳化物；对于需要抗冲击的高强韧性冷作模具钢，碳的质量分数一般控制在 0.5% ~ 0.7%，以保证模具获得足够的韧性。

2. 合金化特点

冷作模具钢的合金化特点是：加入强碳化物形成元素，获得足够数量的合金碳化物，并增加钢的淬透性和回火稳定性，以达到耐磨性和强韧性的要求。所加入的主要元素及其作用简述如下：

（1）锰。锰会强烈地增加钢的淬透性，大幅度降低钢的 M_S 点，增加淬火后残留奥氏体量，这对防止工件变形、淬裂，稳定外形尺寸是有利的。但锰会降低钢的导热性，有较大的过热敏感性，并加剧第二类回火脆性。所以，锰宜与钼、钒、铬、钨复合添加。在抗冲击及高强韧性冷作模具钢中，锰的用量受到限制。

（2）硅。硅能增加钢的淬透性和回火稳定性，显著提高变形抗力及冲击疲劳抗力；也可提高抗氧化性和耐蚀性。但是硅元素促使钢中的碳以石墨形式析出，造成脱碳倾向比较严重，并增加钢的过热敏感性和第二类回火脆性。

（3）铬。铬会显著地增加钢的淬透性，有效提高钢的回火稳定性。钢中随着铬含量的增加，依次生成 $(Fe \cdot Cr)_3C$、$(Fe \cdot Cr)_7C$、$(Fe \cdot Cr)_{23}C$ 等碳化物，这些碳化物稳定性较好，从而减小了钢的过热敏感性，提高了钢的耐磨性。铬对钢表面具有钝化作用，使钢具有抗氧化能力。但铬含量较高会增加碳化物不均匀性和残留奥氏体量。一般在低合金冷作模具钢中，铬的质量分数为 0.5% ~ 1.5%；在高强韧性冷作模具钢中，铬的质量分数为 4% ~ 5%；在高耐磨微变形模具钢中，铬的质量分数为 6% ~ 12%。

（4）钼。钼可提高淬透性和高温蠕变强度；钼的回火稳定性和二次硬化效果也强于铬，并能抑制铬、锰、硅元素引起的第二类回火脆性，但钼会增加脱碳倾向。常用冷作模具钢中的钼的质量分数一般为 0.5% ~ 5%。

（5）钨。钨的一大优点是会造成二次硬化，显著提高钢的热硬性；其提高耐磨性和降低钢的过热敏感性的作用优于钼。但钨会强烈地降低钢的导热性，过量的钨还会使钨的碳化物不均、钢的强度和韧性降低。在高承载能力冷作模具钢中，钨的质量分数小于 18%，并且有以钼或钒代替钨以减少钨含量的趋势。

（6）钒。钒主要以 V_4C_3 形式存在于钢中。由于 V_4C_3 稳定难熔，硬度极高，所以钒能显著提高钢的耐磨性和热硬性；同时钒还可细化晶粒，降低钢的过热敏感性。但钒含量过高，会降低钢的可锻性和磨削性。故钒的质量分数一般控制在 0.2% ~ 1.5%。

（7）钴、镍。钴的主要作用是提高高速钢冷作模具的热硬性，增强二次硬化效果。在硬质合金冷作模具材料中，钴是重要的黏结剂。

镍既能提高钢的强度又能提高钢的韧性，同时还可提高钢的淬透性；含量较高时，可显著提高钢的耐蚀性。但镍有增加第二类回火脆性的倾向。

3.3 冷作模具材料及热处理工艺

冷作模具钢是应用最广的冷作模具材料，按化学成分、工艺性能和承载能力可将冷作模具钢分类，如表 3-1 所示。

表 3-1 冷作模具钢分类

类 别	牌 号
低淬透性冷作模具钢	T7A、T8A、T10A、T12A、8MnSi、9Cr2、GCr15、CrW5
低变形冷作模具钢	CrWMn、9Mn2V、9CrWMn、MnCrWV、SiMnMo
高耐磨微变形冷作模具钢	Cr12、Cr12MoV、Cr12Mo1V1、Cr5Mo1V、Cr4W2MoV、Cr12Mn2SiWMoV、Cr6WV、Cr6W3Mo2.5V2.5
高强度高耐磨冷作模具钢	W18Cr4V、W6Mo5Cr4V2、W12Mo3Cr4V3N
抗冲击冷作模具钢	4CrW2Si、5CrW2Si、6CrW2Si、9CrSi、60Si2Mn、5CrMnMo、5CrNiMo、5SiMnMoV
高强韧性冷作模具钢	6W6Mo5Cr4V、65Cr4W3Mo2VNb（65Nb）、7Cr7Mo2V2Si（LD）、7CrSiMnMoV（CH-1）、6CrNiSiMnMoV（GD）、8Cr2MnWMoVS
高耐磨高强韧性冷作模具钢	9Cr6W3Mn2V2（GM）、Cr8MoWV3Si（ER5）
特殊用途冷作模具钢	9Cr18、Cr18MoV、Cr14Mo、Cr14Mo4、1Cr18Ni9Ti、5Cr2Mn9Ni4W、7Mn15Cr2Al3V2WMo

3.3.1 低淬透性冷作模具钢

1. 碳素工具钢

常用的碳素工具钢有 T7A、T8A、T10A、T12A，其中 T7A 为亚共析钢，T8A 为共析钢，T10A、T12A 为过共析钢。它们的化学成分如表 3-2 所示。

表 3-2 常用碳素工具钢的化学成分

钢号	化学成分 ω/%			性能相对顺序			
	C	Mn	Si	淬透性	韧性	耐磨性	淬火工艺性
T7A	0.7	0.3	0.3	1	4	1	1
T8A	0.8	0.3	0.3	4	3	2	3
T10A	1.1	0.3	0.3	3	2	3	4
T12A	1.18	0.3	0.3	2	1	4	2

注：① ω/% 表示各化学成分的质量分数；

② 性能顺序按 1～4，表示性能由低到高。

（1）力学性能。

① 含碳量的影响。钢的硬度主要由含碳量决定，含碳量越高，硬度越高。钢的耐磨性取决于含碳量，含碳量越高，耐磨性越好，如 T12 钢比 T10 钢耐磨性稍高；钢的韧性随含碳量的增加而逐渐下降，钢的强度随含碳量的增加而增加。

② 淬火温度的影响。提高淬火温度可使碳素工具钢的强韧性下降。实践证明，适当提高淬火温度，可增加硬化层厚度，从而提高模具的承载能力。因此，对于直径小于 15 mm、容易完全淬透的小型模具，可采用较低的淬火温度（760 ~ 780 °C）；对于大、中型模具，应适当提高淬火温度（800 ~ 850 °C）或采用高温装炉快速加热工艺（炉温可高于上述温度）。

③ 回火温度的影响。碳素工具钢的硬度随回火温度的提高而下降。在低温回火阶段（150 ~ 300 °C），弯曲强度及韧性随回火温度的升高而明显增高。但是碳素工具钢的扭转试验结果表明，在 200 ~ 280 °C 回火温度范围内出现一个脆性区，由于实际模具绝大多数承受弯曲及拉压载荷，故目前在生产中仍采用在 220 ~ 280 °C 回火。

（2）工艺性能。

① 锻造性能。碳素工具钢的热变形抗力低，锻造温度范围宽，锻造工艺性好。碳素工具钢的锻造工艺规定如表 3-3 所示。

表 3-3 碳素工具钢的锻造工艺规定

钢 号	始锻温度/°C	终锻温度/°C	冷却方式
T7A、T8A	1 130 ~ 1 160	≥800	单件空冷或堆放空冷
T12A、T10A	1 100 ~ 1 140	800 ~ 850	空冷到 650 ~ 700 °C 后转入砂炉灰坑中缓冷

② 球化退火和正火。经锻造后的碳素工具钢模具毛坯需进行球化退火处理，使其具有良好的工艺性能，为切削加工和淬火做好组织准备。

若退火前碳素工具钢中存在较严重的网状渗碳体，则应先正火处理，消除网状二次渗碳体。若渗碳体网状不太严重，则不一定先正火，只需在球化退火时增加保温时间即可。表 3-4、表 3-5 分别列出了碳素工具钢的球化退火和正火工艺规范。

表 3-4 碳素工具钢的球化退火工艺规范

钢 号	相变点/°C		加热温度/°C	第一次保温时间/h	等温温度/°C	第二次保温时间/h	退火后硬度/HBW
	A_{c1}	A_{r1}					
T7、T8	730	700	750 ~ 770	1 ~ 2	680 ~ 700	2 ~ 3	163 ~ 187
T12、T10	730	700	750 ~ 770	1 ~ 2	680 ~ 700	2 ~ 3	179 ~ 207

表 3-5 碳素工具钢的正火工艺规范

钢 号	正火加热温度/°C	正火硬度/HBW	正火目的
T7A	800 ~ 820	229 ~ 285	促进球化
T8A	800 ~ 820	241 ~ 302	毛坯的切削性能最好
T10A	830 ~ 850	255 ~ 321	加速球化或提高淬透性
T12A	850 ~ 870	269 ~ 341	消除网状碳化物

③ 淬透性及回火稳定性。碳素工具钢的淬透性低，淬火冷却方式有水冷、油冷、分级淬火和双介质淬火等几种。由于碳素工具钢淬火后存在较大的内应力，韧性低，强度也不高，故应进行低温回火，消除钢中的残余应力，改善其力学性能。回火温度的选择按所要求的硬度而定。表 3-6 列出了碳素工具钢的淬火、回火工艺规范，供参考。

表 3-6　碳素工具钢的淬火、回火工艺规范

钢号	淬火			回火		
	加热温度/°C	淬火介质	硬度/HRC	加热温度/°C	保温时间/h	硬度/HRC
T7	780 ~ 800	盐或碱的水溶液	62 ~ 64	140 ~ 160 160 ~ 180	1 ~ 2	62 ~ 64 58 ~ 61
	800 ~ 820	油或融盐	59 ~ 61	180 ~ 200	1 ~ 2	56 ~ 60
T8	760 ~ 770	盐或碱的水溶液	63 ~ 65	140 ~ 160 160 ~ 180	1 ~ 2	60 ~ 62 58 ~ 61
	780 ~ 790	油或融盐	60 ~ 62	180 ~ 200	1 ~ 2	56 ~ 60
T10	770 ~ 790	盐或碱的水溶液	63 ~ 65	140 ~ 160 160 ~ 180	1 ~ 2	62 ~ 64 60 ~ 62
	790 ~ 810	油或融盐	61 ~ 62	180 ~ 200	1 ~ 2	59 ~ 61
T12	770 ~ 790	盐或碱的水溶液	63 ~ 65	140 ~ 160 160 ~ 180	1 ~ 2	62 ~ 64 61 ~ 63
	790 ~ 810	油或融盐	61 ~ 62	180 ~ 200	1 ~ 2	60 ~ 62

（3）应用范围。

碳素工具钢价廉易得，易于锻造成型，切削加工性也比较好。碳素工具钢的主要缺点是淬透性差，畸变和开裂倾向性大，耐磨性和热强度都很低。以 T10A 钢应用最为普遍，冷作模具较少采用 T8 钢，主要有两方面的原因：一是 T8 钢淬火加热过热敏感性大，甚至在加热温度比较低（780 ~ 790 °C）的条件下，T8 钢的晶粒也容易长大，韧度较差；二是 T8 钢淬火后组织中没有过剩的碳化物，因而耐磨性差。而过共析钢 T10A 在加热时能获得比较细的晶粒，淬火过热敏感性小，经适当热处理后可获得较高的强度和一定的韧度。另外，T10A 钢在淬火后组织中还保留一些剩碳化物，可提高模具的耐磨性，这是 T10A 钢应用比较普遍的原因。

因此，T10A 钢是碳素工具钢中性能较好的钢种，因其耐磨性高，淬火过热敏感性小，经适当热处理后可获得较高的强度和一定的韧性，适合于制作耐磨性要求较高而承受冲击较小的模具。与 T10A 钢相比，T8A 钢因其耐磨性差，故只适合于制作小型拉拔、拉深、挤压模具。T7A 钢的耐磨性不及 T10A 钢，但它有较好的韧性，可用在对韧性要求较高的模具上。T12A 钢的过剩碳化物较多，颗粒大且分布不均匀，网状碳化物较严重，可用于要求高硬度和高耐磨性，而对韧性要求不高的切边模和剪切刀。

2. GCr15 钢

GCr15 钢是专用的轴承钢之一，但也常用来制造冷作模具，如落料模、冷挤压模和成型模等。该钢具有过共析成分，并加入少量的铬元素以提高淬透性和耐回火性。GCr15 钢的化学成分如表 3-7 所示。通过适当的热处理，可以获得高硬度、高强度和良好的耐磨性，并且淬火变形小。

表 3-7 GCr15 钢的化学成分

元素名称	C	Mn	Si	Cr	P	S
质量分数/%	0.95 ~ 1.05	0.25 ~ 0.45	0.15 ~ 0.35	1.4 ~ 1.65	<0.025	<0.025

（1）力学性能。

① 淬火温度的影响。GCr15 钢的正常淬火加热温度为 830 ~ 860 °C，多用油冷，最佳淬火加热温度为 840 °C，淬火后的硬度达 63 ~ 65 HRC。在实际生产条件下，根据模具有效截面尺寸和淬火介质的不同，所用的淬火温度可稍有差别。如尺寸较大或用硝盐分级淬火的模具，宜选用较高淬火温度（840 ~ 860 °C），以便提高淬透性，获得足够的淬硬层深度和较高的硬度；尺寸较小或用油冷的模具一般选用较低的淬火温度（830 ~ 850 °C）；相同规格的模具，在箱式炉中加热应比在盐浴炉中加热温度稍高。

② 回火温度的影响。随着回火温度的升高，回火后的硬度下降。回火温度超过 200 °C 后，则将进入第一类回火脆性区，所以，GCr15 钢的回火温度一般为 160 ~ 180 °C。

（2）工艺性能。

① 锻造。GCr15 钢的锻造性能较好，锻造温度范围宽。锻造工艺规程一般为：加热到 1 050 ~ 1 100 °C，始锻温度为 1 020 ~ 1 080 °C，终锻温度为 850 °C，锻后空冷，GCr15 钢的锻后组织应为细片状珠光体，这样的组织不经正火就可进行球化退火。

② 正火。GCr15 钢正火加热温度一般为 900 ~ 920 °C，冷却速度不能小于 40 ~ 50 °C/min。小型模坯可在静止空气中冷却，较大模坯可采用鼓风或喷雾冷却，直径在 200 mm 以上的大型模坯，可在热油中冷却至表面温度约为 200 °C 时取出空冷。后一种冷却方式形成的内应力较大，容易开裂，应立即进行球化退火或补加去应力退火。

③ 球化退火。GCr15 钢的球化退火工艺规范一般是加热温度为 770 ~ 790 °C，保温 2 ~ 4 h，等温温度为 690 ~ 720 °C，等温时间为 4 ~ 6 h。退火后组织为细小均匀的球状珠光体，硬度为 217 ~ 255 HBW，具有良好的切削加工性能。

GCr15 钢淬透性较好（油淬临界淬透直径为 25 mm），油淬处理获得的淬硬层深度与碳素工具钢水淬相近。

3.3.2 低变形冷作模具钢（高碳低合金）

低变形冷作模具钢（又称为油淬冷作模具钢）是在碳素工具钢的基础上加入适量的 Cr、Mo、W、V、Si、Mn 等合金元素，可以降低淬火冷却速度，减少了热应力、组织应力和淬火变形及开裂倾向，以提高钢的淬透性、力学性能和回火稳定性。这类模具钢具有高的硬度、中等的淬透性，因此，碳素工具钢不能胜任的模具，可考虑用高碳低合金来制作。常用的低变形冷作模具钢有 CrWMn、9CrWMn、9Mn2V、9SiCr、MnCrWV 钢等。其中，CrWMn 钢的淬透性优于 9Mn2V 等钢，而 9Mn2V 钢能在较低的温度下淬硬，其淬火变形会稍小一些。

1. CrWMn 钢

（1）力学性能。

与 9Mn2V 钢和 9SiCr 钢相比较，CrWMn 钢在淬火及低温回火状态下含有较多的碳化物，因而具有较高的硬度和耐磨性。但其碳化物的不均匀性也比较严重，大直径钢材的中心很难避免二次网状碳化物。同时，钨还能细化晶粒，使钢具有较好的韧性，并能减小过热敏感性。由于锰的存在，使淬火后有较多的残留奥氏体，因此淬火变形较小。

（2）工艺性能。

① 锻造工艺。始锻温度为 1 050 ~ 1 100 °C，终锻温度为 800 ~ 850 °C。锻后要空冷到 650 ~ 700 °C 再转入热灰中缓冷，否则容易形成网状碳化物。

② 退火工艺。CrWMn 钢锻后均需等温球化退火，退火加热温度为 790 ~ 830 °C，等温温度为 700 ~ 720 °C，退火后的组织比较均匀，退火硬度为 207 ~ 255 HBW。如果锻后有较严重的网状碳化物析出，则在球化退火之前应进行一次正火处理，正火温度为 930 ~ 950 °C，然后空冷。

③ 淬火工艺。淬火加热温度为 820 ~ 840 °C，油淬硬度为 63 ~ 65 HRC，直径 ϕ40 ~ ϕ50 mm 的钢件在油中可以淬透。CrWMn 钢经 860 °C 加热、280 °C 等温淬火后，强韧性明显提高。

④ 回火工艺。回火温度不超过 200 ~ 220 °C，回火硬度为 60 ~ 62 HRC。在 270 °C 以下回火时，抗弯强度及冲击韧度随回火温度升高而显著上升，但在 250 °C 左右回火会出现轻微的回火脆性，使冲击韧度稍有下降。

（3）应用范围。

CrWMn 钢的硬度、强度、韧性及淬透性均优于碳素工具钢，主要用作轻载冲裁模具、轻载拉深模具和弯曲翻边模具等，但由于形成网状碳化物的倾向大，因而制作大截面模具时应特别注意。

2. 9Mn2V 钢

9Mn2V 钢是利用我国丰富的锰、钒资源研制出来的不含铬的冷作模具钢。其中锰的质量分数高达 1.7% ~ 2.0%，主要是为了提高钢的淬透性，但晶粒易长大。加入钒可以起到抑制晶粒长大的作用，也能抑制二次碳化物网的析出，所以即使大尺寸的工件，中心碳化物一般也小于 2 级。

（1）力学性能。

9Mn2V 钢的碳化物量比 CrWMn 钢少，颗粒较大，耐磨性不及 CrWMn 钢，但仍比 T10 钢的耐磨性高 6 ~ 7 倍。锰使钢的 M_S 点下降，淬火后残留奥氏体较多，尤甚于 CrWMn 钢，因此淬火变形比 CrWMn 钢还小，但其尺寸稳定性不及 CrWMn 钢。9Mn2V 钢的淬透性接近 9SiCr 钢，低于 CrWMn 钢；回火稳定性较差，几乎与碳素工具钢相近。

（2）工艺性能。

① 锻造工艺。始锻温度为 1 130 ~ 1 160 °C，终锻温度≥800 °C，空冷到 650 ~ 700 °C，再转入炉灰中缓冷。

② 退火工艺。加热温度为 750 ~ 770 °C，保温 3 ~ 5 h，等温温度为 680 ~ 700 °C，保温 4 ~ 6 h。

③ 淬火工艺。淬火温度为 780 ~ 820 °C，油冷，硬度在 62 HRC 以上，淬透性较好，直径 ϕ60 ~ ϕ70 mm 的工件在油中可以淬透，热处理变形较小。

④ 回火工艺。回火温度为 150 ~ 200 °C，空冷，硬度为 60 ~ 62 HRC。回火温度为 200 ~ 300 °C，有回火脆性及显著的体积膨胀，应设法预防。

（3）应用范围。

9Mn2V 钢适用于制造一般要求的尺寸较小的冷冲模、冷压模、雕刻模、落料模等，制作板料厚度小于 4 mm 的冷冲模，刃磨寿命稳定在 2 万 ~ 3.5 万次的水平。

3. 9SiCr 钢

9SiCr 钢是一种专用刃具钢，也可用来制造机床附件和冷作模具，如打印模、滚齿模、搓丝板、冷冲模等，目前正逐步应用到载荷较大的模具，部分取代 Cr12 钢。

（1）力学性能。

9SiCr 钢在室温至 900 °C 的力学性能如表 3-8 所示。

表 3-8 9SiCr 钢在不同温度时的力学性能

试验温度 /°C	屈服强度 $\sigma_{0.2}$/MPa	抗拉强度 σ_b/MPa	断后伸长率 δ/%	断面收缩率 ψ/%	抗压强度 σ_{bc}/MPa	扭矩 M/N·m	扭转角 ϕ/(°)	冲击韧度 α_k/(J/cm²)	硬度 /HBW
20	456	805	26.2	54.2	3 610	155	435	40	243
200	330	722	21.9	47.7	2 660	141	396	90	218
400	335	635	32.0	63.4	1 830	144	332	100	213
600	176	207	51.5	76.8	1 900	62	1 990	90	172
700	85	100	58.0	77.2	—	27	2 270	150	53
750	73	102	59.3	68.4	223	—	—	370	44.6
800	67	87	70.6	62.5	265	12	1 300	360	29.3
850	46	67	51.0	48.3	230	—	—	320	33.6
900	42	52	39.7	30.2	265	115	2 250	280	22.7

（2）工艺性能。

① 锻造工艺。始锻温度为 1 050 ~ 1 100 °C，终锻温度为 850 ~ 800 °C，锻后缓冷。

② 退火工艺。加热温度为 780 ~ 810 °C，保温 2 ~ 4 h；等温温度为 680 ~ 720 °C，保温 4 ~ 6 h。

③ 淬火工艺。淬火温度为 860 ~ 880 °C，油冷，硬度为 62 ~ 65 HRC，可采用分级或等温淬火。

④ 回火工艺。回火温度为 180 ~ 200 °C，硬度为 60 ~ 62 HRC，在 250 °C 有回火脆性，应避免在此温度范围回火。

（3）应用范围。

钢中含有硅和铬，淬透性较好，适宜进行分级或等温淬火，这对于防止模具发生淬火变形极为有利，故适用于制造冷冲模和打印模等。如用 9SiCr 钢制造的螺栓十字槽冲模，经 900 °C 加热，260 ~ 280 °C 等温 30 min，则硬度为 57 ~ 59 HRC，强韧性好，使用寿命比经常规处理的冲模提高 3 倍。如果采用锻造余热-高温回火的超细化工艺细化碳化物，再进行等温淬火，其性能和使用寿命还可进一步提高。

3.3.3 高耐磨微变形冷作模具钢

高耐磨微变形冷作模具钢常用钢号有：Cr12、Cr12MoV、Cr12Mo1V1（D2）、Cr5Mo1V、Cr4W2MoV、Cr2Mn2SiWMoV、Cr6WV、Cr6W3Mo2.5V2.5。

高碳高铬模具钢属于莱氏体钢，由于其间存在大量硬的碳化物而具有高的耐磨性，并且还具有变形小的特性，满足了某些要求高强度、高耐磨性、淬火变形小且在小的动载荷下工作的模具要求，国内常用的高碳高铬冷作模具钢有 Cr12、Cr12Mo、Cr12MoV、Cr12Mo1V1（D2）。

1. Cr12 钢

（1）力学性能。

Cr12 钢具有较好的淬透性和良好的耐磨性，由于含碳量较高，容易形成不均匀的共晶碳化物，所以冲击韧度较差，易脆裂。

（2）工艺性能。

① 锻造工艺。Cr12 钢的变形抗力较大，锻锤吨位要与毛坯的大小相适应；导热性差，加热时必须分段预热。锻造预热温度为 750 ~ 850 °C，锻造加热温度为 1 050 ~ 1 100 °C，始锻温度为 1 000 ~ 1 050 °C，终锻温度为 850 ~ 900 °C，锻后采用炉冷或砂冷并及时退火。

② 退火工艺。Cr12 钢一般采用等温球化退火工艺，加热温度为 830 ~ 850 °C，保温 2 ~ 3 h，等温温度为 720 ~ 740 °C，保温 3 ~ 4 h，退火硬度为 217 ~ 267 HBW。

③ 淬火及回火。一次硬化法淬火加热温度为 960 ~ 980 °C，淬火冷却可采用油冷、空冷或分级冷却，硬度为 60 ~ 64 HRC。回火可选择在 160 ~ 400 °C 进行，注意避开 275 ~ 375 °C 的回火脆性区，最好进行两次回火。

二次硬化法淬火加热温度为 1 050 ~ 1 100 °C，淬火冷却可采用油冷、空冷或分组冷却，硬度为 40 ~ 60 HRC。工件在 500 ~ 520 °C 回火 3 次可获得高硬度。

（3）应用范围。

Cr12 钢多用于制造承受冲击负荷小及要求高耐磨的冷冲模、冷剪切刃、钻套、量规、拉丝模、搓丝板、拉深模和螺纹滚丝模等模具。

2. Cr12MoV 和 Cr12Mo1V1（D2）钢

（1）力学性能。

Cr12MoV 和 Cr12Mo1V1（D2）钢具有较好的淬透性，截面半径为 ϕ300 ~ ϕ400 mm 的工件可完全淬透，并有很高的耐磨性。淬火时体积变化小，可用于要求高耐磨的大型复杂冷作模具。与 Cr12 钢相比，含碳量较低，且加入少量的钼和钒，碳化物分布较均匀，有较高的冲击韧度。

（2）工艺性能。

① 锻造工艺。Cr12MoV 和 Cr12Mo1V1（D2）钢的变形抗力比碳素工具钢高 2 ~ 3 倍，锻锤吨位要与毛坯的大小相适应。锻造预热温度为 750 ~ 850 °C，锻造加热温度为 1 080 ~ 1 120 °C，始锻温度为 1 050 ~ 1100 °C，终锻温度为 850 ~ 900 °C，锻打时坚持多向镦拔，多次镦拔，才能保证击碎碳化物。

② 退火工艺。Cr12MoV 和 Cr12Mo1V1（D2）钢一般采用等温球化退火工艺，加热温度为 850 ~ 870 °C，保温 2 ~ 4 h，Cr12MoV 钢的等温温度为 720 ~ 740 °C，保温 3 ~ 4 h，退火硬度为 207 ~ 255 HBW；D2 钢的等温温度为 740 ~ 760 °C，保温 4 ~ 6 h，退火硬度≤255 HBW。

③ 预调质处理工艺。在高合金钢中，由于淬火温度比较高，预调质处理温度可比模具最终热处理的温度低 10 ~ 30 °C。回火温度也在较高的温度下进行，使处理后可以进行精加工。

④ 淬火、回火工艺。低淬低回工艺：淬火加热温度为 950 ~ 1 000 °C，回火温度为 200 °C，可获得高的硬度和韧性，但抗压强度较低。中淬中回工艺：淬火加热温度为 1 030 °C，回火温度为 400 °C，可以获得较好的强韧性、较高的断裂抗力。高淬高回工艺：淬火加热温度为 1 080 ~ 1 100 °C，回火温度为 500 ~ 520 °C，可以获得良好的热硬性，其耐磨性、硬度也较高，但抗压强度和断裂韧度较低。常用高碳高铬冷作模具钢的淬火、回火工艺如表 3-9 所示。在生产中，采用何种淬火、回火工艺，应根据模具的工作条件来确定。

表 3-9 常用高碳高铬冷作模具钢的淬火、回火工艺

钢 号	低淬低回工艺			中淬中回工艺			高淬高回工艺		
	淬火温度/°C	淬火硬度/HRC	回火温度/°C	淬火温度/°C	淬火硬度/HRC	回火温度/°C	淬火温度/°C	淬火硬度/HRC	回火温度/°C
Cr12	960 ~ 980	60 ~ 64	160 ~ 400				1 050 ~ 1 100	40 ~ 60	500 ~ 520
Cr12MoV	950 ~ 1 000	62 ~ 64	200	1 030	63 ~ 64	400	1 080 ~ 1 100	40 ~ 60	500 ~ 520
Cr12Mo1V1	950 ~ 1 000	62 ~ 64	200	1 030	63 ~ 64	400	1 080 ~ 1 100	40 ~ 60	500 ~ 520

（3）应用范围。

Cr12MoV 钢是冷作模具钢中应用范围最广、数量最大的冷作模具钢，几乎所有的冷作模具中均有应用，尤其是形状复杂、高精度或重载荷的模具。但由于 Cr12MoV 钢中有大块共晶碳化物及较严重的网状碳化物，钢的脆性倾向大，因而限制了其应用范围。

Cr12Mo1V1 钢简称 D2 钢，是仿美国 ASTM 标准中的 D2 钢而引进的新钢种，已纳入 GB/T 1299—2000 中。与 Cr12MoV 钢相比，由于 D2 钢中 Mo、V 含量的增加，改善了钢的铸造组织，细化了晶粒，改善了碳化物的分布状况。因此，D2 钢的强韧性、抗回火稳定性比 Cr12MoV 钢高，耐磨性也有所提高。用 D2 钢制作的冷冲裁模、滚丝模、滚轧轮等，使用寿命均比 Cr12MoV 钢提高 5 ~ 6 倍。但 D2 钢的锻造性能及热塑成型性比 Cr12MoV 钢略差。

3.3.4 高强度高耐磨冷作模具钢

高速钢具有很高的硬度、抗压强度和耐磨性，采用低温淬火、快速加热淬火等工艺措施可以有效地改善其韧性。因此，高速钢越来越多地应用于要求重载荷、长寿命的冷作模具。

常用高速钢的钢号有 W18Cr4V、W6Mo5Cr4V2、W12Mo3Cr4V3N（V3N）以及为提高韧性而研制的低碳降钒高速钢 6W6Mo5Cr4V（又称为低碳 M2 或 6W6）。这些钢在制造重载荷的冷作模具方面取得了良好的使用效果。

1. **力学性能**

图 3-1 为 6W6Mo5Cr4V 钢在不同温度回火后的力学性能。

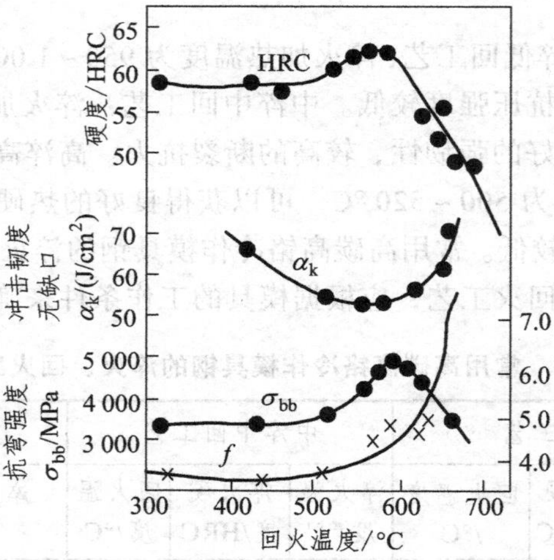

图 3-1 6W6Mo5Cr4V 钢在不同温度回火后的力学性能（1 200 °C 淬火）

2. **工艺性能**

（1）锻造。钢厂供应的高速钢材，虽经轧制或锻造，但碳化物的分布仍然不均匀，尤其是大截面钢材，碳化物往往呈现严重的带状及网状，降低了钢材热处理后的基体硬度、强度和韧性。因此，用于制造模具的高速钢材，都要经过改锻，并通过反复镦粗和拔长来改善碳化物的分布。几种典型高速钢的锻造工艺如表 3-10 所示。

表 3-10 几种典型高速钢的锻造工艺

钢　种		加热温度/°C	始锻温度/°C	终锻温度/°C	冷却方式
W18Cr4V	钢锭	1 270 ~ 1 240	1 120 ~ 1 140	≥950	砂冷或堆冷
	钢坯	1 180 ~ 1 220	1 120 ~ 1 140	≥950	砂冷或堆冷
W6Mo5Cr4V2	钢锭	1 180 ~ 1 190	1 080 ~ 1 100	≥950	砂冷或堆冷
	钢坯	1 140 ~ 1 150	1 040 ~ 1 080	≥900	砂冷或堆冷
6W6Mo5Cr4V	钢锭	1 140 ~ 1 180	1 100 ~ 1 140	≥900	炉冷或砂冷
	钢坯	1 100 ~ 1 120	1 050 ~ 1 080	≥850	炉冷或砂冷

（2）退火。高强度高耐磨冷作模具钢的退火有普通球化退火和等温退火两种工艺，如表 3-11 所示。

表 3-11 普通球化退火和等温退火工艺

钢 种	退火方法	加热温度/°C	保温时间/h	冷却方式	退火硬度/HBW
W18Cr4V	普通球化退火	860 ~ 880	2 ~ 4	以 20 ~ 30 °C/h 冷却到 500 ~ 600 °C，炉冷或堆冷	<277
	等温退火	860 ~ 880	2 ~ 4	炉冷至 740 ~ 760 °C，保温 2 ~ 4 h，再炉冷到 500 ~ 600 °C，空冷	<255
W6Mo5Cr4V2	普通球化退火	840 ~ 860	2 ~ 4	以 20 ~ 30 °C/h 冷却到 500 ~ 600 °C，炉冷或堆冷	<285
	等温退火	840 ~ 860	2 ~ 4	炉冷至 740 ~ 760 °C，保温 2 ~ 4 h，炉冷到 500 ~ 600 °C 以下，空冷	<255
6W6Mo5Cr4V	普通球化退火	840 ~ 860	2 ~ 4	以 20 ~ 30 °C/h 冷却到 500 °C 以下，空冷	117 ~ 229
	等温退火	840 ~ 860	2 ~ 4	炉冷至 740 ~ 750 °C，保温 4 ~ 6 h，炉冷到 550 °C，空冷	197 ~ 229

高速钢退火是为了降低硬度，以利于切削加工，也是为淬火做组织准备和消除锻造加工中产生的内应力。高速钢退火温度不宜过高，否则不仅不能进一步降低钢的硬度，反而会增加氧化和脱碳倾向。

（3）淬火。根据模具使用条件的不同，对 W18Cr4V 钢制冷作模具的淬火温度推荐为 1 220 ~ 1 250 °C；而对 W6Mo5Cr4V2 钢制冷作模具的淬火温度推荐为 1 160 ~ 1 200 °C；至于韧性较好的低碳高速钢 6W6Mo5Cr4V，为保证其强度性能要求，淬火温度不能太低，一般为 1 180 ~ 1 200 °C。

高速钢模具淬火加热系数一般选在 8 ~ 16 s/mm，具体保温时间选定与多种因素有关，淬火加热温度高，则保温时间可缩短（低温淬火则需延长保温时间）；大型模具选择小的加热系数，小型模具则选用大的加热系数，但最少的加热时间不应低于 2 min。

（4）回火。淬火后的组织处于不稳定状态，内应力高，脆性大，故必须进行回火。在 500 ~ 600 °C 回火时，会析出高度弥散的钨、钼、钒的碳化物（W_2C，Mo_2C，VC）。550 ~ 575 °C 是 VC 析出最强烈的温度区，此区间回火钢的硬度显著提高并达到最高值，即发生了所谓的“二次硬化”现象；当回火温度超过 600 °C 时，钢的硬度下降。高速钢必须经 3 次以上的回火，经 3 次回火后硬度达 64 HRC 以上。

（5）淬火、回火注意事项。

① 为减少淬火变形及开裂，淬火时必须进行预热，预热温度为 800 ~ 850 °C，预热时装炉量大小、模具形状也是考虑的因素，时间取淬火保温时间的 2 ~ 3 倍。

② 如需二次淬火时，必须预先再次进行退火。

③ 回火必须 3 次以上，对大尺寸或以等温淬火的模具甚至需进行 4 次回火处理，决不能用一次较长时间的回火代替多次短时间的回火。

3. 应 用

高速钢的抗压强度、耐磨性及承载能力居各冷作模具钢之首，主要用于重载荷凸模，如冷挤压凸模、重载冷镦凸模、中厚钢板冲孔凸模（厚度为 10 ~ 25 mm）、直径小于 5 ~ 6 mm

的小凸模以及各种用于冲裁奥氏体钢、弹簧钢、高强度钢板的中小型凸模和粉末冶金压模等。

高速钢合金元素含量高，价格贵，工艺性能不佳，脆性较大，使其应用受到一定限制。钨钼系高速钢因其碳化物分布较均匀，颗粒细小，故 W6Mo5Cr4V2 钢的强韧性优于 W18Cr4V 钢，应用比较广泛。

特别应该提到的是高强韧性低碳、减钒钢 6W6Mo5Cr4V，由于适当地减少碳和钒的含量，其抗弯强度与塑性、冲击韧性等都显著提高，而硬度与二次硬化能力都得以保持；同时，锻造工艺性能得到改善，退火易于软化，热处理工艺与 W6Mo5Cr4V2 高速钢相似，二次硬化状态的冲击韧度随淬火温度降低而明显上升。该钢用于取代高速钢或 Cr12 型钢，制作易于脆断或劈裂的冷挤压凸模或冷镦凸模，可以成倍地延长使用寿命，用于大规格的圆钢下料的剪刀可延长寿命数十倍。

3.3.5 高强韧性冷作模具钢

高耐磨钢的耐磨性、抗压强度、硬度等力学性能能够满足一些冷作模具的要求，但该钢的韧性比较低。对于一些要求高强韧性的冷作模具，如冷挤压模、冷镦模、中厚板冷冲裁模等在使用中可能发生脆断，影响模具寿命。

高强韧性冷作模具钢具有极佳的强韧性配合，此类钢包括基体钢、低合金高强度钢、降碳减钒的低碳 M2 钢、马氏体时效钢等。基体钢是指具有高速钢正常淬火后基体成分的钢，这类钢的碳质量分数一般为 0.5% 左右，合金元素质量分数在 10% ~ 20%，在具有一定耐磨性和硬度的前提下，抗弯强度和韧性得到显著改善。对于基体钢，主要介绍 65Cr4W3Mo2VNb（65Nb）、7Cr7Mo2V2Si（LD）、5Cr4Mo3SiMnVAl（012Al）钢。

低合金高强韧性冷作模具钢不仅强韧性高，而且碳化物偏析小，可不经改锻下料直接使用。淬火、回火后硬度可保证在 58 ~ 62 HRC。该类钢工艺性能好，淬火温度低，范围宽，变形小，且有较好的淬透性和耐磨性。对于低合金高强韧性冷作模具钢，主要介绍我国研制的火焰淬火冷作模具钢 7CrSiMnMoV（CH-1）和低合金高强韧性冷作模具钢 6CrNiSiMnMoV（GD）。

1. 65Cr4W3Mo2VNb（65Nb）钢

65Nb 钢是一种含铌基体钢，因碳含量的平均值为 0.65%，故取名 65Nb。钢中合金元素 Cr、W、Mo、V 的含量设计取自淬火态的 W6Mo5Cr4V2 高速钢的基体成分，合金元素在模具钢中的作用与高速钢中的作用相似。

钢中还加入少量强碳化物形成元素铌，与钢中的碳形成高稳定性的 NbC，阻止淬火加热时奥氏体晶粒的长大。与不含 Nb 钢比较，奥氏体晶粒细化温度提高 40 ~ 50 °C，Nb 还部分溶解于 Cr、W、Mo、V 的碳化物中，增强了其稳定性，使淬火后基体的含碳量降低，显著提高了钢的强韧性，并改善了钢的工艺性能。

（1）力学性能。

65Nb 钢具有较高的强韧性，其韧性比母体高速钢 W6Mo5Cr4V2 和高碳高铬钢都有较大幅度的提高，在压力低于 2 450 MPa 的冷挤模、冷镦模上应用时，使用寿命比高速钢和高碳高铬钢成倍提高。但在压力超过 2 450 MPa 的模具上应用，并要求有高耐磨性的情况下，65Nb 钢的抗压屈服强度和耐磨性均显得不足。表 3-12 为 65Nb 钢热处理工艺与力学性能的关系。

表 3-12　65Nb 钢的热处理工艺与力学性能的关系

淬火温度/°C	回火温度/°C	力学性能					
		硬度/HRC	$\sigma_{0.2}$/MPa	σ_{bb}/MPa	f/mm	α_k（J/cm^2）	K_{IC}/MPa·m$^{1/2}$
1 080	220	61.2	2 721	740	1.28	53.2	—
	300	58.7	—	2 730	4.29	60.9	—
	350	58.3	—	—	—	—	—
	400	58.3	2 474	3 120	3.70	65.8	—
	450	59.4	—	—	—	—	—
	500	60.1	—	4 120	7.52	56.9	—
	520	60.1	—	4 500	8.6	81.8	—
	540	60.2	2 636	4 490	8.6	82.6	25.8
	560	58.5	—	4 250	9.92	—	—
	580	58.3	—	—	—	—	—
	600	55.5	—	—	—	—	—
1 120	220	60.8	2 755	780	0.8	66	—
	300	59.3	2 398	1 760	1.68	50.3	—
	350	59.3	—	2 570	2.82	75	—
	400	59.0	2 390	3 550	5.65	70.9	—
	450	59.9	—	3 330	4.25	70.7	—
	500	61.4	2 338	3 940	4.90	74.5	—
	520	62.3	2 577	4 740	7.86	87.8	—
	540	62.2	2 670	4 510	7.97	100.7	19.9
	560	60.4	2 659	4 310	9.33	99	—
	580	60.5	2 815	4 150	7.88	116.5	20.2
	600	58	2 338	4 000	10.25	123.7	—
1 160	220	61.7	2 764	700	0.75	2.78	—
	300	59.6	—	1 490	1.36	—	—
	350	59.6	—	1 763	1.50	—	—
	400	59.6	2 423	2 650	2.76	65.0	—
	450	60.3	—	3 133	3.37	91.3	—
	500	61.8	—	3 900	4.74	45.9	—
	520	62.6	—	4 787	5.83	45.4	—
	540	62.5	2 679	4 915	6.04	51.6	0.79
	560	61.5	—	4 880	9.28	79.2	—
	580	60.5	—	4 645	13.14	93.8	—
	600	59.1	—	4 400	10.08	72.5	—

由表 3-12 可以看出，随着淬火温度升高，挠度降低，抗弯强度开始上升，超过 1 160 °C 淬火后逐渐下降，最大抗弯强度出现在 520 ~ 540 °C 二次硬化峰值处；冲击韧度随着淬火温度升高而下降，随着回火温度的变化规律正好与硬度的变化规律相反，在二次硬化峰值处，α_k 值处于低谷。

（2）工艺性能。

① 锻造工艺。65Nb 钢属于莱氏体钢，可进行锻造。65Nb 钢的锻造性能良好，加热应缓慢进行，保证烧透。锻造加热温度为 1 120 ~ 1 150 °C，始锻温度为 1 100 °C，终锻温度为 850 ~ 900 °C，缓冷。

对于镦坯，尤其是大规格坯料，应进行改锻后反复镦拔，使原有带状或网状碳化物破碎、细化，分布均匀。对于带刃口的模具，如切边模，经反复镦拔后基本上克服了刃口剥落现象，寿命比仅经拔长的模具提高 4 ~ 5 倍。

② 退火工艺。65Nb 钢的退火工艺有常规球化退火和等温球化退火两种。常规球化退火工艺为 860 °C，加热 3 ~ 4 h，缓慢冷却到 500 °C 出炉；等温球化退火工艺为 860 °C，加热 3 ~ 4 h，冷却到 740 °C 等温 5 ~ 6 h，炉冷到 500 °C 出炉，退火后硬度为 217 HBW，65Nb 钢的退火工艺曲线如图 3-2 所示。如将等温时间由 6 h 延长到 9 h，则硬度进一步降低到 187 HBW，这就为模具自身冷挤压成型提供了有利条件，因此对 65Nb 钢模具可以采用冷挤压成型，这是 65Nb 钢的最大优点。

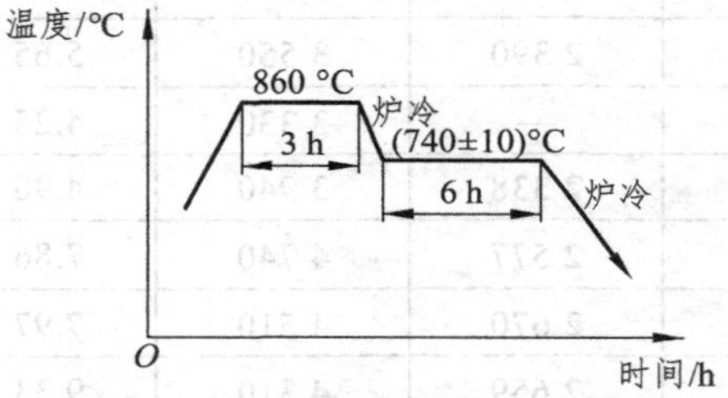

图 3-2　65Nb 钢的退火工艺曲线

③ 淬火、回火工艺。65Nb 钢的淬火温度为 1 080 ~ 1 180 °C，淬火加热时间应保证碳化物充分熔解并均匀化，同时不使晶粒长大，在盐浴炉中加热系数以 15 ~ 20 s/mm 为宜。根据模具形状和对变形的要求，冷却方式可采用油冷、油淬-空冷和分级淬火等。65Nb 钢的回火一般采用二次回火，回火温度为 520 ~ 560 °C。表 3-13 列出了 65Nb 钢的热处理工艺规范。

表 3-13　65Nb 钢推荐热处理工艺规范

工艺方案		Ⅰ	Ⅱ	Ⅲ	Ⅳ
淬火	温度/°C	1 140 ~ 1 160	1 120 ~ 1 140	1 080 ~ 1 120	1 160 ~ 1 180
	加热系数/(s/mm)	15	20	20	15
	冷却方式	油冷	油冷-空冷或分级	油冷	油淬-空冷
回火	温度/°C	520 ~ 540	540 ~ 560	540 ~ 580	560 ~ 580
	加热系数/(s/mm)	60 ~ 90	58 ~ 60	57 ~ 59	59 ~ 61
硬度/HRC		61 ~ 63	58 ~ 60	57 ~ 59	59 ~ 61
应用举例		不锈钢表壳冷挤模	十字槽螺钉凸模	电子管阳极凸模	螺栓切边模

（3）应用范围。

由于 65Nb 钢工艺性能良好，热处理工艺范围宽，淬火温度为 1 080 ~ 1 180 °C，回火温度为 520 ~ 560 °C，通过不同淬火温度与回火温度的组合，可得到强度、韧性和耐磨性的不同配合，适应多种模具的性能要求。

65Nb 钢是一种高强韧性冷热兼用模具钢，广泛用于制作各类冷作模具，特别适用于复杂、大型或难变形金属的冷挤压模具和受冲击负荷较大的冷镦模具，有时也用于热作模具，但以冷作模具为主。65Nb 钢还可用于钢铁材料的温热挤压模具。由于 65Nb 钢抗压强度和耐磨性不足，不能用于挤压力超过 2 500 MPa 的钢铁材料挤压模具及要求高耐磨的模具。

2. 7Cr7Mo2V2Si（LD）钢

LD 钢是一种不含钨的基体钢。钢中 C、Cr、Mo、V 的含量都高于高速钢基体，所以钢的淬透性和二次硬化能力都得到提高，未溶的 VC 能显著细化奥氏体晶粒，提高钢的韧性和耐磨性。加入 1%（质量分数）的 Si 可强化基体，以提高基体的回火稳定性。

（1）力学性能。

在保持高韧性的情况下，其抗压、抗弯强度及耐磨性均优于 65Nb 钢。LD 钢在不同温度淬火、回火后的力学性能如表 3-14 所示，此表可作为模具最终热处理工艺的依据。

表 3-14　LD 钢在不同温度淬火、回火后的力学性能

热处理工艺		力学性能			
		抗拉强度 σ_b/MPa	抗压屈服强度 σ_{bc}/MPa	抗弯强度 σ_{bb}/MPa	挠度 f/mm
1 100 °C 淬火	510 °C，1 h 回火 3 次	2 400	2 710	4 690	67
	530 °C，1 h 回火 3 次	2 480	2 820	5 520	89
	550 °C，1 h 回火 3 次	2 580	2 550	5 430	16.5
	570 °C，1 h 回火 3 次	2 500	2 340	4 990	16.5
	590 °C，1 h 回火 3 次	—	2 080	4 380	16.5
1 150 °C 淬火	510 °C，1 h 回火 3 次	1 460	2 720	3 570	37
	530 °C，1 h 回火 3 次	2 360	2 920	4 670	47

（2）工艺性能。

① 锻造工艺。LD 钢的热塑性比高碳高铬钢好，锻造性能类似于 65Nb 钢，加热过程宜缓慢，保证热透。钢锭的加热温度应控制在 1150 °C 以下，否则易锻裂，终锻温度应高于 900 °C，锻后宜砂冷；钢坯的加热温度应控制在 1130 °C 以下，终锻温度应高于 850 °C。

② 退火工艺。LD 钢的脱碳敏感性比高碳高铬钢大，宜采用真空炉或控制气氛炉进行退火，若在普通加热炉中退火，一定要采取保护措施。退火工艺常采用直接退火，即在 830 ~ 860 °C 下加热，保温 2 ~ 3 h 后，以不超过 30 °C/h 的冷却速度冷至 550 °C，随后快冷；也可采用等温退火工艺，即在 830 ~ 860 °C 加热，保温 2 ~ 3 h 后，以不超过 30 °C/h 的冷却速度冷至 750 ~ 770 °C，等温 4 ~ 6 h，随后以不超过 30 °C/h 的冷却速度冷至 550 °C，然后快冷，退火硬度为 241 ~ 269 HBW。

③ 淬火、回火工艺。LD 钢的淬火加热温度可在 1100 ~ 1150 °C 选择，淬火加热必须采取防止氧化脱碳的措施。当采用真空炉加热时，在 1050 ~ 1200 °C 都可获得较高的硬度值，若真

空淬火，加热温度比盆浴淬火的加热温度低 20 °C，这样既能获得细晶粒又能提高硬度值。

LD 钢的回火温度为 530 ~ 570 °C，回火 2 ~ 3 次，每次 1 ~ 2 h，硬度为 57 ~ 63 HRC。具体的淬火、回火工艺应根据模具的服役条件来选择，对要求以强韧性为主的模具，宜选择低的淬火温度（1 100 °C 附近）和 550 °C 左右回火；对要求高耐磨且在冲击负荷下工作的模具，则宜选用较高的淬火温度（1 150 °C 附近）和 560 °C 左右回火。

（3）应用范围。

由于 LD 钢具有良好的强韧性及耐磨性，与 65Nb 钢相比，其抗弯强度、抗压强度都较好，磨损系数较小，适合于要求高强韧性、在高冲击负荷下的冷镦和冷冲模具，特别适用于标准件和钢球的冷镦模具，以及用于汽车弹簧钢板的冲孔冲头。如用于轴承滚子冷镦模、标准件冷镦凸模等，模具寿命提高几倍，甚至几十倍，如表 3-15 所示。

表 3-15　LD 钢使用寿命（模具平均寿命）

模具名称	汽车板簧冲模	切边模 M10 ~ M12 mm	内六角凸模 M10×25 mm ~ M10×50 mm	轴承滚柱凹模	冷挤模银镍铜槽楔
原寿命/千件	0.4 ~ 0.6（Cr12MoV）	0.5 ~ 0.6（Cr12MoV）	2 ~ 3（W18Cr4V）	4 ~ 5（Cr12MoV）	0.306
现寿命/千件	4.5	35	8	11	5.8

3. 5Cr4Mo3SiMnVAl（012Al）钢

012Al 钢是一种含铝的基体钢。012Al 钢的综合性能好、强韧性高、通用性强，是冷、热兼用型模具钢，下面仅对 012Al 钢制作冷作模具予以介绍。

（1）力学性能。

012Al 钢经淬火、回火处理后，有较高的抗弯强度、弯曲挠度、冲击韧度和抗压屈服强度，其抗弯强度和弯曲挠度高于 W18Cr4V 和 3Cr2W8V 钢，如表 3-16 所示。

表 3-16　012Al 钢和 3Cr2W8V、W18Cr4V 钢的性能对比

钢　种	热处理工艺		σ_{bb}/MPa	f_{max}/mm	α_k /（J/cm²）	σ_{bc}/MPa
	淬火温度/°C	回火工艺				
012Al	1 090	510 °C，2 h，2 次	4 750	3.7	13	—
		580 °C，2 h，2 次	5 180	11.5	31	2 745
		620 °C，2 h，2 次	4 880	20.0	34	2 013
		650 °C，2 h，2 次	3 580	22.0	30	—
	1 120	510 °C，2 h，2 次	4 350	3.3	24	—
		580 °C，2 h，2 次	5 500	14.5	37	2 750
		620 °C，2 h，2 次	4 700	10.0	19	2 290
		650 °C，2 h，2 次	3 710	>20.0	24	—
3Cr2W8V	1 100	560 °C，2 h，2 次	4 070	>10.0	—	—
		600 °C，2 h，2 次	3 990	>10.0	5.5	—
W18Cr4V	1 180	200 °C，2 h，2 次	2 900	2.4	—	—
	1 270	560 °C，1.5 h，4 次	3 100	2.4	—	—

由表 3-16 可见，012Al 钢抗弯强度及挠度均高于 W18Cr4V 钢。当用 012Al 钢代替高速钢制作模具时，很少发生折断现象。

（2）工艺性能。

① 锻造工艺。由于 012Al 钢含有较多的合金元素，导热性差、变形抗力大、锻造工艺性较差，钢锭应开坯后再改锻成材。012Al 钢在 900 ~ 1 150 °C 有较好的塑性，锻造并不困难，成材率可达 70% 以上。表 3-17 列出了该钢锭的开坯及改锻工艺。

表 3-17　012Al 钢锭的开坯及改锻工艺

锻造工序	入炉温度/°C	加热温度/°C	始锻温度/°C	终锻温度/°C	冷却方式
锭→坯	<750	1 120 ~ 1 150	1 050 ~ 1 100	≥900	箱冷
坯→材	<800	1 100 ~ 1 140	1 050 ~ 1 100	≥850	砂冷

② 退火。改锻后的钢坯进行等温球化退火，如图 3-3 所示。

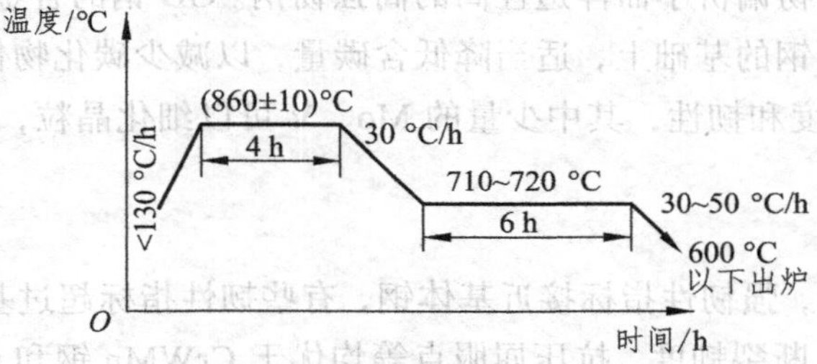

图 3-3　012Al 钢退火工艺曲线

③ 淬火、回火。最佳淬火温度在 1 090 ~ 1 120 °C 为宜，超过 1 120 °C，随着淬火温度升高，硬度增加不显著；低于 1 090 °C 淬火，硬度偏低。经 1 090 °C 及 1 120 °C 淬火，不同温度回火后的硬度变化如表 3-18 所示。

表 3-18　012Al 钢不同温度淬火、回火后的硬度

回火温度/°C	20	200	350	450	510	540	580	620	650
1 090 °C 淬火回火后的硬度/HRC	61	57.5	58	60	61	58.5	54	49.5	41
1 120 °C 淬火回火后的硬度/HRC	62	58	58	60	61.5	61	57	53	44.5

由表 3-18 可见，012Al 钢回火时有二次硬化现象，500 ~ 520 °C 回火时硬度出现峰值。在 580 ~ 620 °C 回火慢冷时，会出现第二类回火脆性，因此在该温度范围内回火时必须快速冷却。最佳热处理工艺：1 090 ~ 1 120 °C 盐浴炉加热（加热系数为 30 s/mm），油淬，510 °C 回火两次，每次油冷 2 h，硬度为 60 ~ 62 HRC。

（3）应用范围。

012Al 钢的抗弯强度及挠度均高于 W18Cr4V 钢，用 012Al 钢代替高速钢制作冷镦模、中厚钢板凸模、搓丝板、内六角凸模、切边模，很少出现折断现象，其寿命比 Cr12MoV 钢大幅度提高。表 3-19 列出了 012Al 钢冷作模具的使用情况。

表 3-19　012Al 钢冷作模具使用情况

模具名称	模具寿命/千次		损坏形式
	Cr12MoV	012Al	
螺母凸模	20～30	120	折断
切边模	5	3.5～5.0	磨损超差
内六角凸模	1.5～2.0	3.0～3.5	头部疲劳折断
冷挤凹模垫片	0.4	1.2	掉块损坏
十字凸模	30～60	>100	疲劳断裂

4. 6CrNiSiMnMoV（GD）钢

GD 钢是一种碳化物偏析小而淬透性高的高强韧钢。GD 钢的合金总量在 4%（质量分数）左右，它是在 CrWMn 钢的基础上，适当降低含碳量，以减少碳化物偏析，同时添加 Ni、Si、Mn，以提高基体的强度和韧性，其中少量的 Mo、V 可以细化晶粒，提高淬透性和耐磨性，并提高回火稳定性。

（1）力学性能。

GD 钢的强韧性高，强韧性指标接近基体钢，有些韧性指标超过基体钢。GD 钢的冲击韧度、小能量多冲抗力、断裂韧度、抗压屈服点等均优于 CrWMn 钢和 Cr12MoV 钢，而耐磨性略低于 Cr12MoV 钢，但优于 CrWMn 钢（见表 3-20）。

表 3-20　几种冷作模具钢的性能比较

钢号	热处理工艺	σ_{bb}/MPa	σ_b/MPa	α_k/（J/cm²）	寿命/次	硬度/HRC	f/mm
GD	900 °C 油淬，200 °C 回火	4 483	2 674	1 491	8 895	61	3.06
CrWMn	840 °C 油淬，200 °C 回火	3 777	2 668	76.5	6 413	61	2.90
Cr12MoV	1 020 °C 油淬，200 °C 回火	2 580	2 687	44.1	4 105	61	2.30

（2）工艺性能。

① 锻造工艺。GD 钢的碳化物偏析小，下料后可直接使用。若需改锻，锻造性能好，GD 钢锻造温度区间宽，可以一次成型，成材率可达 80% 以上。其加热温度为 1 080～1 120 °C，始锻温度为 1 040～1 060 °C，终锻温度≥850 °C；由于该钢的淬透性好，锻后注意缓冷，并及时退火。

② 退火工艺。GD 钢的最大弱点是退火不易软化，推荐采用以下等温球化退火工艺：加热到 760～780 °C，保温 2 h，然后以 30 °C/h 的速度冷到 680 °C，再保温 6 h，炉冷到 550 °C 出炉空冷，GD 钢球化退火工艺曲线如图 3-4 所示。其退火硬度为 230～240 HBW，球化组织良好，可顺利进行各种切削加工。

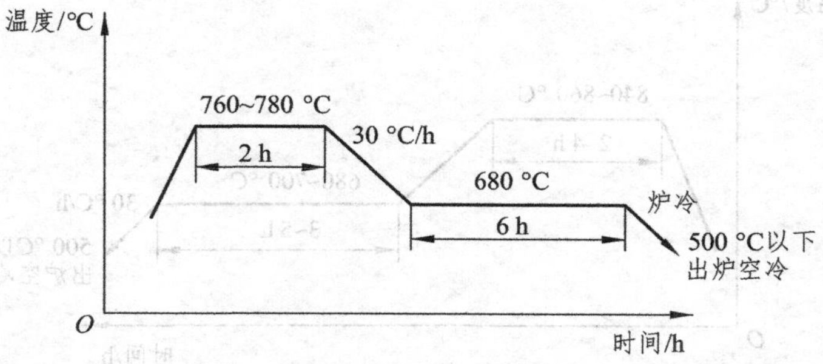

图 3-4 GD 钢球化退火工艺曲线

③ 淬火及回火。GD 钢淬火变形比 CrWMn 钢小，淬火工艺性能良好，具有优良的淬透性和足够的淬硬性，淬火温度低，温度范围宽，如 ϕ60 mm×120 mm 试样 880 ℃ 油淬，整个截面硬度为 64 ~ 65 HRC，空淬硬度为 61 HRC。GD 钢淬火变形比 CrWMn 钢小，脱碳敏感性也不大，淬火性能良好。

GD 钢的最佳常规热处理工艺：淬火温度为 870 ~ 930 ℃，以 900 ℃ 最佳，盐浴炉加热，加热系数为 45 s/mm，可油淬、空冷或风冷。淬火温度区间大，淬透性好，空冷即可淬硬，故也可采用火焰加热淬火。回火温度为 175 ~ 230 ℃，回火硬度为 58 ~ 62 HRC。

（3）应用范围。

GD 钢的强韧性明显高于 CrWMn 和 Cr12MoV 钢，可代替 CrWMn、Cr12 型、GCr15、6CrW2Si、9SiCr、9Mn2V 等钢制作各种类型的易崩刃、易断裂的冷作模具，如冷挤压模、冷弯模、冷镦模、精密塑料模、温热挤压模等，均可获得满意的成效，模具寿命能延长几倍、几十倍甚至数百倍。该钢尤其适用于细长、薄片凸模，形状复杂、大型、薄壁凸凹模和中厚板冷冲裁模及剪刀等。

5. 火焰淬火冷作模具钢 7CrSiMnMoV（CH-1）钢

CH-1 钢属于火焰淬火钢，用其制造大型、复杂的冷作模具。CH-1 钢可用于模具刃口部位，经氧-乙炔火焰加热到淬火温度，然后空冷即达到淬硬目的。CH-1 钢变形小，不需经过其他加工。经火焰淬火处理过的模具与碳素工具钢、低合金模具钢相比，具有较长的使用寿命，并可使模具的生产周期缩短 30%，成本降低 10% ~ 20%，热处理节约能源 80% 左右，为冲模制造工艺实现高效、低成本、节能开辟了新途径。

（1）工艺性能。

① 锻造工艺。CH-1 钢的合金含量低，无大量过剩碳化物，塑性变形抗力低，锻造性能好。锻造加热温度为 1 150 ~ 1 200 ℃，始锻温度为 1 100 ~ 1 150 ℃，终锻温度为 800 ~ 850 ℃。由于钢的淬透性好，锻后的表面硬度可达 50 HRC，因此锻后应灰冷。

② 退火工艺。为防止脱碳，CH-1 钢的退火应在保护气氛中进行。常用的退火工艺是在 820 ~ 840 ℃ 保温后，以 20 ~ 30 ℃/h 的冷却速度缓慢冷到 550 ℃ 左右，出炉空冷。若要求获得满意的粒状珠光体组织，可在加热保温后缓冷至 680 ~ 700 ℃，等温 3 ~ 6 h，随后再缓冷。其退火硬度为 217 ~ 241 HBW。TCrSiMnMoV 钢退火工艺曲线如图 3-5 所示。

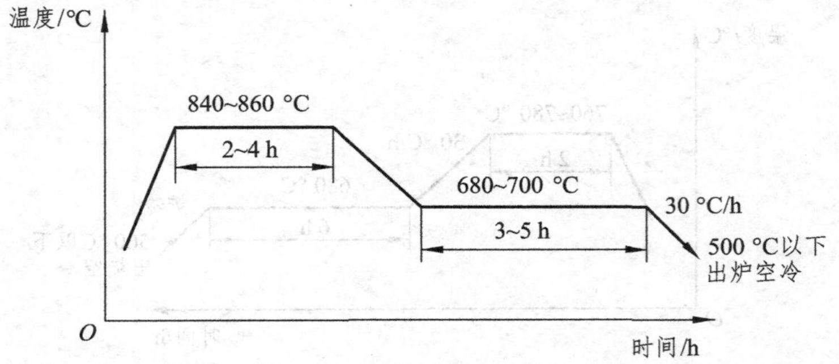

图 3-5　7CrSiMnMoV 钢退火工艺曲线

③ 淬火、回火工艺。将 ϕ80 mm 试样在盐浴炉中经 880 °C 加热淬火，测其沿截面变化的硬度值，测量结果表明：当油淬时距表面 30 mm 处硬度仍有 60 HRC，芯部比表面仅低 3 HRC；空冷时硬度比油淬低 2 HRC，表面与芯部硬度差仅有 4 HRC，该钢的淬火温度范围大，在 820 °C 以上淬火即可获得 60 HRC 的硬度。推荐的整体淬火、回火工艺：900 ~ 920 °C 均热保温后油冷或在 220 °C 硝盐中分级淬火，在 190 ~ 200 °C 回火 1 ~ 3 h，硬度为 58 ~ 62 HRC。

火焰淬火工艺：可用单头或双头喷嘴火焰加热空冷淬火，获得 58 HRC 的硬度。采用双头喷嘴时，淬硬层深度可达 5 ~ 6 mm；用单头喷嘴时，淬硬层深度一般为 2 ~ 3 mm。

（2）力学性能。

表 3-21 是 7CrSiMnMoV 钢与常用模具钢 9Mn2V、CrWMn、Cr12MoV 的力学性能比较。从表中可以看出，CH-1 钢的强韧性占明显优势，火焰淬火能使表面获得高硬度、芯部获得高韧性，模具不易发生开裂、崩刃等，同时表面硬化层形成压应力，可显著提高其疲劳强度，延长模具的使用寿命。

表 3-21　7CrSiMnMoV 钢与几种常用模具钢的力学性能比较

钢　号	热处理工艺	抗弯强度 σ_{bb}/MPa	抗压强度 σ_{bc}/MPa	扭转强度 τ_b/MPa	冲击韧度 α_k/(J/cm^2)	硬度 /HRC	挠度 f/mm
7CrSiMnMoV	800 °C 油淬，回火 1.5 h	4 110	5 398	2 030	156.0	61 ~ 60	4.3
9Mn2V	800 °C 油淬，回火 2 h	2 595	5 050	2 025	38.5	59	3.0
CrWMn	800 °C 油淬，回火 2 h	2 650	—	—	36.0	—	2.0
Cr12MoV	800 °C 油淬，回火 2 h	2 630	4 834	—	44.6	61	2.3

（3）应用范围。

采用火焰加热淬火具有设备简单、操作方便、生产率高等优点，并解决了大型模具表面局部淬火的难题。CH-1 钢在标准件、轴承、电子电器、汽车等行业得到了广泛应用。用 CH-1 钢代替 T10A、9Mn2V、CrWMn、Cr12MoV 钢制作强韧性要求较高的落料模、冲孔模、切边模、弯曲模、压形模、拉深模、冷镦模等冷作模具，可使寿命提高 1 ~ 3 倍以上。

3.3.6 易切削精密冷作模具钢

8Cr2MnWMoVS（8Cr2S）钢是我国研制的易切削精密冷作模具钢。在具有较高强度和韧性的调质状态，8Cr2S 钢仍具有较好的切削加工性能，使模具在加工后可以直接使用，这对于形状复杂或要求尺寸配合特别高的模具非常适用。

1. 力学性能

8Cr2S 钢是用高碳多元少量合金，以硫作为易切削元素的冷作模具钢，具有高的强韧性、良好的切削加工性能和镜面抛光性能，同时具有良好的表面处理性能，可进行渗 N、渗 B、镀 Cr、镀 Ni 等表面处理。8Cr2S 钢在不同温度淬火、回火后的硬度如表 3-22 所示。

表 3-22 8Cr2S 钢在不同温度淬火、回火后的硬度值

淬火温度/°C	不同温度回火后的硬度/HRC											
	160 °C	200 °C	250 °C	300 °C	400 °C	500 °C	550 °C	580 °C	600 °C	620 °C	630 °C	650 °C
860	60.1	59.3	59.0	57.0	—	—	49.0	47.0	45.0	44.0	—	—
880	62.3	60.4	58.5	57.5	55.0	53.7	51.1	49.8	47.1	46.6	44.2	36.7

2. 工艺性能

（1）锻造工艺。8Cr2S 钢的锻造性能尚好，锻造加热温度为 1 100 ~ 1 150 °C，始锻温度为 1 060 °C，终锻温度≤900 °C，锻造后，MnS 沿锻轧方向延伸成条状。

8Cr2S 钢合金含量中等，碳化物细小，分布均匀，锻造变形抗力小，锻造加工性能良好。关键是锻后必须缓冷（木炭或热灰），最好热装退火以去除应力；否则，锻件容易产生纵向表面裂纹。

（2）退火工艺。可采用球化退火或一般退火工艺，如图 3-6 和图 3-7 所示。等温球化退火工艺：790 ~ 810 °C 加热 2 h，然后冷到 700 °C，再保温 6 ~ 8 h，炉冷到 550 °C 出炉，退火硬度为 220 ~ 240 HBW，一般退火硬度约为 240 HBW。

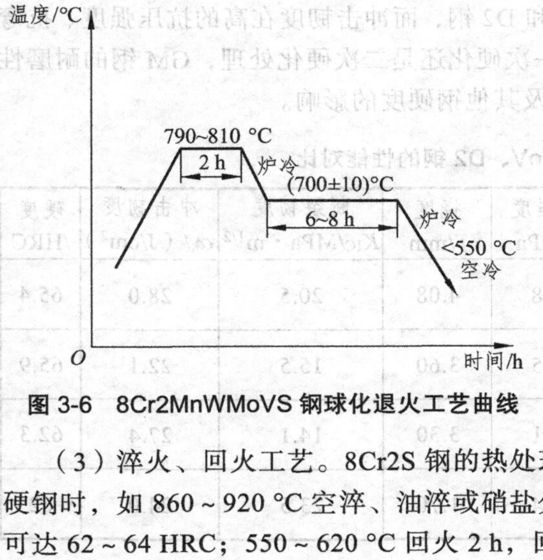

图 3-6 8Cr2MnWMoVS 钢球化退火工艺曲线

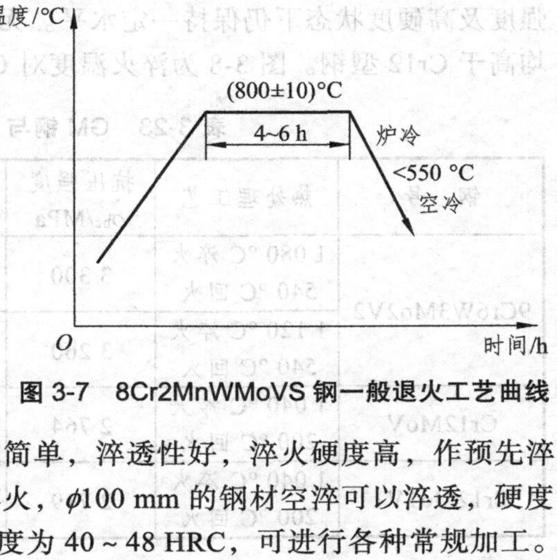

图 3-7 8Cr2MnWMoVS 钢一般退火工艺曲线

（3）淬火、回火工艺。8Cr2S 钢的热处理工艺简单，淬透性好，淬火硬度高，作预先淬硬钢时，如 860 ~ 920 °C 空淬、油淬或硝盐分级淬火，ϕ100 mm 的钢材空淬可以淬透，硬度可达 62 ~ 64 HRC；550 ~ 620 °C 回火 2 h，回火硬度为 40 ~ 48 HRC，可进行各种常规加工。

3. 应用范围

8Cr2S钢适宜制作各类塑料、橡胶、陶土瓷料等制品的精密模具及印制板冲孔模。用该钢制作的模具配合精度较其他合金工具钢高1~2个数量级，表面粗糙度值低1~2级，使用寿命长2~10倍以上。如制作手表零件冲裁模，8Cr2S钢的模具寿命比CrWMn钢高3~5倍，模具合格率由原来的20%提高到90%以上；8Cr2S钢用作电器零件冲裁模，使用寿命较原用9Mn2V钢提高2~10倍。

8Cr2S钢作为易切削精密冷作模具钢，适用于制作冲裁模，因其淬火、回火硬度高，强韧性好，热处理变形小，因而制模精度高，使用寿命长。

3.3.7 高耐磨高强韧性冷作模具钢

对冲裁及冷挤压成型模具，国内仍广泛使用Cr12型模具钢，使用中不仅强韧性差，耐磨性也较差。为提高模具的耐磨性，有时也用高速钢，但因其韧性较低，常发生断裂及崩刃。因此。为了改善Cr12型钢的碳化物偏析，提高其韧性，并进一步提高钢的耐磨性，国内外做了大量研究工作，开发出高耐磨高韧性冷作模具钢，如我国的LD1（7Cr7Mo3V2Si）钢、GM（9Cr6W3Mo2V2）钢、ER5（Cr8MoWV3Si）钢等。

1. 9Cr6W3Mo2V2（GM）钢

GM钢属莱氏体钢，是一种制作精密、耐磨、高寿命冷作模具的新钢种，其韧性和耐磨性均高于Cr12系列模具钢。钢中碳及铬的含量只有Cr12MoV钢的一半，大大降低了共晶碳化物的不均匀程度。适当增加钨、钼、钒的含量，既可提高其淬透性，又可以细化晶粒，提高基体强度，增强二次硬化效果。

（1）力学性能。

GM钢在韧性和强度上均优于高碳高铬钢及高速钢；硬度和耐黏着磨损能力大大优于基体钢和高铬钢，并与高速钢接近。表3-23为GM钢与Cr12MoV、D2钢的力学性能对比。由表可见，GM钢的抗弯强度明显高于Cr12MoV和D2钢，而冲击韧度在高的抗压强度、抗弯强度及高硬度状态下仍保持一定水平。无论是一次硬化还是二次硬化处理，GM钢的耐磨性均高于Cr12型钢。图3-8为淬火温度对GM钢及其他钢硬度的影响。

表3-23 GM钢与Cr12MoV、D2钢的性能对比

钢　号	热处理工艺	抗压强度 σ_{bc}/MPa	抗弯强度 σ_{bb}/MPa	挠度 f/mm	断裂韧度 K_{IC}/MPa·m$^{1/2}$	冲击韧度 α_k/（J/cm^2）	硬度 /HRC
9Cr6W3Mo2V2	1 080 °C淬火 540 °C回火	3 300	4 808	4.08	20.5	28.0	65.4
	1 120 °C淬火 540 °C回火	3 260	3 395	3.60	15.5	22.1	65.9
Cr12MoV	1 040 °C淬火 200 °C回火	2 764	2 401	3.30	14.1	27.4	62.3
Cr12Mo1V1	1 040 °C淬火 200 °C回火	2 719	2 104	1.70	23.5	24.0	62

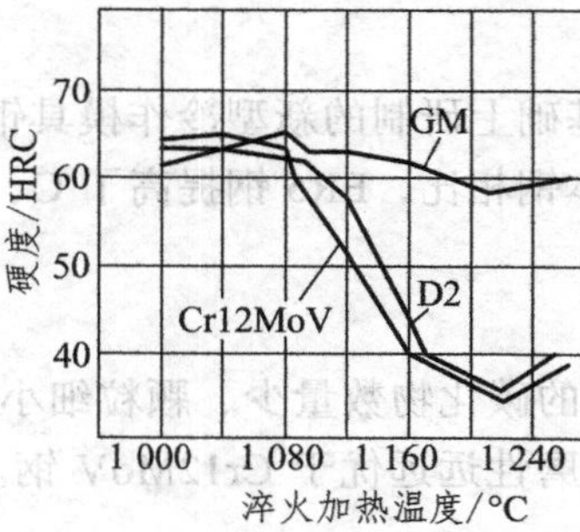

图 3-8 淬火温度对 GM 钢及其他钢硬度的影响

（2）工艺性能。

① 锻造工艺。GM 钢的锻造加热温度为 1 100～1 150 °C，始锻温度为 1 100 °C，终锻温度为 850～900 °C。加热温度按中下限控制，锻造时严格按照“轻、重、轻”法操作，否则易出现角裂或劈头等缺陷。

② 退火工艺。GM 钢锻造后要及时进行球化退火，可采用等温球化退火工艺，加热到（860±10）°C，保温 3～4 h，然后冷却到（740±10）°C，等温 5～6 h，炉冷到 500 °C 出炉。GM 钢退火后硬度在 227 HBW 左右，易于切削加工。

③ 淬火、回火工艺。GM 钢的淬火温度为 1 080～1 120 °C，淬火硬度为 64～66 HRC。GM 钢的回火温度为 540～560 °C，回火两次。GM 钢淬火、回火工艺曲线如图 3-9 所示。GM 钢在较宽的奥氏体化温度范围内仍保持较细的晶粒，淬火、回火后的残留奥氏体明显少于 Cr12MoV 钢。

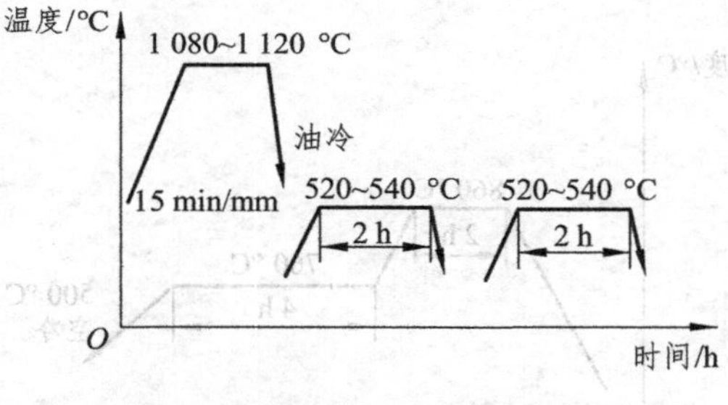

图 3-9 GM 钢淬火、回火工艺曲线

由于合金元素与碳的配比适当，具有高的二次硬化能力，在 1 120～1 140 °C 淬火，540 °C 二次回火后，硬度可在 64～66 HRC，保证了优异的耐磨性能。如采用 1 070 °C 淬火、150 °C 二次回火的低淬低回工艺，GM 钢的硬度有所下降，为 62～63 HRC，但钢的强韧性和耐磨性进一步提高。

（3）应用范围。

GM 钢已在冷轧钢带冲模、印制板插座凸模、多工位级进模、滚丝轮、切边模上成功地取代了 Cr12MoV 钢，寿命大幅度提高。用 GM 钢制作的在高速冲床上使用的多工位级进模，使用寿命比 Cr12MoV 钢提高数倍；用于制作高强度螺栓滚丝轮及滚制硬度为 40～42 HRC 的 42CrMo 钢制螺栓，寿命比 Cr12MoV 钢高 10 倍以上。

2. Cr8MoWV3Si（ER5）钢

ER5 钢是在美国专利钢种的基础上研制的新型冷作模具钢，与 GM 钢有类似的性能，而耐磨损性能比 GM 钢要好。与基体钢相比，ER5 钢提高了 C、Cr、V 等的含量，使 ER5 钢具有更高的耐磨性和强韧性。

（1）力学性能。

与 Cr12MoV 钢相比，ER5 钢的碳化物数量少、颗粒细小、分布均匀，因此 ER5 钢的强度、韧性均优于 Cr12MoV 钢，耐磨性远远优于 Cr12MoV 钢。ER5 钢与 Cr12MoV 钢的性能比较如表 3-24 所示。

表 3-24 几种不同热处理的 ER5 钢与 Cr12MoV 钢的性能比较

钢　号	淬火温度/°C	回火温度/°C	抗弯强度 σ_{bb}/MPa	抗拉强度 σ_b/MPa	冲击韧度 α_k/（J/cm²）	硬度 /HRC	挠度 f/mm
ER5	1 120	510	3 555.4	3 255.6	45.37	64	4.45
ER5	1 120	530	3 898.4	3 898.4	38.42	65	3.94
Cr12MoV	1 010	220	2 740	2 352	16.17	59.5	—

（2）工艺性能。

① 锻造工艺。ER5 钢的锻造性能良好，始锻温度为 1 150 °C，终锻温度≥900 °C。锻后缓冷并及时退火，当接近终锻温度时轻捶快打，可提高锻造质量。

② 退火工艺。ER5 钢的等温退火工艺：加热到 860 °C 保温 2 h，缓冷到 760 °C 保温 4 h，炉冷到 550 °C 出炉空冷，如图 3-10 所示。其退火后的硬度达 200 ~ 240 HBW，易于切削加工。

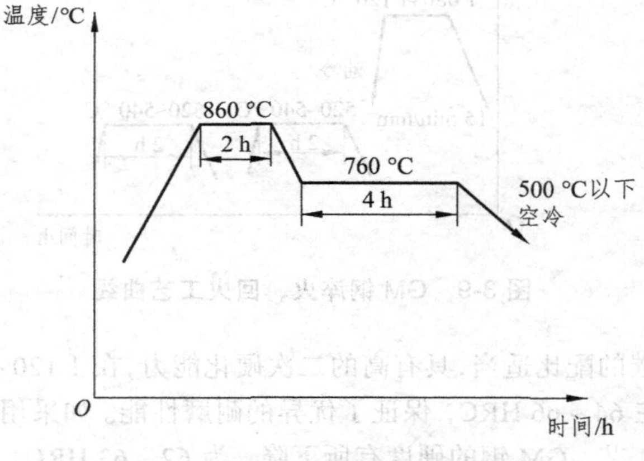

图 3-10 ER5 钢退火工艺曲线

③ 淬火与回火工艺。对材料既要求高耐磨性又要求高强韧性时，可采用 1 150 °C 淬火，520 ~ 530 °C 回火 3 次；对重载条件下服役的模具，采用 1 120 ~ 1 130 °C 淬火，550 °C 回火 3 次。

（3）应用范围。

用 ER5 钢制作精密、重载和高速冷冲模具，能显著提高模具寿命。如铁路轴承滚柱冷锻模，原用 Cr12MoV 钢，平均寿命为 4 000 次，用 ER5 钢后模具平均寿命为 1 万次。又如，电动机硅钢片冷冲模，原用 Cr12MoV 钢，平均寿命为 80 万～150 万次，采用 ER5 钢模具后总寿命达 360 万次，一次刃磨寿命为 21 万次，是国内硅钢片冲模的最高寿命。

3.3.8　特殊用途冷作模具钢

特殊用途冷作模具钢主要有两类：一类为典型的耐蚀冷作模具钢，如 9Cr18、Cr18MoV、Cr14Mo 、 Cr14Mo4 ； 另 一 类 为 无 磁 模 具 钢 ， 如 1Cr18Ni9Ti 、 5Cr21Mn9Ni4W 、7Mn15Cr2Al3V2WMo 等。下面主要介绍 7Mn15Cr2Al3V2WMo 无磁模具钢（7Mn15）。

无磁模具钢，除具备一般冷作模具钢的使用性能外，还具有在磁场中使用时有不被磁化的特性。高锰含量可提高奥氏体的稳定性，碳与钢中的钒、铬、钨、钼等元素形成合金碳化物，增加了钢的耐磨性。加入铝是为了改善钢的切削加工性能。因此，7Mn15 钢在各种状态下都能保持稳定的奥氏体组织，具有非常低的磁导率，高的硬度、强度和较好的耐磨性。7Mn15 钢适用于制造无磁模具、无磁轴承及其他在强磁场中不产生磁感应的结构零件。该钢还具有较高的高温强度和硬度，也可以用来制造 700～800 °C 温度下使用的热作模具。

1. 工艺性能

（1）锻造。7Mn15 钢的锻造工艺如表 3-25 所示。

表 3-25　7Mn15 钢的锻造工艺

材　料	加热温度/°C	加热时间/h	始锻温度/°C	终锻温度/°C	冷却方式
钢锭	1 150～1 170	≥8	1 100～1 120	≥950	空冷
钢锭	1 140～1 160	≥6	1 080～1 100	≥900	空冷

7Mn15 钢导热性差，锻造时装炉温度不宜过高，需缓慢升温，保温时间要求足够长以保证钢中碳化物充分固溶。

（2）退火。7Mn15 钢采用高温退火工艺，以改善钢的切削加工性能，退火工艺曲线如图 3-11 所示，高温退火后硬度为 28～29 HRC。

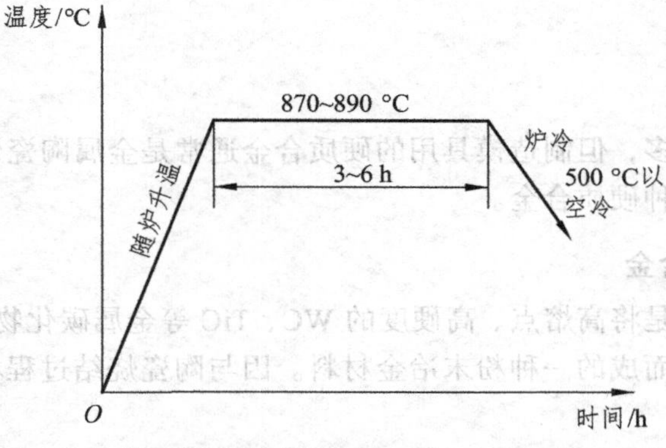

图 3-11　7Mn15 钢高温退火工艺曲线

（3）固溶处理。固溶处理温度为 1 165 ~ 1 180 °C，固溶处理后硬度为 20 ~ 22 HRC。当固溶温度低于 1 165 °C 时，时效硬度较低；而当固溶温度达 1 200 °C 时，影响钢的韧性。对于一些尺寸精度要求高的模具，可在固溶处理后进行精加工，随后再进行时效处理，这会减小模具的热处理变形。

（4）时效处理。时效处理工艺是 650 °C 保温 20 h 空冷，或 700 °C 保温 2 h 空冷，时效硬度分别为 48 HRC 和 48.5 HRC。

（5）气体氮碳共渗。为提高模具硬度和耐磨性，可采用气体氮碳共渗处理，共渗温度为 560 ~ 570 °C，时间为 4 ~ 6 h，渗层深度为 0.03 ~ 0.04 mm，硬度为 950 ~ 1 000 HV。

2. 力学性能

7Mn15 钢在不同状态下的硬度如表 3-26 所示，7Mn15 钢在不同温度固溶和时效处理后的力学性能如表 3-27 所示。

表 3-26　7Mn15 钢在不同状态下的硬度

状 态	锻 造	退 火	固 溶	时 效
硬度/HRC	33 ~ 35	28 ~ 30	20 ~ 22	47 ~ 48

表 3-27　7Mn15 钢在不同温度固溶和时效处理的力学性能

热处理工艺	抗拉强度 σ_b/MPa	断后伸长率 δ/%	断面收缩率 ψ/%	冲击韧度 α_k/(J/cm^2)
1 180 °C 固溶	820	61.0	61.5	230
	720	60.0	62.5	240
1 150 °C 固溶，700 °C，2 h 时效	1 395	16.5	34.0	48
	1 375	15.5	35.5	45
	1 385	18.0	35.5	45
1 180 °C 固溶，650 °C，20 h 时效	1 510	4.5	8.5	15
	1 490	4.5	9.5	13

3.3.9 硬质合金

硬质合金的种类很多，但制造模具用的硬质合金通常是金属陶瓷硬质合金和钢结硬质合金。下面主要介绍这两种硬质合金。

1. 金属陶瓷硬质合金

金属陶瓷硬质合金是将高熔点、高硬度的 WC、TiC 等金属碳化物粉末和黏结剂 Co、Ni 等混合、成型，经烧结而成的一种粉末冶金材料。因与陶瓷烧结过程相似，故称为金属陶瓷硬质合金。

金属陶瓷硬质合金硬度高，可达 87 ~ 91 HRC，其抗压强度高、耐磨性好，在模具上的应用日益广泛。用金属陶瓷硬质合金制作的模具坚固耐用，使用寿命比一般钢制冲模高 30 ~

100 倍以上，且制品的表面质量好，故适用于大批量生产。由于一般硬质合金的基体是硬质的 WC、TiC，加工困难，因此金属陶瓷硬质合金冲模的成本比钢制冲模高 3～4 倍，不适用于批量小的冲压件。

根据金属碳化物的种类不同，通常将金属陶瓷硬质合金分为两类：一类是钨钴类，牌号用 YG 表示，如 YG25，后面的数字表示钴的质量分数；另一类是钨钴钛类，牌号用 YT 表示，后面的数字表示 Ti 的质量分数。

金属陶瓷硬质合金的性能特点：具有高的硬度、高的抗压强度和高的耐磨性，脆性大，不能进行锻造和热处理，主要用于制作多工位级进模和大直径拉深凹模的镶块。与钨钴钛类硬质合金相比，钨钴类硬质合金有较好的强度和韧性，在模具中得到较广泛的应用。常用的金属陶瓷硬质合金牌号及其化学成分与性能如表 3-28 所示。

表 3-28 硬质合金的化学成分与性能

牌号	化学成分/%		性能			
	ω_{WC}	ω_{Co}	硬度/HRC	抗弯强度 σ_{bb}/MPa	抗压强度 σ_{bc}/MPa	密度 /(g/cm³)
YG15	85	15	86～88	1 800～2 200	3 900	13.8～14.0
YG20	80	20	83～86	2 000～2 600	3 400	13.1～13.3
YG20C	80	20	82～84	1 800	3 600	13.4～13.7
YG25	75	25	82～84	1 800～2 700	3 200	12.8～13.0
YG25C	70	30	80～82	—	—	12.3～12.8

2. **钢结硬质合金**

钢结硬质合金是以难熔金属碳化物为硬质相，以合金钢或高速钢粉末为黏结剂，经混合压制、烧结而成的粉末冶金材料，是一种新型模具材料。它的出现填补了工具钢和普通硬质合金的空白。其性能介于工具钢与硬质合金之间，既具有钢的高强韧性，又具有硬质合金的高硬度、高耐磨性。钢结硬质合金可以进行锻造、机械加工、热加工。

钢结硬质合金的硬质相主要是 WC 和 TiC。以 TiC 为硬质相的硬质合金有 GT35、T1、TM60 等。WC 钢结硬质合金是我国 20 世纪 60 年代研制的，以牌号 TLMW50 供应市场。第二代 WC 钢结硬质合金是在 20 世纪 80 年代研制的，简称 DT 合金，它保持了 TLMW50 钢的高硬度、高耐磨性，又较大幅度地提高了强度和韧性，因而能承受较大负荷的冲击，同时还具有较好的抗热裂能力，不易出现崩刃、碎裂等，是较理想的模具材料之一。

（1）DT 合金的力学性能。

DT 合金的力学性能如表 3-29 所示。DT 合金与其他钢结硬质合金的性能比较如表 3-30 所示。

表 3-29 DT 合金的力学性能

状态	力学性能					
	硬度 /HRC	抗弯强度 σ_{bb}/MPa	抗压强度 σ_{bc}/MPa	抗拉强度 σ_b/MPa	冲击韧度 α_k/(J/cm²)	弹性模量 E/MPa
低温淬火态	62～64	2 500～3 600	400～4 200	1 500～1 600	15～20	$(2.7～2.8)\times10^5$
等温淬火态	55～62	3 200～3 800	240～2 800	—	18～25	

表 3-30 DT 合金与其他钢结硬质合金的性能比较

合金牌号	硬质相类型	硬度/HRC		密度 /(g/cm^3)	抗弯强度 /MPa	冲击韧度 α_k /(J/cm^2)
		加工态	使用态			
DT	WC	32 ~ 36	62 ~ 64	9.7	2 500 ~ 3 600	15 ~ 20
TLMW50	WC	35 ~ 42	66 ~ 68	10.2	2 000	8 ~ 10
GT35	TiC	39 ~ 46	67 ~ 69	6.5	1 400 ~ 1 800	6

（2）DT 合金的热处理工艺。

① 锻造工艺。DT 合金的可锻性优于其他钢结硬质合金，锻造温度范围较大，热塑性较好。锻造工艺为预热温度 700 ~ 800 °C，始锻温度 1 150 ~ 1 200 °C，终锻温度 880 ~ 900 °C，DT 合金在前几次锻造时需反复交替进行镦粗和滚圆，要轻打快拍，每次锻打时变形量控制在 5% 左右，改锻时，变形量适当增加到 10% ~ 15%。

② 退火工艺。DT 合金可采用等温球化退火工艺，在 860 ~ 880 °C 加热 2 ~ 3 h，炉冷，700 ~ 720 °C 等温 6 h，炉冷至 550 °C 以下出炉空冷。其退火硬度小于 36 HRC，退火组织为弥散碳化物和粒状珠光体。

③ 淬火、回火工艺。DT 合金淬火工艺为 800 ~ 850 °C 预热（加热系数为 2 min/mm），在 1 000 ~ 1 020 °C 加热（加热系数为 1 min/mm）油冷，200 ~ 650 °C 回火 2 h，随着回火温度的升高，DT 钢的强度、硬度逐渐下降，韧性明显升高，但在 600 °C 回火时有高温回火脆性。DT 合金也可采用 200 ~ 300 °C、30 min 的等温回火工艺。

（3）DT 合金的切削加工性。

与普通硬质合金对比，DT 合金在退火软化后具有较好的切削加工性，可进行车、铣、刨、钻、攻螺纹等各种切削加工。DT 合金切削加工的难易，除与坯料退火软化程度有关外，还与切削加工工艺参数（如切削速度、吃刀量、刀具几何角度等因素）有很大的关系。加工 DT 合金时，一般采用较低的切削速度、较大的吃刀量和中等的进给量。

DT 合金磨削加工时，易烧伤表面或产生网状裂纹。因淬火、低温回火后的硬度比退火后高，所以常在退火状态下将其磨削至最终尺寸或接近最终尺寸，尽量少留磨削余量，以免淬火后磨削遇到困难。对精度要求不高时，可在淬火前磨削至最终尺寸，淬火、回火后稍加研磨抛光即可；对精度要求高时，可留少量精磨余量，以减少淬火、回火后的磨削困难。磨削时应采用高转速、小磨削量，并供给充足的冷却液，以免过热，造成模具刃口回火软化或烧伤。但磨削退火状态的工件最好采用干磨。

DT 合金和普通硬质合金一样可以进行电加工，如电火花加工和线切割加工等，常用 DT 合金凸模做电极来加工 DT 合金凹模。电火花加工后，模具加工表面往往有几微米非常硬脆且伴有微裂纹的放电硬化层，一般采取二次回火来消除。同时要仔细研磨电火花加工面，以去除残存的放电硬化层中的微裂纹。

用 DT 合金制作模具，一般都采用组合连接方法。这是因为粉末冶金件不可能压制很大，以及为了节约 DT 合金材料并发挥与其组合连接的钢材的优点。常用的组合连接方法有镶套、焊接、黏结和机械连接等。

（4）DT 合金的应用。

DT 合金性能优越，越来越多的 DT 合金用来制造冷镦模、冷挤压模、冷冲裁模、拉深模等，使用效果良好。据不完全统计，在定转子冷冲裁模、落料模方面，DT 合金模具比 W18Cr4V、Cr12MoV 模具的使用寿命至少延长 6 ~ 30 倍。在民用五金行业的冷镦模、拉深模具的应用中，DT 合金模具比 Cr12 模具寿命延长 10 ~ 32 倍，从而使成本得以降低；DT 合金价格比合金钢贵几倍，小批量生产时，技术经济效益不明显。

3.4　冷作模具的热处理工艺和热处理特点

模具材料选定之后，必须配以正确的热处理，才能保证模具的使用性能和寿命。

3.4.1　冷作模具的热处理工艺

1. 冷作模具的制造工艺路线

模具的成型加工和热处理工序安排对模具的质量也有很大影响。在制订与实施热处理工艺时，必须予以考虑，通常冷作模具的制造工艺路线有以下几种。

（1）一般成型冷作模具。

一般成型冷作模具的制造工艺路线：锻造→球化退火→机械加工成型→淬火与回火→钳修装配。

（2）成型磨削及电加工冷作模具。

成型磨削及电加工冷作模具的制造工艺路线：锻造→球化退火→机械粗加工→淬火与回火→精加工成型（凸模成型磨削、凹模电加工）→钳修装配。

（3）复杂冷作模具。

复杂冷作模具的制造工艺路线：锻造→球化退火→机械粗加工→高温回火或调质→机械加工成型→钳工修配。

在热处理工序安排上要注意以下几点：

① 对于位置公差和尺寸公差要求严格的模具，为减少热处理变形，常在机加工之后进行高温回火或调质处理；

② 对于线切割加工模具，由于线切割加工破坏了淬硬层，增加了淬硬层脆性和变形开裂的危险性，因而线切割加工之前的淬火、回火，常采用分级淬火、多次回火或高温回火，以使淬火应力处于最低状态，避免模具线切割时变形、开裂；

③ 为使线切割模具尺寸相对稳定，并使表层组织有所改善，工件经线切割后应及时进行再回火，回火温度不高于淬火后的回火温度。

2. 冷作模具的淬火

淬火是冷作模具最终热处理中最重要的操作，它对模具的使用性能影响极大。其主要的工艺问题有以下几个方面。

（1）合理选择淬火加热温度。

既要使奥氏体中固溶一定的碳和合金元素，以保证淬透性、淬硬性、强度和热硬性，又要有适当的过剩碳化物，以细化晶粒，提高模具的耐磨性和保证模具具有一定的韧性。这就需要合理选择淬火加热温度。

（2）合理选择淬火保温时间。

生产中通常采用到温入炉的方式加热，其淬火保温时间是指仪表指示到给定的淬火温度算起，到工件出炉为止所需的时间。常用以下经验公式确定：

$$t = \alpha D$$

式中 t —— 淬火保温时间，min 或 s；

α —— 加热系数，min/mm 或 s/mm，表 3-31 为常用钢的加热系数；

D —— 工作有效厚度，mm。

表 3-31 是常用钢的加热系数。实际热处理时，必须根据具体情况具体分析。例如，有些模具零件要快速加热，短时保温，有些需充分加热与保温，特别是复杂模具，更是要综合考虑各种影响因素，并通过实验来确定其淬火保温时间。

表 3-31　常用钢的加热系数 α　　min/mm

工作材料	工作直径 /mm	<600 °C 箱式电阻炉预热	750～850 °C 盐浴炉中加热或预热	800～900 °C 箱式或井式电阻炉加热	1 100～1 300 °C 高温盐浴炉中加热
碳钢	<50 >50	—	0.3～0.4 0.4～0.5	1.0～1.2 1.2～1.5	
低合金钢	>50 >50	—	0.45～0.5 0.50～0.55	1.2～1.5 1.5～1.8	—
高合金钢	—	0.35～0.4	0.30～0.35		0.17～0.2
高速钢	—		0.30～0.35		0.16～0.18

（3）合理选择淬火冷却介质。

高合金冷作模具钢因淬透性好，可用较缓的冷却介质淬火，如气冷、油冷、盐浴分级淬火等。碳素工具钢和低合金工具钢模具，为了保证足够的淬硬层深度，同时减少淬火变形和防止开裂，常采用双介质淬火，如水-油淬火、盐水-油淬火、油-空冷淬火、硝盐-空冷淬火等；还可以采用一些新型的淬火冷却介质，如三硝水溶液（三种硝盐混合的过饱和水溶液）、氯化锌-碱溶液、氯化钙水溶液等，以简化淬火操作，提高淬火质量。

（4）采用合适的淬火加热保护措施。

氧化与脱碳严重会降低模具的使用性能，淬火加热时必须采取防护措施：

① 装箱保护法。在箱内或沿箱四周填充保护剂，常用的保护剂有木炭、旧的固体渗碳剂、铸铁屑等。

② 涂料保护法。采用刷涂、浸涂和喷涂等方法把保护涂料涂敷在模具表面，形成致密、均匀、完整的涂层。涂料配比一般为耐火黏土 10%～30%、玻璃粉 70%～90%，再在每千克涂料的混合料中加水 50～100 g，拌匀后使用。使用时，涂层厚达 0.1～1 mm 即可，应用时应注意涂料中混合料的适用温度和钢种。

③ 包装保护法。国内现用两种方法：一种是将模具放入厚度约为 0.1 mm 的不锈钢箔内，并加入一小包保护剂，然后将袋口像信封口一样封好即可加热，淬火时将模具零件由袋中取出淬火；另一种是采用防氧化脱碳薄膜，它的成分是硼酸、玻璃料和橡胶黏结剂，可以折叠，使用时只要用像纸一样的薄膜将工件包住即可加热，这种薄膜在 300 °C 左右就开始熔化，变成一层黏稠状的保护膜，淬火时自动脱落，工件淬火后表面呈银白色，保护效果良好。

④ 盐浴加热法。它是模具淬火加热的主要方式之一，具有加热速度快而均匀、不易氧化脱碳的优点。

3. 冷作模具钢的强韧化处理工艺

冷作模具钢的强韧化处理工艺主要包括低淬低回、高淬高回、微细化处理、等温和分级淬火等。

（1）冷作模具钢的低温淬火工艺。

所谓低温淬火是指低于该钢的传统淬火温度进行的淬火操作。实践证明，适当地降低淬火温度，会降低硬度、提高韧性，无论是碳素工具钢、合金工具钢，还是高速钢，都可以不同程度地提高韧性和冲击疲劳抗力，降低冷作模具脆断、脆裂的倾向性。表 3-32 是几种常用冷作模具钢的低淬低回强韧化处理规范，以供选择。

表 3-32 几种常用冷作模具钢的低淬低回强韧化处理工艺规范

钢 号	常规淬火温度/°C	低淬低回强韧化处理工艺规范	硬度/HRC
CrWMn	820 ~ 850	800 ~ 810 °C 加热，150 °C 热油中冷却 10 min，210 °C 回火 1.5 h	58 ~ 60
Cr12	970 ~ 990	850 °C 预热，930 ~ 950 °C 加热保温后油冷，320 ~ 360 °C、1.5 h 回火两次	52 ~ 56
Cr12MoV	1 020 ~ 1 050	980 ~ 1 000 °C 加热保温后油冷，400 °C 回火	56 ~ 59
W18Cr4V	1 260 ~ 1 280	1 200 °C 加热保温后油冷，600 °C、1 h 回火两次	59 ~ 61
W6Mo5Cr4V2	1 150 ~ 1 200	1 160 °C 加热保温后油冷，300 °C 回火	59 ~ 61

（2）冷作模具钢的高温淬火工艺。

对于一些低淬透性的冷作模具钢，为了提高淬硬层厚度，常常采用提高淬火温度的方法。如 T7A ~ T10A 钢制 $\phi25 \sim \phi50$ mm 的模具，淬火温度可提高到 830 ~ 860 °C；GCr15（或 Cr2）钢淬火温度可由原来的 860 °C 提高到 900 ~ 920 °C，模具的使用寿命可延长 1 倍以上。

一些抗冲击冷作模具钢采用高温淬火，具有较高的断裂韧性、冲击韧性和优良的耐磨性，如 60Si2Mn 钢采用 920 ~ 950 °C 淬火，铬钨硅系钢采用 950 ~ 980 °C 淬火，其模具寿命都大幅延长。

（3）冷作模具钢的微细化处理。

微细化处理包括钢中的基体组织的细化和碳化物的细化两个方面。基体组织的细化可提高钢的强韧性；碳化物的细化不仅有利于增加钢的强韧性，而且会增加钢的耐磨性。微细化处理的方法通常有两种。

① 四步热处理法。冷作模具钢的预备热处理一般都采用球化退火，但球化退火组织经淬火、回火，其中碳化物的均匀性、圆整度和颗粒大小等因素对钢的强韧性和耐磨性的影响尚

不够理想。采用四步热处理法，可使钢的组织和性能得到很大改善，模具的使用寿命可延长 1.5 ~ 3 倍。

四步热处理的具体工艺过程为：第一步，采用高温奥氏体化，然后淬火或等温淬火；第二步，高温软化回火，回火温度以不超过 A_{c1} 为界，从而得到回火托氏体或回火索氏体；第三步，低温淬火，由于淬火温度低，已细化的碳化物不会溶入奥氏体而得以保存；第四步，低温回火。

在有些情况下，可取消模具毛坯的球化退火工序，而用上述工艺过程中第一步加第二步作为模具的预备热处理，并可在第一步结合模具的锻造进行锻造余热淬火，以减少能耗，提高工效。

典型的四步热处理工艺规范如下：

9Mn2V 钢：820 °C 油冷 + 650 °C 回火 + 750 °C 油冷 + 200 °C 回火。

GCr15 钢：1 050 °C 奥氏体化后 180 °C 分级淬火 + 400 °C 回火 + 830 °C 加热保温后油冷 + 200 °C 回火。

CrWMn 钢：970 °C 奥氏体化后油冷 + 560 °C 回火 + 820 °C 加热保温后 280 °C 等温 1 h + 200 °C 回火。

② 循环超细化处理法。将冷作模具钢以较快的速度加热到 A_{c1} 或 Ac_{cm} 以上的温度，经短时停留后立即淬火冷却，如此循环多次。由于每加热一次，晶粒都得到一次细化，同时在快速奥氏体化过程中又保留了相当数量的未溶细小碳化物，循环次数一般控制在 2 ~ 4 次。经处理后的模具钢可获得 12 ~ 14 级超细化晶粒，模具使用寿命可延长 1 ~ 4 倍。

典型的循环超细化处理工艺规范如下：

9SiCr 钢：（600 °C 预热升温至 800 °C 保温后，油冷至 600 °C，等温 30 min）+ 860 °C 加热保温 + 160 ~ 180 °C 分级淬火 + 180 ~ 200 °C 回火。

Cr12MoV 钢：1 150 °C 加热油淬 + 650 °C 回火 + 1 000 °C 加热油淬 + 650 °C 回火 +（1 030 °C 加热油淬，170 °C 等温 30 min，空冷）+ 170 °C 回火。

（4）冷作模具钢的分级淬火和等温淬火。

分级淬火和等温淬火不仅可以减少模具的变形和开裂，而且是提高冷作模具强韧性的重要方法。常用冷作模具钢的分级淬火和等温淬火工艺规范如表 3-33 所示。

表 3-33 常用冷作模具钢的分级淬火和等温淬火工艺规范

钢 号	分级淬火或等温淬火工艺规范	处理后硬度/HRC	使用范围
60Si2Mn	870 °C 加热保温后油冷，再加热到 790 °C，保温后以 40 °C/h 冷至 550 °C 出炉空冷，然后 870 °C 加热保温后 250 °C 等温 1 h	55 ~ 57	冷锻模
9CrSi	850 °C 加热保温后 240 ~ 250 °C 等温 25 min，空冷	56 ~ 60	拉丝模
	850 °C 加热保温后 240 ~ 250 °C 等温 25 min，空冷，200 ~ 250 °C 回火		
	850 °C 加热保温后 210 °C 等温，250 °C 回火两次		
CrWMn	820 ~ 840 °C 加热，240 °C 等温 1 h 空冷	57 ~ 58	冷挤凸模、钟表元件、小冲头等
	830 ~ 840 °C 加热，240 °C 等温 1 h 空冷，250 °C 回火 1 h	57 ~ 58	
	810 ~ 820 °C 加热，240 °C 等温 1 h 空冷，250 °C 回火 1 h	54 ~ 56	

续表

钢　号	分级淬火或等温淬火工艺规范	处理后硬度/HRC	使用范围
Cr12	980 °C 加热，200～240 °C 分级 10 min 后油冷 20 min，180～200 °C 回火	61～64	硅钢片冷冲模
	980 °C 加热，260 °C 等温 4 h，220～240 °C 回火		
Cr12MoV	1 000 °C 加热，280 °C 分级 400 °C 回火	57～59	滚丝模、下料冲模等
	1 000 °C 加热，280 °C 分级 550 °C 回火	54～56	
	1 000 °C 加热，280 °C 等温 4 h，400 °C 回火	54～56	
	980 °C 加热，260 °C 等温 2 h，200 °C 回火	55～57	
W18Cr4V	1 250～1 270 °C 加热，240～260 °C 等温 3 h，560 °C×1 h 回火一次	62～64	冲头
CrW2MoV	1 000 °C 加热，260 °C 等温 1 h，220 °C 回火两次	56～58	弹簧孔冲模
	1 020 °C 加热，260 °C 等温 1 h，520 °C 回火 2 h，220 °C 回火 2 h	58～59	

除了上述方法以外，还有形变热处理、喷液淬火、快速加热淬火、消除链状碳化物组织的预处理工艺、片状珠光体组织预处理工艺等，这些都可以明显提高冷作模具钢的强韧性。

3.4.2　主要冷作模具的热处理特点

模具在最终淬火、回火之前进行的正火、球化退火、调质以及低温回火等统称为预备热处理，而最终热处理工序是使模具获得必要的性能、保证模具寿命的重要工序。下面主要介绍冷作模具最终热处理工艺及避免热处理缺陷的措施。

1. 冷冲裁模的热处理

冷冲裁模的工作条件、失效形式、性能要求不同，其热处理特点也不同。

（1）薄板冷冲裁模的热处理。

对于薄板冷冲裁模，应具有高的精度和耐磨性，因此在工艺上应保证热处理变形小、不开裂和高硬度。通常根据模具材料类型采用不同的减少变形的热处理方法。

① 碳素工具钢薄板冷冲裁模的热处理。

a. 双介质淬火工艺。碳素工具钢淬透性比较低，为获得所需硬度及淬硬层，淬火冷却速度要快，常采用双介质淬火工艺，即盐水-油或碱水-油双介质淬火。双介质淬火冷却能力强，淬硬层深，但易淬裂，且难以控制变形。为此，常采取以下一些措施，以减小变形和开裂；对于易淬裂的边、孔部位或易变形的部位，可采用螺栓堵孔、包扎铁皮等防护措施；对于小型冷冲裁模，可采用低温淬火以减少变形，进行低温长时间回火等；采用升高炉温，快速加热，严格控制加热时间，避免整体透烧，只需刃口、棱角部位硬化；对于易变形的凸模，采用局部淬火，整体回火；应用预冷淬火，可避免边孔开裂，减轻胀缩变形。

b. 碱浴淬火可减少变形量，消除开裂，但小孔及窄槽内壁难以硬化，大、中型模具淬硬层过薄。

c. 等温淬火工艺可使钢在保持高硬度的同时具有更好的强韧性配合，有效地减少热处理变形。

d. 超细化处理。T10A 调制冷冲裁模可采用如图 3-12 所示的常规热处理工艺，模具在使用中会经常脆性断裂；采用如图 3-13 所示的碳化物超细化处理工艺，获得小而圆的细粒状超细碳化物，可提高小能量多次冲击疲劳断裂强度、抗弯强度、抗压强度和耐磨性，并具有较高的韧性和塑性，延长了模具的使用寿命。

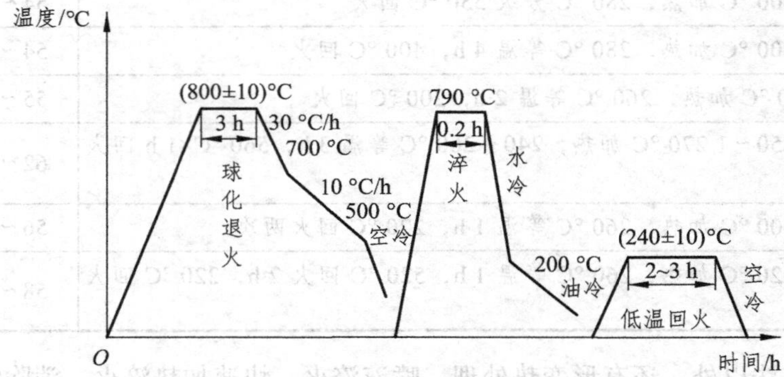

图 3-12　T12 钢制冷冲裁模的常规热处理工艺曲线

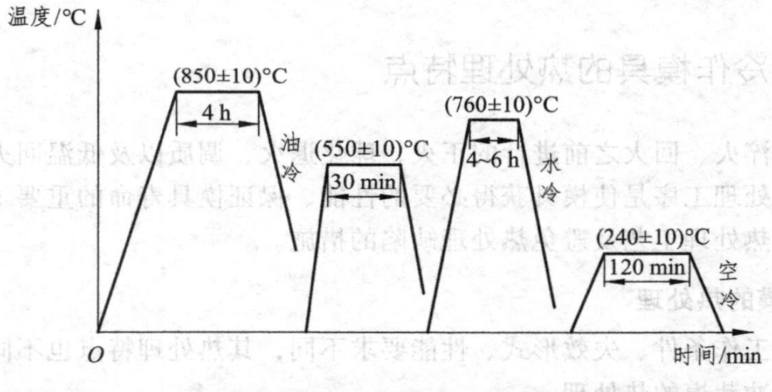

图 3-13　T12 钢制冷冲裁模的碳化物超细化处理工艺曲线

② 低合金钢（低变形钢）薄板冷冲裁模的热处理：与碳素工具钢比较，低合金冷作模具钢具有淬裂及变形敏感性低，淬硬层深，窄槽、小孔可充分硬化，耐磨性较好等特点，此类钢的问题是易于形成网状碳化物，淬火后型腔易胀大，型腔内尖角处易淬裂。热处理措施如下：

a. 增加工艺孔及局部包扎铁皮，以促使各部位在冷却过程中均匀进行，避免淬火开裂，减少淬火变形。

b. 采取低温淬火和恒温延迟冷却淬火，可防止开裂，减少变形，提高韧度。如对于小型凸模，CrWMn 钢以 790 ~ 810 °C 淬火，9Mn2V 钢以 750 ~ 770 °C 淬火，可兼顾微变形和强韧化的效果。

c. 快速加热淬火，对于形状较匀称、孔距精度要求较高的冷冲裁模，运用快速加热分级淬火工艺，效果较好。

d. 优选淬火冷却方式，油冷适用于形状简单的冷冲裁模，可促使凹模型腔收缩，但淬裂及翘曲倾向较强，对韧性不利；热油冷却可减少变形及翘曲；硝盐淬火可减轻翘曲，但需注意硝盐配比及含水量的控制；碱浴淬火可提高大、中截面模具的淬火硬度，克服型腔膨胀的趋势；也可用油冷-热浴复合淬火等。

e. 回火，防止回火膨胀。在 220 ~ 320 °C 温度回火，有明显的体积膨胀与型孔胀大现象，对于回火时不允许发生型腔胀大的模具，应避开此温度区间回火。为避开回火脆性区，对于 CrWMn 钢应在 290 ~ 340 °C 回火。9Mn2V 钢在 220 ~ 300 °C 回火，韧性明显降低，应避开此温度回火，通常回火温度为 120 ~ 220 °C，应进行两次回火，以最大限度地消除残余应力。

（2）厚板冷冲裁模的热处理。

厚板冷冲裁模的主要失效形式是崩刃和折断，为使模具寿命延长，关键是提高模具的强韧性，即保证模具具有高的断裂抗力。为提高厚板冷冲裁模的强韧性，采用细化奥氏体晶粒处理、细化碳化物处理、等温淬火工艺、低温淬火和低温回火等方法。具体工艺已在冷作模具的强韧化处理中介绍过。

（3）冷剪刀的热处理。

对于冷剪刀，国内主要采用 5CrW2Si、9SiCr、Cr12MoV 钢制造，由于工作条件差异大，其工作硬度范围也大，通常硬度为 42 ~ 61 HRC，为减小淬火内应力，提高刀刃抗冲击能力，一般采用热浴淬火。大型剪刀采用热浴有困难时可以用间断淬火工艺，即加热保温后先油冷至 200 ~ 250 °C 后转为空冷（80 ~ 140 °C），立即进行预回火（150 ~ 200 °C），最后再进行正式回火。

对于成型剪刀，重载荷工作时硬度可取 48 ~ 53 HRC，中等载荷时可取 54 ~ 58 HRC，淬火工艺可采用贝氏体等温、马氏体等温或分级淬火。冷剪刀的常用热处理规范如表 3-34 所示。

表 3-34 冷剪刀的常用热处理规范

钢 号	淬火温度 /°C	预冷时间系数 /(s/mm)	淬火油温度 /°C	回火温度/°C		
				薄板 57 ~ 60 HRC	中板 55 ~ 58 HRC	厚板 52 ~ 56 HRC
9CrWMn	840 ~ 860	2 ~ 3	60 ~ 100		230 ~ 260	
CrWMn MnCrWV	820 ~ 840	2 ~ 3	60 ~ 100	230 ~ 250	260 ~ 280	
9SiCr	840 ~ 870	2 ~ 3	60 ~ 100	260 ~ 280	300 ~ 360	350 ~ 400
5CrW2Si 6CrW2Si	920 ~ 960	2 ~ 3	60 ~ 100		230 ~ 260	280 ~ 300
5SiMnMoV	870 ~ 900	2 ~ 3	60 ~ 100	200 ~ 240	260 ~ 300	260 ~ 320
Cr12MoV	1 020 ~ 1 040	2 ~ 3	60 ~ 100	250 ~ 270	400 ~ 420	
	940 ~ 960			220 ~ 240	280 ~ 300	
	910 ~ 930			220 ~ 240		

2. 冷镦模热处理特点

冷镦模的失效形式主要是开裂、折断，即由韧性不足导致的失效占90%以上，材料的韧性不足极大地影响着模具寿命。因此，如何通过热处理工艺制度的改善获得高耐磨、高强韧性是延长冷镦模寿命的关键之一。

根据冷镦模的性能要求，冷镦模的热处理有如下特点：

（1）对于碳素工具钢制冷镦模凹模，常采用喷水淬火法。

喷水淬火与整体淬火相比，模具的韧性高，硬度均匀，这样可以避免过早开裂。另外，碳素工具钢冷镦模采用片状珠光体组织预处理，模具寿命可显著延长。例如，T10A 钢制螺栓冷镦工序冲模，在球化退火和机械加工后再进行一次完全退火处理，其工艺为 840 °C 保温 3 h，炉冷至 500 °C 出炉空冷，退火组织为片状珠光体。模具最终热处理采用 600 °C 充分预热，淬火加热温度为 840 °C，在盐炉中每毫米加热时间为 30 s，水淬，水温控制在 20 ~ 40 °C，于 200 °C 回火 2 h，硬度为 60 ~ 62 HRC。与常规工艺相比，该方法可使抗压强度提高 1.5 倍，抗压屈服点提高 2.1 倍，断裂韧性提高 31%，而一次冲击韧度值有所下降，模具平均使用寿命延长 4 倍。

（2）冷镦模必须充分回火，回火保温时间在 2 h 以上，并进行多次回火，使其内应力全部释放。整体淬火的合金钢冷镦模更需如此。

（3）采用中温淬火、中温回火工艺。对于 Cr12MoV 钢制冷镦模凹模，采用 1 030 °C 加热淬火和 400 °C 中温回火，可获得最佳的强韧性配合，冷镦模的断裂抗力明显提高。

（4）采用快速加热工艺。快速加热可以获得细小的奥氏体晶粒，不仅能减小淬火变形，而且可以提高模具的韧性。

（5）采用表面处理。为了提高冷镦模的耐磨性和抗咬合性，冷镦模通常进行渗硼和氮碳共渗，通过渗硼，模具表面形成硬度高达 1 100 HV 以上的硼化层，模具基体也得到强化，模具寿命大幅度延长。

典型冷镦模的热处理规范如表 3-35 所示。

表 3-35　典型冷镦模的热处理规范

钢　号	工　艺　规　范
T10A	① 快速加热淬火工艺：快速加热温度为 960 ~ 980 °C，喷水淬火形成薄壳硬化状态； ② 经过粗加工后进行完全退火，840 °C 加热保温 3 h 后炉冷至 500 °C 出炉空冷，最终热处理为 830 ~ 850 °C 加热后水淬油冷，200 °C 回火，硬度为 60 ~ 62 HRC； ③ 两段回火工艺：将原 240 °C 回火 2 h，改为 200 °C 回火 1 h，使用寿命可延长 50% ~ 100%
60Si2Mn	等温淬火工艺：870 °C 加热保温后，250 °C 等温淬火，250 °C 回火，硬度为 55 ~ 57 HRC
Cr12MoV	① 优化回火工艺，将 170 °C、3 h 回火改为 220 °C、3 ~ 4 h 回火，硬度为 59 ~ 61 HRC； ② 中温淬火、中温回火工艺：1 020 ~ 1 040 °C 淬火，400 °C 回火，硬度为 54 ~ 57 HRC
W6Mo5Cr4V2	低温淬火工艺：1 160 °C 淬火，300 °C 回火
6Cr4W3Mo2VNb	① 1 120 °C 油淬 + 560 °C×2 h 回火； ② 1 120 °C 油淬 + 550 °C×1 h 回火 + 580 °C×1.5 h 回火

3. 冷挤压模的热处理特点

冷挤压模材料的性能要求为具有高的硬度、耐磨性、抗压强度、高强韧性、一定的抗耐热疲劳性和足够的回火抗力。为了满足这一要求，在材料选定的情况下，必须注意其热处理特点。

（1）对于易断裂、易胀裂、回火抗力和耐磨性要求不高的冷挤压模，一般采用常规工艺的下限温度淬火，再经回火就可以得到高的强韧性。

（2）对于高碳高合金钢冷挤压模，一般采用较长时间的回火或多次回火，消除应力，提高韧性，稳定尺寸。

（3）对于以脆性破坏（折断、劈裂）为主、韧性不足的冷挤压模，常采用等温淬火工艺，其等温温度常为 $M_S + (20 \sim 50\ ^\circ\mathrm{C})$，经等温淬火后再采用二次回火以减小内应力和脆性。

（4）应用表面强化处理。为获得高的表面硬度和表面残余压应力，冷挤压模常采用表面渗氮、氮碳共渗、镀硬铬和渗硼等工艺，如 Cr12MoV 冷挤压凹模经 990 °C 盐浴渗硼后，使用寿命可延长数倍。又如，活塞销冷挤压凸模采用 W6Mo5Cr4V2 钢制造，经气体氮碳共渗后寿命延长 2 倍以上。其主要原因是采用表面强化处理后增加了模具的耐磨性，而且会增加抗咬合能力，改善了表面应力状态。

（5）在使用过程中进行低温去应力回火。冷挤压模在使用一段时间后常将模具的成型部位再进行回火，其主要目的是消除使用过程中产生的应力，消除由于挤压载荷交变作用引起的内应力集中和疲劳。表 3-36 是典型冷挤压模的热处理规范。

表 3-36 典型冷挤压模热处理规范

钢 号	工 艺 规 范
Cr12MoV	1 020～1 030 °C 加热，200～220 °C 硝盐分级淬火 +（160～180 °C）×2 h 回火 3 次，硬度为 62～64 HRC
W6MoSCr4V2	凸模：1 240 °C 加热，300 °C 分级淬火 + 500 °C×2 h 回火 2 次 凹模：1 180 °C 加热，300 °C 分级淬火 + 500 °C×2 h 回火 2 次
LD	凸模：850 °C 预热，1 120～1 150 °C 油淬，560 °C×1 h 回火 3 次，空冷，硬度为 60～62 HRC
65Nb	凹模：840 °C 预热，1 100～1 180 °C 油淬，（520～580 °C）×2 h 回火 2 次

4. 拉深模的热处理特点

拉深模应具有高的硬度、良好的耐磨性和抗黏附性能。为了保证性能要求，在制订和实施热处理工艺时主要注意以下两点：

（1）要避免模具表面产生氧化脱碳。氧化脱碳会造成模具淬火后硬度不足或出现软点。当表面硬度低于 500 HV 时，模具表面就会出现拉毛现象。同时还要防止磨削引起二次回火，使表面硬度降低。

（2）为了提高拉深模表面的抗磨损和抗黏附性能，常对模具进行表面处理，如渗硼、渗氮、镀硬铬、渗钒等。典型拉深模的热处理规范如表 3-37 所示。

表 3-37 典型拉深模的热处理规范

钢 号	工 艺 规 范
Cr12MoV	① 1 030 °C 淬火＋200 °C 硝盐分级 5～8 min＋160～180 °C 回火 3 h，硬度为 62～64 HRC ②（1 050～1 080 °C）×2 h 油淬＋500 °C×2 h 回火 3 次＋450～480 °C 离子渗碳
QT500-7	600～650 °C 预热＋（890 °C±10 °C 入盐水中冷至 550 °C，入油中冷至 250 °C，入热油（180～220 °C）进行分级淬火＋160～180 °C 回火 5～7 h
7CrSiMnMoV	890 °C 油淬＋200 °C 回火 2 h，硬度为 60～62 HRC

3.5 冷作模具材料的选用

3.5.1 冷作模具材料的选用原则

模具材料对模具的正常使用、模具使用寿命和模具成本的影响很大。选材时应综合考虑模具的种类、产品的数量、制件材料和制件复杂程度等因素。而对于模具材料本身，则要考虑它的力学性能、耐磨性、耐热性、热变形、淬透性、机械加工性、价格和供货情况等。

1. 满足模具的使用性能要求

根据实际使用条件，综合考虑模具的工作条件、模具结构、尺寸和生产批量等，确定模具材料应具备的主要性能指标，以满足主要的几个性能要求来选择模具材料。

（1）承受大负荷的重载模具，应选用高强度材料；承受强烈摩擦和磨损的模具，应选用硬度高、耐磨性好的材料；承受冲击负荷大的模具，应选用韧性高的材料。

（2）形状复杂、尺寸精度要求高的模具，应选用微变形材料。

（3）结构复杂、尺寸较大的模具，宜采用淬透性好、变形小的高合金材料，或制成镶拼结构。

（4）对于小批量生产或新产品试制，可选用一般材料（如碳素钢）；当生产批量大或自动化程度高时，宜选用高合金钢或钢结硬质合金等材料。

2. 考虑模具材料的工艺性能

模具材料一般应具有优良的锻造性能与切削加工性能，即锻造的温度范围宽，容易被切削加工。对于尺寸较大、精度较高的重要模具，还要求有较好的淬透性、较小的氧化脱碳和淬火变形、开裂倾向等。对于要焊接加工的模具材料，应有较好的焊接性。

3. 经济性

模具材料发展很快，品种在不断增多，材料选用应结合实际条件，在满足前两项要求的前提下，尽可能选用价格低廉的一般材料，少用特殊材料；多用货源丰富、供应方便的材料，少用或不用稀缺和贵重材料。

3.5.2 冲裁模具材料的选用

冲裁模具材料的选用应考虑：① 模具寿命的高低；② 冲压件的材质，不同材质的冲压件，其冲压的难易程度相差很大；③ 冲压件的产量，如批量不大，就没有必要选用高性能的模具材料；④ 材料价格以及模具材料费占模具总费用的份额，如模具形状复杂，很难加工，加工费用占模具总费用的比例很高，而模具材料费只占总费用很小的比例，就应选高性能的模具材料。

为进一步提高厚板冲裁模具寿命，国内研制了多种新型模具钢，如 LD、65Nb、012Al、CG-2、LM2、GD、6W6、火焰淬火钢 7CrSiMnMoV 等。用新型模具钢制造模具，可大幅度提高模具寿命。各种冲裁模具材料的选用如表 3-38 所示。

表 3-38 冲裁模具材料的选用

类 型	工作条件	材 料
薄板冲裁模	形状简单、尺寸小、批量小	T10A
	形状较复杂、批量小	9Mn2V、CrWMn、8Cr2S、Cr5Mo1V
	形状复杂、批量大	Cr12、Cr12MoV、D2、W6Mo5Cr4V2
	冲制强度高、变形抗力大的板材	Cr12、D2、Cr4W2MoV、CD、GM、ER5
厚板冲裁模	批量较小	T8A
	批量较大	W6Mo5Cr4V2、O12Al、6W6
		Cr12MoV、D2、CG-2、LD、GM、ER5
剪切刀	剪薄板的厚剪刀	T10A、T12A
	薄剪刀	9SiCr、CrWMn
	剪厚板的剪刀	5CrW2Si

3.5.3 拉深模具材料的选用

拉深时，冲击力很小，要求模具材料具有高的强度和耐磨性，在工作时不发生黏附和划伤，具有一定的韧性和较好的切削加工性能，并要求热处理变形小。根据拉深材料的强度和厚度不同，可将拉深模分为重载拉深模和轻载拉深模两类。如果拉深的板料较厚、强度较高，属于重载拉深；如果拉深材料较薄、强度较低，属于轻载拉深。通常要求拉深凸模热处理后硬度为 58 ~ 62 HRC，凹模硬度为 62 ~ 64 HRC。当拉深件生产批量很大时，则要求拉深模具有很高的寿命，应对模具进行渗氮、渗硼、镀硬铬、渗钒等表面处理，对中碳合金钢模具还应进行渗碳处理。

拉深模材料的选用：

（1）小批量生产，可选表面淬火钢或铸铁。

（2）轻载拉深模，可选 T10A、9Mn2V、CrWMn、GD、65Nb 等钢。

（3）重载拉深模，应选用强度较高的 Cr12、Cr12MoV、Cr12Mo1V1、Cr5Mo1V、GM、

ER5 等钢。当用硬质合金镶嵌模具时，所用硬质合金随型腔尺寸大小而定。型腔尺寸不足 10 mm 时，采用 YG6 合金；型腔直径为 10～30 mm 时，采用 YG8 合金。

3.5.4 弯曲模具材料的选用

（1）小件弯曲、卷边、成型用模具，因承受负荷较轻，磨损较小，无论加工铝合金、铜合金或钢，均可选用 45、T10A、GD 钢。

（2）中件弯曲、卷边、成型用模具，承受负荷较大，磨损较剧烈。小批量生产可选用低熔点合金、锌基合金；生产批量较大时，宜选用 CrWMn、6W6、Cr12 型钢或以硬质合金作镶块镶嵌在低熔点合金或锌基合金的基体中。

3.5.5 拉丝模具材料的选用

拉丝模具工作条件与拉深模具相似，凹模硬度 > 64 HRC。

（1）拉铝、铜合金细丝用模具，可选 T10A、T12A、6W6 钢。

（2）拉非铁金属的粗棒或钢丝，应选用 Cr12、Cr12Mo1V1、ER5、GM 钢和硬质合金等。

3.5.6 冷挤压模具材料的选用

按被挤压金属的流动方向与挤压凸模运动方向之间的关系，可将冷挤压模具分为正挤压、反挤压和复合挤压 3 种。

冷挤压模具属重载模具。当反挤压抗拉强度为 400 MPa 的低碳钢时，凸模受到的压应力可达到 2 500 MPa；而当挤压低合金钢、调质钢或不锈钢时变形抗力更高。挤压的材料不同，变形抗力也会有所不同，对模具材料的要求也不同。T10A、CrWMn、60Si2Mn、Cr12 型、W18Cr4V、W6Mo5Cr4V2 及新型模具钢均可作为冷挤压模具材料。目前，工厂最常选用的是 60Si2Mn、Cr12、Cr12Mo1V1、6W6、GM、ER5、LD、65Nb、012Al、LM1、LM2、GD 钢和硬质合金等。

3.5.7 冷镦模具材料的选用

冷镦具有生产效率高、节能、节材，使零件的强度和精度提高，适合大批量自动化生产的特点，主要用于紧固件、滚动轴承、滚子链条及汽车零件的加工。

（1）一般载荷冷镦模具。一般载荷冷镦模具用于生产形状简单、负荷较小、变形量不大、冷镦速度不高的低碳钢或中碳钢冷镦件。冷镦凸模可采用 T10A、60Si2Mn、9SiCr、GCr15、6W6 等钢制造；凹模可采用 T10A、GCr15、Cr5Mo1V、Cr12Mo1V1、GD、65Nb 等钢制造。

（2）重载冷镦模具。重载冷镦模具用于生产变形量较大、形状较复杂、强度较高的合金钢或中高碳钢冷镦件。这类模具通常采用 Cr12 型钢、高速钢及新型冷作模具钢，如 012Al、

65Nb、LD、LM2、LM1、GM、ER5、CG-2 钢等。新型模具钢具有较高的淬透性和淬硬性，具有很高的压缩屈服点、耐磨性和较好的韧性，因此，用新型冷作模具钢材制作冷镦模，可成倍提高模具寿命。

3.5.8　冷冲模结构零件材料的选用

冷冲模结构零件材料的选用如表 3-39 所示。

表 3-39　冷冲模结构零件材料的选用

零件名称	材料牌号	热处理	硬度/HRC
上、下模座	HT200、Q235、ZG310-570		
模柄	Q275		
导柱	20、T10A	（渗碳）淬火、回火	60～62
导套	20、T10A	（渗碳）淬火、回火	57～60
凹、凸模固定板	Q235、Q275		
承料板	Q235		
卸料板	Q275		
导料板	45	淬火、回火	43～48
导料销	45、T7A	淬火、回火	43～48 或 52～56
导正销、定位销	T7、T8	淬火、回火	52～56
垫板	45、T8A	淬火、回火	43～48 或 54～58
螺钉	45		
销钉	45、T7		
推杆、顶板、顶杆	45	淬火、回火	43～48
拉伸模压料圈	T8A	淬火、回火	54～58
定位板	45、T8	淬火、回火	43～48 或 52～56
楔块、滑块	T8A、T10A	淬火、回火	60～62
弹簧	65Mn、60Si2Mn	淬火、回火	40～45

3.6　冷作模具材料选用实例

1. CrWn 钢制光栏片上冲模的热处理

光栏片是光学仪器中大量使用的零件，用厚 0.06～0.08 mm 的低合金冷轧钢带冲制而成。

要求严格控制尺寸精度和 α 夹角的公差，端面的表面粗糙度要低于 R_a0.8 μm，因而对光栏片冲模有较高的技术要求。光栏片的上冲模如图 3-14 所示，模具硬度要求为 61 ~ 64 HRC，两个冲针孔之间的夹角 α 为 125°10′±8′。为满足上冲模的技术要求，必须选用合适的钢材和热处理工艺。

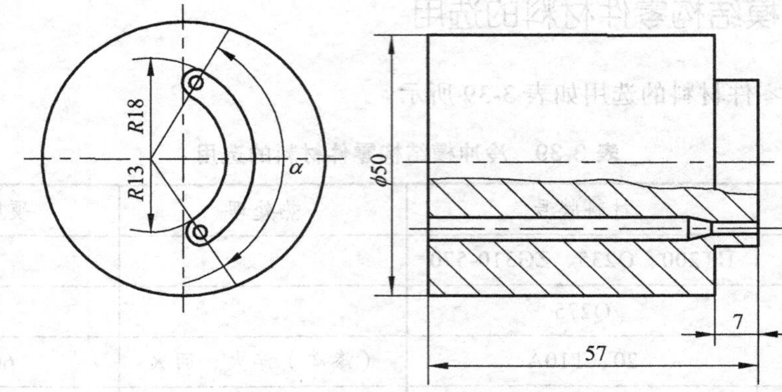

图 3-14　光栏片上冲模简图

光栏片冲模如用碳素工具钢制造，淬火时易产生变形超差；若选用 Cr12 型钢，则由于加工困难，不便于制造。考虑到 CrWMn 钢具有良好的耐磨性和淬透性且淬火变形小，故选用 CrWMn 钢较为合适。

该模具的制造工艺路线为：毛坯→球化退火→粗加工→调质→半精加工→去应力退火→精加工→淬火、回火→精磨。其热处理工艺如下：

（1）球化退火：800 °C×（3 ~ 4 h），炉冷至 720 °C，720 °C×（2 ~ 3 h），炉冷至 500 °C 以下炉空冷。

（2）调质：830 °C×15 min，油淬，（700 ~ 720 °C）×（1 ~ 2 h）回火，硬度为 22 ~ 26 HRC。

（3）去应力退火：640 °C×4 h，炉冷至低于 300 °C 出炉。

（4）淬火、回火：该工艺为模具的最终热处理，其工艺如图 3-15 所示，淬火后硬度为 61 ~ 64 HRC，α 角变形 2′ ~ 6′，可达到设计要求。

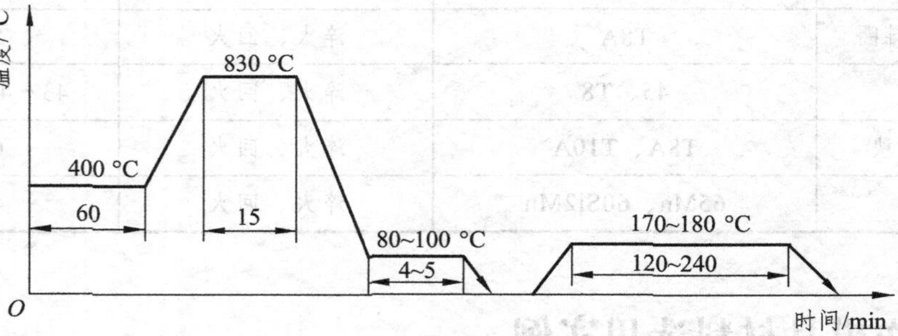

图 3-15　CrWMn 钢光栏片上冲模淬火、回火工艺

模具粗加工后的调质处理可细化组织，改善碳化物的弥散度和分布状态，提高淬火硬度和耐磨性。按上述工艺处理的冲模，使用寿命一次可连续冲制 1.2 万片以上，且冲制的光栏片端面的表面粗糙度低，同时可增加模具的修复次数。

2. T10 钢冲裁凹模的热处理

模具尺寸如图 3-16 所示，硬度要求为 60 ~ 64 HRC。

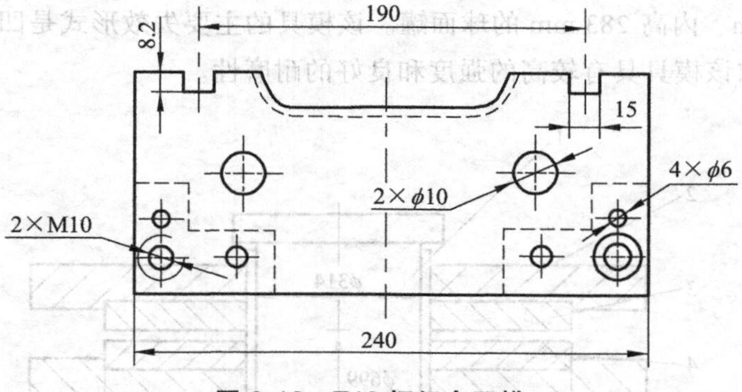

图 3-16　T10 钢组合凹模

该模具是组合凹模，其中 15 mm 处为配合尺寸，要求变形小。因该模具孔型多、尺寸较大，采用 T10 钢淬火变形开裂可能性较大，要保证 T10 钢淬火变形小，常采用碱浴分级淬火。而该模具厚度为 32 mm，超过了 T10 钢碱淬的临界尺寸，不能淬透；若采用水淬油冷，销钉孔处又易开裂。现采用预冷后三液淬火，其工艺曲线如图 3-17 所示。

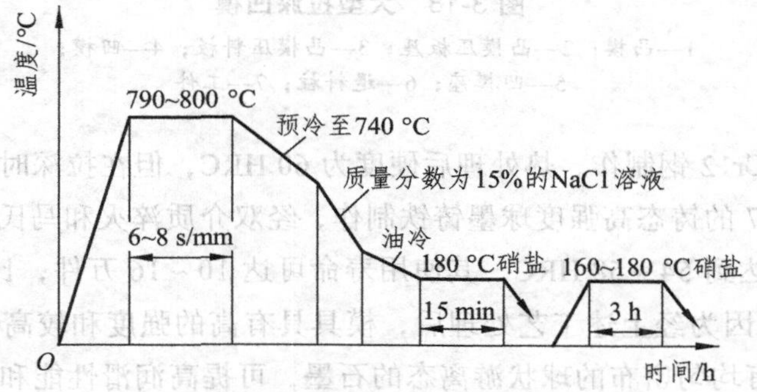

图 3-17　T10 钢组合凹模的淬火工艺曲线

采取的热处理工艺措施如下：

（1）延迟淬火。T10 钢模具淬火过程中，热应力起主要作用。延迟淬火是减少热应力的措施之一，其操作方法是模具钢奥氏体化后先空冷，使其冷却到 740 °C 左右然后进行淬火。740 °C 左右时，模具呈樱红色，表面挂白盐。

（2）由于冲裁模要求刃口部位硬度高，其余非工作部位硬度要求不太高，因此可采用仅使刃口局部淬硬的方法，以减小模具淬火后的比容变化，这样有利于防止淬火变形。操作时淬火水冷时间按 0.16 ~ 0.12 s/mm 计算，比正常水冷时间短 1/3 ~ 1/2。

（3）由于模具直角处有 ϕ6 mm 的销钉孔，此处壁薄，淬火时易淬透开裂。一般来说，销钉孔并不要求太硬，淬硬了易产生缩孔，使配合的销钉孔装配时发生困难，采用在两个直角处包扎铁皮，可以减缓包扎处的冷却速度。

（4）采用石棉绳和耐火泥等将 M10 螺钉孔堵塞，ϕ12 mm 的孔对减小截面尺寸有利，可均衡冷速，用以改变配合面的冷却状态。ϕ12 mm 的孔不堵塞，经淬火后变形小，符合公差要求。

3. 大型拉深凹模的热处理

该模具的外形尺寸如图 3-18 所示，装在 200 t 摩擦压力机上，将 3 mm 厚平钢板一次拉深成内径 ϕ314 mm、内高 283 mm 的球面罐。该模具的主要失效形式是凹模模面及半圆处的磨损。因此，要求该模具具有较高的强度和良好的耐磨性。

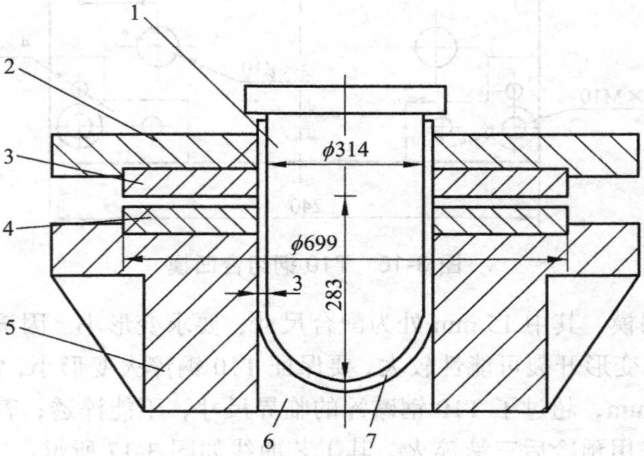

图 3-18 大型拉深凹模

1—凸模；2—凸模压板座；3—凸模压料板；4—凹模；5—凹模座；6—退料柱；7—工件

该模具曾采用 Cr12 钢制作，热处理后硬度为 60 HRC，但在拉深时发现有黏料现象，后改用牌号为 QT500-7 的铸态高强度球墨铸铁制作，经双介质淬火和马氏体分级等温处理（见图 3-19）后，硬度达到 54 ~ 58 HRC，其使用寿命可达 10 ~ 16 万件，比 Cr12 钢制作的模具高 10 倍以上。这是因为经上述工艺处理后，模具具有高的强度和较高的韧性；同时，铸态的球墨铸铁中存在有均匀密布的球状游离态的石墨，可提高润滑性能和耐磨性，从而使模具寿命达到很高水平。

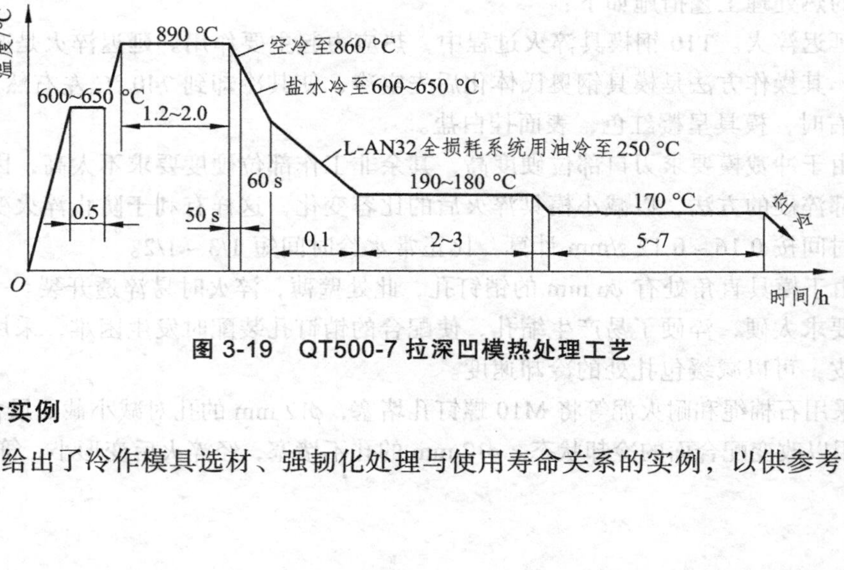

图 3-19 QT500-7 拉深凹模热处理工艺

4. 综合实例

表 3-40 给出了冷作模具选材、强韧化处理与使用寿命关系的实例，以供参考。

表 3-40 冷作模具选材、热处理与使用寿命

模 具	材 料	原热处理工艺	失效方式与寿命	改进的热处理工艺	失效方式与寿命
冲头	W18Cr4V	1 260 °C淬火，560 °C回火3次，63～65 HRC	<2 000 件，脆断	改用 W9MoCr4V 钢，1 180～1 190 °C 淬火，550～560 °C 回火 2 次，58～60 HRC	1.6 万件
手表零件冷冲模	CrWMn	常规工艺处理	脆断	670～700 °C 循环加热淬火，180～200 °C 回火	寿命提高 3～4 倍
轴承保持架冷冲模	GCr15	球化退火，840 °C 淬火，150～160 °C 回火	2 000 件，脆断	1 040～1 050 °C 正火，820 °C 4 次循环加热淬火，150～160 °C 回火	1.4 万件，疲劳断裂
冷挤压冲头	Cr12	球化退火，980 °C 淬火，280 °C 回火	7 000～8 000 件，脆断、掉块、崩刃	调质，980 °C 淬火，280 °C 回火	10 万件
高速钢锯条冲模	W9Mo3Cr4V	球化退火，1 100 °C 淬火，200 °C 回火，63～64 HRC	3 万～5 万件	锻后余热球化退火，1 200 °C 淬火，350 °C 和 550 °C 回火 2 次，	27 万件
冷挤压凸模	W18Cr4V W6Mo5Cr4V Cr12MoV	常规工艺处理	300～500 件，脆断	改用基体钢，常规热处理工艺	5 000 件
冷冲模	Cr12	960 °C 淬火，200 °C 回火，60～62 HRC	4 000～5 000 件，断裂	改用 W18Cr4V 钢，1 180 °C 淬火，580 °C 回火两次，60～62 HRC	>10 万件
十字槽冷冲模	T10A	常规工艺处理，58～60 HRC	6 000～7 000 件，折断	改用 9SiCr 钢，900 °C 加热，270 °C 等温淬火，57～59 HRC	73 万件
冷镦模	① Cr12MoV ② 9CrSi	① 980 °C 淬火，低温回火，64～67 HRC ② 870 °C 淬火，低温回火，62～65 HRC	① 5 000～9 000 件，崩裂 ② 2 000～4 000 件，崩裂	① 1 030 °C 淬火，200 °C 回火，62 HRC ② 两次淬火，两次回火	① 1.5 万～4 万件 ② 0.6 万～1.7 万件磨损，崩裂
精密冷冲凹模	Cr12	常规工艺处理	淬火变形大、崩刃、软塌	改用 8CrMnWMoVS 钢，调质，气体氮碳共渗	满足使用要求
冷冲槽钢切断刀片	Cr12	常规工艺处理	2 000～3 000 件	改用 7CrSiMnMoV 钢，900 °C 淬火，低温回火，59～62 HRC	5 000～6 000 件
丝杠轧丝模	Cr12MoV	常规工艺处理	200～300 件	高温调质，1 020 °C 淬火，400 °C 回火	2 000 件
孔冲	W18Cr4V	常规工艺处理	10 000 件左右，断裂和磨损	改用 W9Mo3Cr4V 钢、1 120～1 200 °C 真空淬火，深冷处理，540～580 °C 回火 2 次	>10 万件
精密冷冲模	Cr12MoV	常规工艺处理	10 万件，断裂	改用 GM 钢，1 120 °C 淬火，540 °C 回火 2 次，64～66 HRC	300 万件
切边模	9SiCr	58～60 HRC	6 000 件，崩刃或烧口	改用 GD 钢，900 °C 淬火，180 °C 回火，62 HRC	5 万件，崩刃

复习思考题

1. 冷作模具钢应具有哪些特性？

2. 简述低淬透性冷作模具钢与低变形冷作模具钢在性能、应用上的区别。

3. 简述 Cr12 冷作模具钢与高速钢在性能上有何不同。

4. 什么是基体钢？与高速钢相比，其成分、性能特点有什么不同？

5. 简述 GD 钢、GM 钢、ER5 钢的成分、性能和应用特点。

6. CH-1 钢具有哪些特性？为什么说该钢适用于火焰加热淬火？用于何种要求的冷作模具钢？

7. 简述 YG 类硬质合金与 DT 钢结硬质合金在性能、应用上的区别。

8. 简述冲裁模热处理工艺的特点。

9. 简述冷挤压模与冷镦模在工作条件、失效形式、性能要求、材料选用上的不同。

10. 拉深模的基本性能要求有哪些？如何预防拉深模的拉毛磨损和黏附现象发生？

11. 冷作模具的强韧化处理工艺有哪些？说明其工艺特点。

4 热作模具材料及热处理工艺

热作模具主要指用于热变形加工和压力铸造的模具。其工作特点是，在外力作用下，使加热的固体金属材料产生一定的塑性变形，或者使高温的液态金属铸造成型，从而获得各种所需形状的零件或精密毛坯。

4.1 热作模具的失效形式与材料的性能要求

根据工作条件，热作模具可分为热锻模、热挤压模、压铸模和热冲裁模等几类。热锻模的工作温度在 300～400 °C，热挤压模的工作温度在 500～800 °C，压铸模在压铸黑色金属时工作温度可达 1 000 °C 以上。因此，热作模具在工作中既有力的作用又有温度的作用，从而使模具的工作条件复杂化，对模具材料的失效分析也更加重要。

热作模具的主要失效形式可分为下列几种类型。

1. 变形失效

变形失效是指热作模具频繁与高温毛坯工件接触使用后出现软化，因发生塑性变形超差而引起的失效。在黑色金属成型过程中，当模具表面软化后硬度低于 30 HRC 时模具容易发生变形而堆塌。工作载荷大、工作温度高的热挤压模具和锻压模具的凸起部位易产生此类失效。

2. 热疲劳失效

热疲劳失效是指热作模具在工作过程中因周而复始地反复被加热和冷却，使模具表面产生网状裂纹而引起的失效。在热作模具工作过程中，工作温差大、反复被快速加热又被快速冷却的压铸模具和锻压模具等易产生热疲劳裂纹。热疲劳裂纹属于表面裂纹，一般较浅，在应力作用下向内部扩展，最终导致模具产生断裂失效。

3. 断裂失效

断裂失效是指材料本身承载能力不足以抵抗工作载荷而出现失稳态下的材料开裂，包括脆性断裂、韧性断裂、疲劳断裂和腐蚀断裂。热作模具断裂（特别是早期断裂），与工作载荷过大、选材和材料处理不当及应力集中等有关。挤压冲头及模具凸起部位根部易出现断裂失效。

4. 热磨损失效

热磨损失效是指模具工作部位与被加工材料之间相对运动产生摩擦损耗，而引起的模具尺寸超差和表面损伤失效。模具工作温度、材料的硬度、合金元素及润滑条件等都影响模具磨损。相对运动剧烈和凸起部位的模具易产生磨损失效，如热挤压冲头等。

4.2 热作模具对材料性能的要求及其成分特点

4.2.1 热作模具的使用性能要求

为了满足热作模具的使用要求，热作模具材料应具备下列基本特性：

（1）较高的高温强度和良好的韧性。

热作模具，尤其是热锻模，工作时承受很大的冲击力，而且冲击频率很高，如果模具没有高的强度和良好的韧性，就容易开裂。

（2）良好的耐磨性能。

由于热作模具工作时除受到毛坯变形时产生的摩擦磨损外，还受到高温氧化腐蚀和氧化铁屑的研磨，所以需要热作模具材料有较高的硬度和抗黏附性。

（3）高的热稳定性。

热稳定性是指钢材在高温下可长时间保持其常温力学性能的能力。热作模具工作时，接触的是炽热的金属，甚至是液态金属，所以模具表面温度很高，一般为 400 ~ 700 °C。这就要求热作模具材料在高温下不发生软化，具有高的热稳定性，否则模具就会发生塑性变形，造成堆塌而失效。

（4）优良的耐热疲劳性。

热作模具的工作特点是反复受热受冷，模具一时受热膨胀，一时又冷却收缩，形成很大的热应力，而且这种热应力是方向相反、交替产生的。在反复热应力作用下，模具表面会形成网状裂纹（龟裂），这种现象称为热疲劳。模具因热疲劳而过早断裂，是热作模具失效的主要原因之一。所以热作模具材料必须要有良好的热疲劳性。

（5）高淬透性。

热作模具一般尺寸比较大，尤其是热锻模，为了使整个模具截面的力学性能均匀，这就要求热作模具钢有高的淬透性。

（6）良好的导热性。

为了使模具不至于积热过多，导致力学性能下降，要尽可能降低模面的温度，减小模具内部的温差，这就要求热作模具材料要有良好的导热性能。

4.2.2 热作模具的工艺性能要求

热作模具从原材料到制成模具要经过各种冷热加工，一般模具的加工费用占模具成本的一半左右。因此，模具材料工艺性能的好坏，将直接影响模具材料的推广和应用。

（1）锻造成型性。各种热作模具材料在相同的热加工工艺参数下，材料的高温强度越低，伸长率越大，则该钢的锻造变形能力越好，成型性也越好。

（2）淬火工艺性。大部分热作模具工作零件都需要经过淬火等热处理，模具材料淬火工艺性的好坏直接影响模具材料的使用性能和使用寿命。

（3）切削工艺性。在模具的加工费用中，切削加工费用约占加工费用的90%，所以热作模具钢的切削加工的难易程度将直接影响这种钢的推广应用。

4.2.3 热作模具的成分特点

热作模具钢的成分与合金调质钢相似，一般碳的质量分数小于0.5%（个别钢种碳的质量分数可达0.6%~0.7%），并含有Cr、Mn、Ni、Si等合金元素。碳含量低可保证其具有足够的韧性。合金元素的作用是强化铁素体和增加淬透性。为了防止回火脆性，还加入Mo、W等元素；为了提高高温强度和热疲劳抗力，需增加相当数量的Cr、W及Si。这些元素提高了相变温度，使模具表面在交替受热与冷却过程中不致发生相变而发生较大的容积变化，从而提高其抗热疲劳的能力。另外，W、Mo、V等在回火时以碳化物形式析出而产生二次硬化，使热作模具钢在较高温度下仍保持相当高的硬度，这是热作模具钢正常工作的重要条件之一。

4.3 热作模具钢及热处理工艺

4.3.1 热作模具钢的分类

根据工作温度、性能和用途可将通用热作模具钢进行分类。

（1）按用途分：① 锤锻模和大型机锻模用钢；② 中、小机锻模和热挤压模用钢；③ 压铸模用钢；④ 热冲裁模用钢。

（2）按工作温度分：① 低耐热钢（350~370 °C）；② 中耐热钢（550~600 °C）；③ 高耐热钢（580~650 °C）。

（3）按性能分：① 高韧性热作模具钢；② 高热强热作模具钢；③ 高耐磨热作模具钢。

上述3种分类法之间的关系如表4-1所示。

表4-1 热作模具钢的分类

按用途分	按性能分	按工作温度分	钢号
锤锻模和大型机锻模用钢	高韧性热作模具钢	低耐热模具钢（350~370 °C）	5CrMnMo、5CrNiMo、4CrMnSiMoV、5Cr2NiMoVSi、5SiMnMoV
中、小机锻模和热挤压模用钢	高热强热作模具钢	中耐热模具钢（550~600 °C）	4Cr5MoSiV、4Cr5MoSiV1、4Cr5W2SiV
		高耐热模具钢（580~650 °C）	3Si2W8V、3Cr3Mo3W2V、4Cr3Mo3SiV、5Cr4W5Mo2V、5Cr4Mo3SiMnVAl
压铸模用钢	高热强热作模具钢	中耐热模具钢	4Cr5MoSiV1、4Cr5W2SiV
		高耐热模具钢	3Cr2W8V、3Cr3Mo3W2V
热冲裁模用钢	高耐磨热作模具钢	低耐热模具钢	8Cr3、7Cr3

4.3.2 常用热作模具钢及其热处理工艺

下面将按照用途分类法介绍各类热作模具钢及其热处理工艺。

1. 锤锻模及大型机锻模用钢与热处理

（1）锤锻模和大型机锻模的工作条件及性能要求。

锤锻模在工作中受到高温、高压、高冲击负荷的作用。模具型腔与高温金属坯料（钢铁坯料为 1 000 ~ 1 200 °C）相接触产生强烈的摩擦，使模具本身温度高达 400 ~ 600 °C）；锻件取出后，模腔要用水、油或压缩空气进行冷却，如此受到反复加热和冷却，使模具表面产生较大的热应力。与锤锻模相比，大型机锻模的工作条件略有不同，如成型速度较慢，单件滞模时间长，但是模腔表面温升比锤锻模还要高。

锤锻模和大型机锻模的主要失效形式是氧化磨损、断裂、热疲劳裂纹等。

因此，锤锻模和大型机锻模都应具有较高的高温强度和韧性、良好的耐磨性和耐热疲劳性。对于大型机锻模更易发生由于芯部韧性不足而造成断裂失效，所以必须保证模具芯部的高韧性；对于锤锻模，燕尾处常因韧性不足而开裂，所以燕尾处的硬度要求比模面低。此外，锤锻模和大型机锻模的尺寸比较大，还应具有高的淬透性。

（2）锤锻模及大型机锻模用钢。

① 常用钢种及化学成分。此类钢具有中碳、多元合金化特点。常用的传统钢种有 5CrNiMo、5CrMnMo 钢；近年来研制的新钢种有 4CrMnSiMoV、5Cr2NiMoVSi、45Cr2NiMoVSi 等。表 4-2 是几种典型锤锻模及大型机锻模用钢的化学成分。

表 4-2 典型锤锻模及大型机锻模用钢的化学成分

钢号	化学成分（质量分数，%）								
	C	Si	Mn	P	S	Cr	Ni	Mo	V
5CrMnMo	0.5 ~ 0.60	0.25 ~ 0.60	1.20 ~ 1.60	≤0.030	≤0.030	0.60 ~ 0.90	—	0.15 ~ 0.30	—
5CrNiMo	0.5 ~ 0.60	≤0.40	0.50 ~ 0.80	≤0.030	≤0.030	0.50 ~ 0.80	1.40 ~ 1.80	0.15 ~ 0.30	—
4CrMnSiMoV	0.35 ~ 0.45	0.80 ~ 1.10	0.80 ~ 1.10	≤0.030	≤0.030	1.30 ~ 1.50	—	0.40 ~ 0.60	0.20 ~ 0.40
45Cr2NiMoVSi	0.40 ~ 0.47	0.50 ~ 0.80	0.40 ~ 0.60	≤0.030	≤0.030	1.54 ~ 2.00	0.80 ~ 1.20	0.80 ~ 1.20	0.30 ~ 0.50

② 典型钢种的性能特点。5CrNiMo 钢以良好的综合力学性能和良好的淬透性而著称。淬火后，经 500 ~ 600 °C 回火，硬度达 40 ~ 48 HRC，抗拉强度达 1 200 ~ 1 400 MPa，冲击韧度为 40 ~ 70 J/cm^2，而且第二类回火脆性不敏感。该钢的不足之处是工作温度稍低，锻坯中易产生白点。5CrNiMo 钢适合于制造形状复杂、冲击负荷大、要求高强度和较高韧性的中大型锤锻模。

5CrMnMo 钢的性能与 5CrNiMo 钢相比，它们的硬度和强度相当，但在相同硬度下，5CrMnMo 钢的冲击韧度低于 5CrNiMo 钢。5CrMnMo 钢的淬透性、耐热疲劳性也稍差，并且热处理时过热倾向较大。因此，5CrMnMo 钢适合于制造受力较轻的中小型锤锻模。

4CrMnSiMoV 钢的强度、热稳定性、淬透性均高于 5CrNiMo 钢，冲击韧度与 5CrNiMo 钢接近，可用于制造中、大型或特大型锤锻模及机锻模。

45Cr2NiMoVSi 钢是新型热作模具钢，成分与 5CrNiMo 相比，碳含量稍低，提高了 Cr 和 Mo 的含量，并加入了适量的 V 和 Si，回火时析出 M_2C、MC 型碳化物，使钢具有二次硬化效应。该钢与 5CrNiMo 钢相比，在使用性能方面有如下优点：① 淬透性明显提高；② 热稳定性比 5CrNiMo 钢高 150 °C；③ 具有高的强韧性；④ 抗热疲劳和热磨损性能较高，具有优良的使用性能。

从加工方面看，热加工时锻造及热处理的加热温度范围宽，开裂倾向小，锻造工艺及热处理工艺易于掌握，冷加工时较 5CrNiMo 钢切削略困难些。45Cr2NiMoVSi 钢适用于制造高强韧性大截面锤锻模和机锻模用钢，其模具使用寿命较目前应用的国内外锤锻模钢种均有明显提高。

5Cr2NiMoVSi 钢与 45Cr2NiMoVSi 钢仅碳的质量分数差 0.05%，所以，两者的力学性能、工艺性能相近，同样适合制作大截面锤锻模和大型机锻模用钢。

③ 锤锻模与大型机锻模的选材。根据模具的工作条件、失效形式和性能要求，一般中、小型（< 3 t）锤锻模选用 5CrMnMo 钢；大型（> 3 t）及复杂锤锻模选用 5CrNiMo、4CrMnSiMoV 钢；大型、重载锤锻模及机锻模选用 5Cr2NiMoVSi、45Cr2NiMoVSi 和 4Cr5MoSiV1 等钢。表 4-3 列出了锤锻模与大型压力机锻模的选材情况，可供参考。

表 4-3 锤锻模及大型压力机锻模材料的选用

类型	工作条件	选用材料		热处理后硬度要求/HRC	
		简单模具	复杂模具	模膛表面	燕尾部分
锤锻模	小型（h < 275 mm）	5CrMnMo、5SiMnMoV	4Cr5MoSiV、4Cr5MoSiV1、4Cr5W2VSi	42 ~ 47	35 ~ 39
	中型（h = 275 ~ 325 mm）			39 ~ 44	32 ~ 37
	大型（h = 325 ~ 375 mm）	5CrNiMo、5Cr2NiMoVSi、4CrMnSiMoV、45Cr2NiMoVSi		35 ~ 39	30 ~ 35
	特大型（h = 375 ~ 500mm）			32 ~ 37	28 ~ 35
锻模镶块	—	4Cr5MoSiV1、3Cr2W8V、4CrMnSiMoV、4Cr3Mo3W2V		—	28 ~ 35
堆焊锻模	—	5Cr2MnMo		32 ~ 37	—
压力机锻模	大尺寸	5CrNiMo、5Cr2NiMoVSi		42 ~ 48	—
高速锻模	—	5CrNiMo、4CrMnSiMoV	4CrMnSiMoV1、3Cr2W8V、4Cr5W2VSi	45 ~ 54	—

（3）锤锻模及大型机锻模的热处理。

该类模具的制造工艺路线一般为：下料→锻造→退火→机械粗加工→探伤→机械加工或电火花加工成型→淬火、回火→钳修→抛光。

各热加工工序的工艺方法及特点介绍如下：

① 锻造锤锻模及大型机锻模用钢出厂时，虽然是经轧制和退火的钢材，但因锻模的尺寸

较大，而且大型轧材又具有各向异性，为了使其性能尽可能均匀并获得所需要的形状，必须进行锻造。锻造加热温度为 1 100 ~ 1 150 °C，始锻温度为 1 050 ~ 1 100 °C，终锻温度为 800 ~ 850 °C，锻后应缓冷至 150 ~ 200 °C 后再空冷，以防止产生白点。

② 退火锻后模块内存在较大的内应力和组织不均匀性，必须进行退火，典型锤锻模及大型机锻模具钢的退火工艺如表 4-4 所示。退火后的组织由珠光体和铁素体组成，硬度为 197 ~ 241 HBW。

表 4-4　典型锤锻模及大型机锻模具钢的退火工艺

钢　号	加热温度/°C	保温时间/h	冷却方式
5CrNiMo	780 ~ 800	4 ~ 6	随炉缓冷至 500 °C，出炉空冷
5CrMnMo	850 ~ 870		
4CrMnSiMoV	840 ~ 860	2 ~ 4	炉冷至 700 ~ 720 °C 等温 4 ~ 6 h，再随炉冷至 500 °C 以下出炉空冷
45Cr2NiMoVSi	850 ~ 870	3 ~ 4	随炉缓冷至 500 °C 出炉空冷

锤锻模因磨损造成尺寸超差，可以翻新。为了便于进行加工，需翻新的锻模应进行软化处理，软化处理工艺以常规退火为宜，但应注意对燕尾的保护，以防止氧化脱碳。

（4）淬火与回火锻模尺寸大，大多采用箱式电阻炉加热，为了防止模具表面氧化和脱碳，应将模面向下放入装有保护剂（铸铁屑和木炭等）的铁盘中，然后用黄泥或耐火泥密封，燕尾部分也采用保护剂及黄泥封盖加以保护。大型或形状复杂的锻模淬火加热时一般需经一次预热，预热温度为 550 ~ 600 °C。

锻模的淬火加热温度选择，主要是考虑保证模具获得较高的冲击韧度，具体推荐淬火温度：5CrMnMo 钢为 830 ~ 850 °C，5CrNiMo 钢为 830 ~ 860 °C，4CrMnSiMoV 钢为 860 ~ 880 °C，45Cr2NiMoVSi 钢为 960 ~ 980 °C，5Cr2NiMoVSi 为 960 ~ 1 010 °C。

淬火加热保温时间的确定，是以入炉到温（仪表开始断电控制）或观察模具的加热颜色与炉内颜色一致时开始计算。一般情况下，箱式电阻炉加热系数为 2 ~ 3 min/mm，盐浴炉加热系数为 1 min/mm。

锻模的淬火可以采用多种冷却方式，如油淬、分级淬火或等温淬火。其中最常用的是油淬。为了减少淬火变形，生产中常在出炉后先在空气中预冷至 750 ~ 780 °C 再淬火。淬火时，必须防止应力过大而开裂，为此应尽量使油循环（油温为 40 ~ 70 °C），特别是要控制锻模的出油温度在 150 ~ 200 °C，此时表面油渍只冒青烟而不着火，出油温度也可根据在油中的停留时间来控制，一般小型锻模为 15 ~ 20 min，中型锻模为 25 ~ 45 min，大型锻模为 45 ~ 70 min，模具出油后应尽快回火，不允许冷到室温再回火，否则易开裂。分级淬火主要适用于小型锻模，可将工件预冷后淬入 160 ~ 180 °C 硝盐，停留适当时间（按 0.3 ~ 0.5 min/mm 计算）后取出立刻回火。

锻模的回火包括模腔和燕尾两个部分的回火，由于燕尾直接与锤头接触，它的硬度不应高于锤头，此外，燕尾的根部易引起应力集中，因而硬度也不宜太高，通常，燕尾的硬度应低于模面的硬度。各类锤锻模的硬度选择范围如表 4-5 所示。

表 4-5 各类锤锻模的硬度选择范围

模具类型	模面硬度（新规定）/HRC	模面硬度（旧规定）/HRC	燕尾硬度/HRC
小型	42～39	47～42	35.0～39.5
中型	42～39	42～39	32.5～37.0
大型	40～35	40～35	30.5～35.0
特大型	37～34	37～34	27.5～35.0

锻模的回火温度，应根据硬度要求来确定。部分锤锻模用钢回火温度与硬度的关系如表 4-6 所示。

表 4-6 锤锻模用钢回火温度与硬度的关系

牌 号	回火温度/°C	回火硬度/HRC	牌 号	回火温度/°C	回火硬度/HRC
5CrMnMo	490～510	47～44	5CrNiW	590～610	37～33
	520～540	42～38		670～690	30～25
	560～580	37～34	5SiMnMoV	490～510	46～40
4SiMnMoV	560～590	47～42		600～620	39～35
	590～620	42～37	5CrNiTi	475～485	45～41
	630～660	37～32		485～510	43～39
4CrMnSiMoV	520～580	49～44		600～620	37～33
	580～630	44～41	45Cr2NiMoVSi	630～670	40～42
	610～650	42～38			
	620～660	40～37			
5CrNiW	520～540	45～41	5Cr2NiMoVSi	500	50.5
				550	49.5
	530～550	43～49		600	48.7
				650	43.0

锻模的回火次数一般为两次，每次 2 h。第二次回火温度应低于第一次回火温度。为了防止第二类回火脆性，回火后采用油冷，在 100 °C 出油。

燕尾可采用单独加热回火和自行回火的方法。单独加热回火是在保证模腔达到要求硬度后，再用专用电炉或盐浴炉来对燕尾部分单独进行回火加热。自行回火方法是将淬火加热后的锻模整体淬入油中一段时间后把燕尾提出油面停留一段时间，依靠其本身的热量使温度回升，如此反复操作 3～5 次即可。

2. 热挤压模及中、小型机锻模用钢与热处理

（1）热挤压模及中、小型机锻模的工作条件与性能要求。

热挤压模工作时，受到压应力、弯曲应力和脱模的拉应力作用。所受的冲击载荷比锤锻模小，但与炽热金属接触的时间比锤锻模长，工作温度较锤锻模高，挤压不同金属时温升也不同，最高可达 800～850 °C。因此，急冷急热造成的热应力也大于锤锻模，摩擦也更为剧烈。所以，热挤压模的主要失效形式是模腔过量塑性变形、反复加热冷却而引起的疲劳破坏、热磨损及表面氧化腐蚀。

中、小型机锻模的工作条件与热挤压模相近，所不同的是所受到的冲击载荷比热挤压模大。因此，中、小型机锻模的失效形式也与热挤压模相近。因而，要求热挤压模及中、小型机锻模具有较锤锻模更高的耐热疲劳性、热稳定性和良好的耐磨性，以及较高的高温强度和足够的韧性。

（2）热挤压模及中、小型机锻模用钢。

常用的热挤压模具及中、小型机锻模用钢为钨系热作模具钢和铬系热作模具钢，还有铬钼系、钨钼系和铬钼钨系等新型的热作模具钢以及基体钢等。

① 钨系热作模具钢。这类钢的代表性钢种为传统的 3Cr2W8V 钢，由于其耐热疲劳性较差，在热挤压模方面的应用将会逐渐减少，但在压铸模方面的应用较广。

② 铬系热作模具钢。铬系热作模具钢的代表性钢种有 4Cr5MoSiV、4Cr5MoSiV1 和 4Cr5W2VSi。前两种相当于美国的 H11 和 H13 钢，4Cr5W2VSi 钢则由 4Cr5MoSiV 钢演变而来，由 $\omega_W = 2\%$ 代替 $\omega_{Mo} = 1\%$。这 3 种钢碳的质量分数均为 5% 左右，属于中碳中铬钢。铬系热作模具钢的化学成分如表 4-7 所示。

表 4-7　铬系热作模具钢化学成分

钢　号	化学成分（质量分数，%）							
	C	Si	Mn	P	S	Cr	W	Mo	V
4Cr5MoSiV	0.33 ~ 0.43	0.80 ~ 1.20	0.20 ~ 0.50	≤0.030	≤0.030	4.75 ~ 5.50		1.10 ~ 1.65	0.30 ~ 0.60
4Cr5MoSiV1	0.32 ~ 0.45	0.80 ~ 1.20	0.20 ~ 0.50	≤0.030	≤0.030	4.75 ~ 5.50		1.10 ~ 1.75	0.80 ~ 1.20
4Cr5W2VSi	0.32 ~ 0.42	0.80 ~ 1.20	≤0.40	≤0.030	≤0.030	4.75 ~ 5.50	1.60 ~ 2.40		0.60 ~ 1.00

这类钢的共同特性如下：

a. 因含铬量较多，具有较高的淬透性，如厚度为 150 mm 的 4Cr5MoSiV1 钢件可油冷淬透，而且这类钢的过冷奥氏体在 400 ~ 600 °C 具有很高的稳定性，可长时间保温而不转变，因而适合于分级淬火。

b. 耐热疲劳性较好，这是因为铬、硅能提高钢的抗氧化性，所以铬系钢较能适应急冷急热的工作条件。

c. 回火稳定性较高，如 4Cr5MoSiV、4Cr5W2VSi 钢的淬火硬度分别在 1 070 °C 和 1 200 °C 左右淬火时达到最大值，然后回火，其硬度随回火温度升高而几乎保持不变，并在 500 ~ 550 °C 出现二次硬化峰值，以后则迅速下降，如图 4-1 所示。

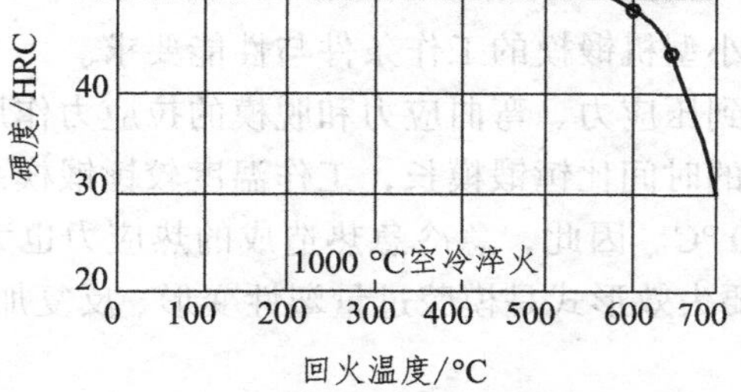

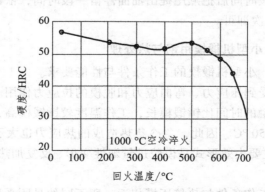

图 4-1　4Cr5MoSiV 钢回火温度与硬度的关系

d. 与钨系热作模具钢相比，有较高的韧性，但高温强度不足，耐热性稍差，工作温度一般不超过 650 °C。

e. 这类钢所含碳化物种类及数量大致相同，因而过热敏感性也大致相同。

f. 铬系热作模具钢热塑性较高，变形抗力小，锻造开裂倾向性较小，但锻造温度范围稍窄，必须严格控制锻打温度。

③ 铬钼系钢及铬钨钼系钢。这类钢包括 4Cr3Mo3SiV（H10）、3Cr3Mo3VNb（HM3）、3Cr3Mo3W2V（HM1）、5Cr4W5Mo2V（RM2）、4Cr3Mo3W4VNb（GR）等钢。

下面简要介绍部分钢种的性能特点与应用。

a. 3Cr3Mo3VNb（HM3）钢。该钢特点是含碳量较低，并加入少量铌，故具有较高的耐热疲劳性和强韧性，回火稳定性好，其他工艺性能也均优异，适用于制造强烈水冷的压力机成型模、辊锻模、小型锤锻模等，其工作寿命明显高于 5CrNiMo、4Cr5W2VSi、3Cr2W8V 钢制造的模具。

b. 5Cr4W5Mo2V（RM2）钢。该钢碳的质量分数为 0.5%左右，合金元素总质量分数为 12%，使用状态含碳化物较多，其中以 M_6C 为主。因此，该钢具有较高的回火抗力及热稳定性，在硬度 50 HRC 时的热稳定性可达 700 °C，抗磨损性能也好，适用于制作小截面热挤、高速锻模及辊锻模具。

c. 4Cr3Mo3W4VNb（GR）钢。该钢是在钨钼系热作模具钢中加入少量铌，而获得高回火稳定性和高的热强性。其耐热疲劳性、热稳定性、耐磨性及高温强度明显高于 3Cr2W8V 钢。该钢经 1 160 ~ 1 200 °C 油淬，630 ~ 600 °C 回火 2 次，每次 1 h 的处理，其硬度可达 50 ~ 55 HRC，抗拉强度可达 1 880 MPa，冲击韧度为 17 J/cm²。该钢的淬透性、冷热加工性均好，适用于制造热镦、精锻、高速锻等热锻模具。

d. 基体钢。基体钢中有多个钢种可以兼作冷作模具用钢和热作模具用钢，如 6W8Cr4VTi（LM1）、6Cr5Mo3W2VSiTi（LM2）和 6Cr4Mo3Ni2WV（CG2）等，其中 5Cr4Mo3SiMnVAl（012Al）钢较多地用于热挤压模具，如轴承热挤压冲头、传动杆热镦模等，其使用寿命比传统热作模具钢 3Cr2W8V 有较大幅度的提高。表 4-8 给出了部分基体钢和热作模具钢在不同温度下的力学性能，以供选材时参考。

表 4-8　部分基体钢和热作模具钢的力学性能比较

钢　号	抗拉强度/MPa			伸长率/%		断面收缩率/%		冲击韧度/J·cm⁻²		硬度/HV			
	20 °C	600 °C	700 °C	600 °C	700 °C	600 °C	700 °C	20 °C	600 °C	300 °C	600 °C	700 °C	750 °C
6W8Cr4VTi（LM1）	2 430	1 530	794	7.3	11.3	15.0	30.6	20	30	586	440	154	96
6CrMo3W2VSiTi（LM2）	2 300	1 480	698	6.7	10.4	17.8	38.3	30.8	20	643	439	124	78
3Cr2W8V	1 620	1 050	450	10.8	17.0	53.3	80.7	28.7	36.0	396	313	155	97.8
5Cr4Mo3SiMnVAl（012Al）	1 920	1 370	696	7.6	9.5	44.8	55.0	24.7	32.6	376	296	146	115
6Cr4Mo3Ni2WV（CG-2）	1 530	820	467	12.5	18.0	56.8	82.0	25.0	39.0	391	269	143	119
4Cr3Mo2W4VTiNb（GR）	1 850	1 180	743	6.6	7.6	36.3	53.8	23.0	31.0	336	293	151	109
3CrMo3W2V（HM1）	1 720	910	575	10.9	20.9	65.8	82.3	28.5	53.4	386	293	144	109

（3）热挤压模具及中、小型机锻模的材料选用。

选择热挤压模具材料时，主要应根据被挤压金属的种类及其挤压温度来决定，另外也应考虑挤压比、挤压速度和润滑条件等因素，以提高模具的使用寿命。表 4-9 为热挤压模具材料的选用情况。中、小型机锻模具的选材主要考虑锻压材料种类和生产批量，同时也要考虑模具尺寸、变形速度和润滑条件对模具寿命的影响。表 4-10 为中、小型机锻模的选材情况，以供具体选用时参考。

表 4-9　热挤压模具材料的选用及硬度要求

被挤金属		钢、钛及镍合金（挤压温度 1 100～1 260 °C）	铜及铜合金（挤压温度 650～1 000 °C）	铝、镁及其合金（挤压温度 350～510 °C）	铅、锌及其合金（挤压温度＜100 °C）
挤压模	凹模（整体模块或嵌镶模块）	4Cr5MoSiV1、4Cr5W2VSi、3Cr2W8V、4Cr4Mo2WVSi、5Cr4W5Mo2V、4Cr3Mo2W4VTiNb、高温合金 43～51 HRC[①]	4Cr5MoSiV1、4CrW2VSi、3Cr2W8V、4Cr4Mo2WVSi、5Cr4W5Mo2V、4Cr3Mo2W4VTiNb、高温合金 40～48 HRC[①]	4Cr5MoSiV1、4Cr5W2VSi 46～50 HRC[①]	45 HRC 16～20 HRC
挤压模	模垫	4Cr5MoSiV1、4Cr5W2VSi 42～46 HRC	5CrMnMo、4Cr5MoSiV1、4Cr5W2VSi、45～48 HRC	5CrMnMo、4Cr5MoSiV1、4Cr5W2VSi、48～52 HRC	不用
挤压模	模座	4Cr5MoSiV、4Cr5MoSiV1、42～46 HRC	5CrMnMo、4Cr5MoSiV、42～46 HRC	5CrMnMo、4Cr5MoSiV、44～50 HRC	不用
挤压筒	内衬套	4Cr5MoSiV1、4Cr5W2VSi、3Cr2W8V、4Cr4Mo2WVSi、5Cr4W5Mo2V、4Cr3Mo2W4VTiNb、高温合金 400～475 HBW	4Cr5MoSiV1、4Cr5W2VSi、3Cr2W8V、4Cr4Mo2WVSi、5Cr4W5Mo2V、4Cr3Mo2W4VTiNb、高温合金 400～475 HBW	4Cr5MoSiV1、4Cr5W2VSi 40～475HBW	不用
挤压筒	外套筒	5CrMnMo、4Cr5MoSiV 300～350 HBW	5CrMnMo、4Cr5MoSiV 300～350 HBW		T10A（退火）
挤压垫		4Cr5MoSiV1、4Cr5W2VSi、3Cr2W8V、4Cr4Mo2WVSi、5Cr4W5Mo2V、4Cr3Mo2W4VTiNb、高温合金 40～44 HRC		4Cr5MoSiV1、4Cr5W2VSi 44～48 HRC	不用
挤压杆		5CrMnMo、4Cr5MoSiV、4Cr5MoSiV1 450～500 HBW			5CrMnMo 450～500 HBW
挤压芯棒（挤压管材用）		4Cr5MoSiV1、4Cr5W2VSi、3Cr2W8V 42～50 HRC	4Cr5MoSiV1、4Cr5W2VSi、3Cr2W8V 40～48 HRC	4Cr5MoSiV1、4Cr5W2VSi 48～52 HRC	45 HRC 16～20 HRC

注：① 对于复杂形状的模具，硬度比表列值应低 4～5 HRC。

表 4-10 中、小型机锻模的选材

被锻材料	生产批量（1×10～1×10⁴件）		生产批量（>1×10⁴件）	
	整体磨具	镶块	整体磨具	镶块
碳钢和低合金钢	5CrNiMo、5CrNiMoV、4Cr5MoSiV 硬度要求：405～433 HBW	4Cr5MoSiV1 硬度要求：405～433 HBW	4Cr5MoSiV、4Cr5MoSiV1 硬度要求：405～433 HBW	4Cr5MoSiV1、5Cr4W5Mo2V 硬度要求：405～433 HBW
不锈钢和耐热钢	5CrNiMo、5CrNiMoV、4Cr5MoSiV 硬度要求：388～429 HBW	4Cr5MoSiV1、5Cr4W5Mo2V 硬度要求：429～448 HBW	4Cr5MoSiV、4Cr5MoSiV1、3Cr3Mo3VNb 硬度要求：429～543 HBW	4Cr5MoSiV1、3Cr3Mo3VNb、4Cr3Mo2W4VTiNb 硬度要求：405～433 HBW
铝、镁合金	5CrNiMo、5CrNiMoV 硬度要求：341～375 HBW	4Cr5MoSiV1 硬度要求：405～433 HBW	5CrNiMoV、4Cr5MoSiV 硬度要求：429～488 HBW	4Cr5MoSiV、4Cr5MoSiV1 硬度要求：429～488 HBW
铜合金	5CrNiMoV、4Cr5MoSiV、4Cr5MoSiV1 硬度要求：405～433 HBW	4Cr5MoSiV1 硬度要求：405～433 HBW	5CrNiMoV、4Cr5MoSiV、4Cr5MoSiV1 硬度要求：429～488 HBW	4Cr5MoSiV1、5Cr4W5Mo2V 硬度要求：429～488 HBW

注：压力机锻模采用镶块结构时，模具材料一般可选 5CrMnMo、5CrNiMo、4CrMnSiMoV 等钢。

（4）热挤压模及中、小型机锻模的热处理。

这类模具的制造工艺路线一般为：下料→锻造→预先热处理→机械加工成型→淬火、回火→精加工。

下面分析各热加工工序的工艺特点。

① 锻造工艺。热挤压模及中、小型机锻模用钢多为高合金钢，所以模坯需经良好的锻造，尤其是含钼的热作模具钢，要注意锻造加热温度和保温时间的控制，以避免严重脱碳导致模具早期失效。常用热挤压模具及中、小机锻模用钢的锻造工艺如表 4-11 所示。

表 4-11 常用热挤压模具及中、小型机锻模用钢的锻造工艺

钢号	加热温度/°C	始锻温度/°C	终锻温度/°C	冷却方式
4Cr5MoSiV	1 100～1 140	1 070～1 100	850	锻后缓冷
4Cr5MoSiV1	1 100～1 160	1 060～1 100		
5Cr4W5Mo2V（RM2）	1 170～1 190	1 120～1 150	850	锻后在 600～850 °C 快冷，600 °C 以下缓冷
3Cr3Mo3VNb（HM3）	1 150～1 200	1 200～1 150	850	锻后缓冷
4Cr3Mo3W4VNb（GR）	1 120～1 150	1 100～1 150	900	锻后砂箱中冷却
5Cr4Mo3SiMnVAl（012Al）	1 100～1 160	1 060～1 120	900	锻后缓冷

② 预备热处理。

a. 退火。热挤压模具中、小型机锻模的退火工艺主要在于正确地选择退火温度，保持充分的保温时间，并以合适的冷却速度冷却。另外，为了确保良好的耐磨性，在淬火后需保留一定数量的碳化物。由于碳化物的形状对钢的韧性有很大影响，因此还应注意退火后的碳化物形状。一般希望获得圆而细小的碳化物。常用热挤压模具钢及中、小型机锻模用钢的退火工艺如表 4-12 所示。

表 4-12 热挤压模具钢及中、小型机锻模用钢的退火工艺

钢 号	退火工艺	退火后硬度/HBW
4Cr5MoSiV、4Cr5MoSiV1	860 ~ 890 °C 加热，700 ~ 720 °C 等温 4 ~ 6 h 炉冷至 500 °C 出炉空冷	≤223
4Cr5W2VSi	860 ~ 880 °C，加热，炉冷至 500 °C 出炉	≤229
3Cr3Mo3VNb（HM3）	（860 ~ 900 °C）×（2 ~ 3 h）炉冷，（700 ~ 730 °C）×（3 ~ 5 h）等温，炉冷至 500 °C 以下出炉空冷	181 ~ 190
5Cr4W5Mo2V（RM2）	（870 ~ 890 °C）×（2 ~ 3 h）炉冷，（720 ~ 730 °C）×4 h 等温，炉冷至 500 °C 以下出炉空冷	180 ~ 220
4Cr3M32W4VNb（GR）	（850 ~ 860 °C）×（2 ~ 3 h）炉冷，（710 ~ 720 °C）×4 h 等温，炉冷至 550 °C 以下出炉	180 ~ 240

b. 高温调质。为了使锻后毛坯的力学性能（特别是断裂韧度）得到改善，常常采用锻后调质的方法进行毛坯的预处理。此种热处理方法是将锻后的模具毛坯加热到高温淬火，再经高温回火。经此处理，可使碳化物均匀分布，且形状圆而细小，不仅改善了钢的性能，而且还缩短了预处理周期。调质处理的淬火加热温度可根据不同的钢种而定，如 3Cr3Mo3W2V 钢为 1 200 °C，同常规淬火温度相近。高温回火温度一般在 700 ~ 750 °C。

c. 锻后正火。对于锻后出现明显沿晶链状碳化物的模坯，须正火予以消除后再进行球化退火。因为这种链状碳化物直接退火是难以消除的。

③ 淬火、回火。对于常用热挤压模具钢及中、小型机锻模用钢，选择淬火温度时，主要考虑的是奥氏体晶粒尺寸的大小和冲击韧度的高低，其次还要考虑模具的工作条件、结构形状、失效形式对性能的要求。

对于淬火保温时间的选择，主要考虑要能完成组织转变，使碳及合金元素充分固溶，以保证获得高的回火抗力及热硬性。一般情况下，盐浴炉淬火保温时间系数取 0.5 ~ 1 min/mm，尺寸越小系数越大。

热挤压模具钢及中、小型机锻模用钢属于高合金钢，淬透性较好，淬火冷却可采用油冷，也可采用空冷。对于要求变形小的模具还可采用等温淬火或分级淬火。

回火工艺的正确与否，对模具的失效形式有很重要的作用。选择回火温度的原则是，在不影响模具抗脆断能力的前提下，尽可能提高模具的硬度，这需要根据模具的具体失效形式来确定回火参数。

淬火后的模具都应尽快进行回火，特别是形状复杂的模具，当模面温度低于 80 °C 时，回火就得进行。为了避免残留应力的产生，在回火加热和冷却时都应缓慢进行。

回火一般进行两次，回火时间可按 3 min/mm 计算，但不应低于 2 h。第二次回火温度可比第一次低 10 ~ 20 °C。表 4-13 给出了常用热挤压模具钢及中、小型机锻模用钢的常规热处理工艺，以供参考。

表 4-13 热挤压模具钢及中、小型机锻模具钢的常规热处理工艺

钢 号	淬火工艺与淬后温度		达到以下硬度的回火温度/°C		
	淬火温度/°C	油淬温度/°C	50 ~ 55 HRC	40 ~ 50 HRC	40 HRC
4Cr5MoSiV	1 000 ~ 1 030	50 ~ 55	540 ~ 560	560 ~ 600	640
4Cr5MoSiV1	1 020 ~ 1 040	53 ~ 55	540 ~ 560	560 ~ 610	640
4Cr5W2VSi	1 030 ~ 1 050	53 ~ 56	540 ~ 560	560 ~ 580	630
4Cr3Mo3SiV	1 010 ~ 1 030	50 ~ 55	600 ~ 620	620 ~ 640	—
5Cr4W5Mo2V	1 080 ~ 1 120	54 ~ 58	600 ~ 630	630 ~ 650	700
3Cr3Mo3VNb	1 060 ~ 1 090	48 ~ 50	—	550 ~ 600	—
4Cr3MoZW4VTiNb	1 160 ~ 1 200	55 ~ 58	600 ~ 630	—	—

3. 压铸模用钢及热处理

（1）压铸模工作条件及性能要求。

压铸模用钢用于制造压力铸造和挤压铸造模具。根据被压铸材料的性质，压铸模可分为锌合金压铸模、铝合金压铸模、铜合金压铸模。压铸模工作时与高温的液态金属接触，不仅受热时间长，而且受热的温度比热锻模要高（压铸非铁金属时为 400 ~ 800 °C，压铸钢铁材料时可达 1 000 °C 以上），同时承受很高的压力（20 ~ 120 MPa）；此外还受反复加热和冷却以及金属液流的高速冲刷而产生磨损和腐蚀。因此，热疲劳开裂、热磨损和热熔蚀是压铸模常见的失效形式。所以，压铸模的性能要求是：较高的耐热性、良好的高温力学性能、优良的耐热疲劳性、高的导热性、良好的抗氧化性和耐蚀性、高的淬透性等。

（2）压铸模用钢及其热处理工艺。

常用的压铸模用钢以钨系、铬系、铬钼系和铬钨钼系热作模具钢为主，也有一些其他的合金工具钢或合金结构钢，用于工作温度较低的压铸模，如 40Cr、30CrMnSi、4CrSi、4CrW2Si、5CrW2Si、5CrNiMo、5CrMnMo、4Cr5MoSiV、4Cr5MoSiV1、4CrW2VSi、3Cr2W8V、3Cr3Mo3W2V 及近年研制的新型热作模具钢 Y10、Y4 等。其中，3Cr2W8V 钢是制造压铸模的典型钢种，常用于制造浇铸铝合金和铜合金的压铸模；与其性能和用途相类似的还有 3Cr3Mo3W2V 钢。值得指出的是，由于 4Cr5MoSiV1 钢具有良好的韧性、耐热疲劳性和抗氧化性，其模具使用寿命高于 3Cr2W8V 钢制压铸模，且这类钢的价格较钨系钢便宜，因此在压铸模上的使用越来越多。

下面重点介绍 3Cr2W8V 和 3Cr3Mo3W2V 钢及其热处理。这两种钢的化学成分如表 4-14 所示。

表 4-14　3Cr2W8V 和 3Cr3Mo3W2V 钢的化学成分

钢　号	化学成分（质量分数，%）								
	C	Si	Mn	P	S	Cr	W	Mo	V
3Cr2W8V	0.30～0.40	≤0.40	≤0.40	≤0.030	≤0.030	2.20～2.70	7.50～9.00		0.20～0.50
3Cr3Mo3W2V	0.32～0.42	0.60～0.90	≤0.65	≤0.030	≤0.030	2.80～3.30	1.20～1.80	2.50～3.00	0.80～1.20

① 3Cr2W8V 钢。该钢是我国长期以来应用最广泛的典型的压铸模用钢，也可用于其他热作模具钢。

a. 成分及性能特点。该钢碳含量虽然不高，但铬、钨含量较高，致使共析点（*S* 点）左移。从金相组织上看，属于过共析钢组织。由于含碳量较低，所以该钢的韧性和导热性较好。钨是这种钢的主加合金元素，在钢中生成的钨碳化物很稳定，须在较高温度加热时才能溶入奥氏体中；在淬火后回火时也不易从马氏体中析出和聚集，故钨能显著地提高钢的回火稳定性，从而使钢具有较高的热硬性和热强性。例如，在 650 °C 下，3Cr2W8V 钢的抗拉强度可达 1 200 MPa，硬度可达 300 HBW。此外，未溶钨碳化物可阻止淬火加热时的晶粒长大，有利于改善钢的韧性。铬的主要作用是提高钢的淬透性和抗氧化性。钒的主要作用是细化晶粒，并增加回火过程的二次硬化效果。

b. 锻造工艺。因 3Cr2W8V 钢属于过共析钢，在机械加工之前要进行锻造，反复镦粗与拔长以消除碳化物偏析，减少粗大碳化物。锻造工艺：始锻温度为 1 080～1 120 °C，终锻温度为 850～900 °C，锻后先在空气中较快地冷却到 700 °C，随后缓冷。

c. 预备热处理。3Cr2W8V 钢锻造后一般采用不完全退火，退火工艺为：830～850 °C 加热并保温 3～4 h 后，以小于 40 °C/h 的速度炉冷至 400 °C 出炉空冷；也可采用等温退火，等温温度为 710～740 °C，等温时间为 3～4 h，然后炉冷至 500 °C 以下出炉空冷。退火后组织为珠光体与碳化物，硬度为 207～255 HBW。

d. 淬火与回火。3Cr2W8V 钢的淬火温度、回火温度与钢的硬度关系如表 4-15 所示。

表 4-15　3Cr2W8V 钢淬火、回火温度与硬度的关系

淬火温度/°C	淬火后硬度/HRC	下列温度回火后硬度/HRC					
		500 °C	550 °C	600 °C	625 °C	650 °C	700 °C
1 050	49	46	47	43	40	36	27
1 075	50	47	48	44	41	37	30
1 100	52	48	49	45	42	40	32
1 150	55	49	53	50	47	45	34
1 250	57	—	54	52	—	49	40

从表 4-15 中数据可以看出，随着淬火温度的升高，钢的硬度增加，如 1 050 °C 淬火，600 °C 回火后硬度为 43 HRC；而 1 250 °C 淬火，600 °C 回火后，硬度为 52 HRC，提高了 9 HRC。同一淬火温度，在 550 °C 回火时硬度值最大，呈现一峰值，而且有二次硬化现象，多一次回火，硬度值会有所提高。

表 4-16 为 3Cr2W8V 钢的淬火温度、回火温度与抗拉强度 σ_b、冲击韧度 α_k 的关系。从表中数据可以看出，提高淬火温度，抗拉强度随之增加，但冲击韧度随之降低，同一淬火温度，在 650 °C 回火时 α_k 值最低，说明这是回火脆性区。

表 4-16 3Cr2W8V 钢淬火、回火温度与抗拉强度 σ_b、冲击韧度 α_k 的关系

淬火温度 /°C	500 °C 回火		550 °C 回火		600 °C 回火		650 °C 回火		700 °C 回火	
	α_k /J·cm^{-2}	σ_b /MPa	α_k /J·cm^{-2}	σ_b /MPa	α_k /J·cm^{-2}	σ_b /MPa	α_k /J·cm^{-2}	σ_b /MPa	α_k /J·cm^{-2}	σ_b /MPa
1 050	42	1 500	40	1 400	38	1 330	35	1 200	55	970
1 075	40	1 550	38	1 450	35	1 400	33	1 300	48	1 100
1 100	38	1 780	36	1 600	34	1 500	30	1 350	37	1 140
1 150	36	2 000	35	1 900	32	1 700	28	1 500	33	1 200
1 250	33	2 800	31	2 000	29	1 900	22	1 800	28	1 670

综合上述分析，3Cr2W8V 钢常规淬火加热温度应采用 1 050 ~ 1 150 °C。如果模具要求有较好的塑性和韧性，承受较大的冲击负荷时，应采用下限加热温度，对于压铸那些熔点较高的合金（如铜合金、镁合金）的压铸模，为了满足在较高温度下所需的热硬性和热稳定性，可在上限温度范围加热淬火。

3Cr2W8V 钢的淬透性很好，厚度在 100 mm 以内的工件均可在油中淬透。为了减小模具变形，可采用分级淬火和等温淬火。

回火温度应根据性能要求和淬火温度来选择，回火次数为 2 ~ 3 次。由于该钢有明显的回火脆性，回火后应采用油冷，然后可再经 160 ~ 200 °C 补充回火。表 4-17 为 3Cr2W8V 钢制压铸模的几种热处理工艺，以供参考。

表 4-17 3Cr2W8V 钢制压铸模的几种热处理工艺

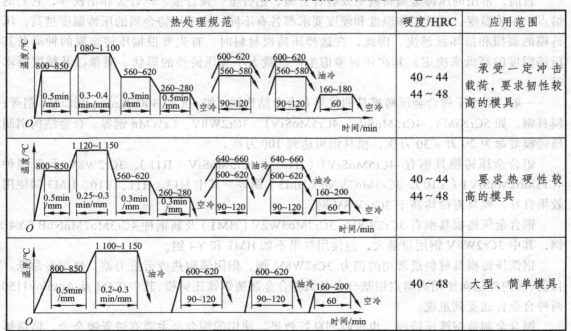

热处理规范	硬度/HRC	应用范围
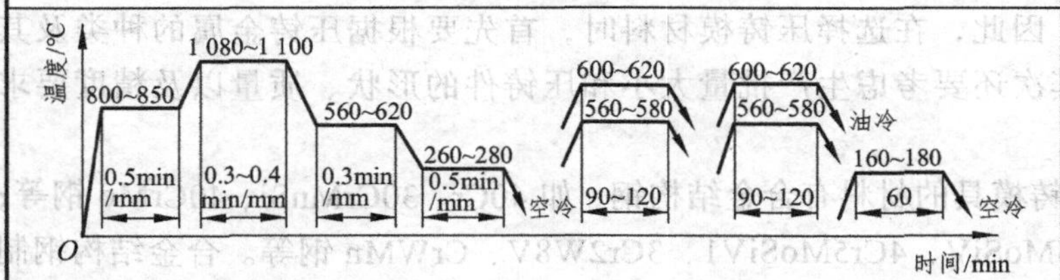	40 ~ 44 44 ~ 48	承受一定冲击载荷，要求韧性较高的模具
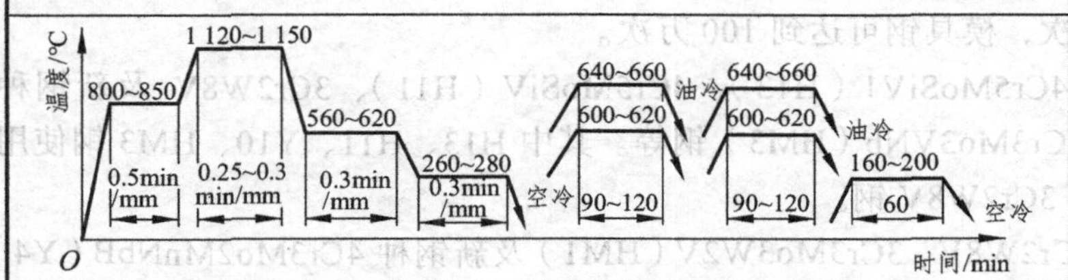	40 ~ 44 44 ~ 48	要求热硬性较高的模具
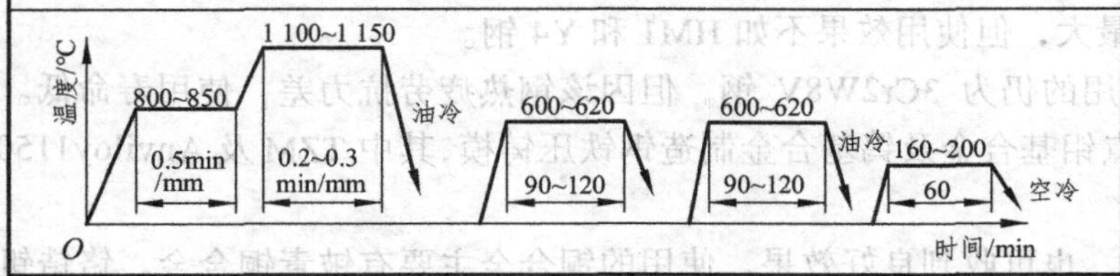	40 ~ 48	大型、简单模具

② 3Cr3Mo3W2V（HM1）钢。3Cr3Mo3W2V 钢是参照国外有关钢种，结合我国资源条件研制的新型热作模具钢。该钢在化学成分上通过以钼代钨，使钢的含钨量与 3Cr2W8V 钢相比大大降低，同时铬和钒的含量比 3Cr2W8V 钢有适当的提高。它的特点是具有优良的强韧性，在保持高强度和高热稳定性的同时，还表现出良好的耐热疲劳性。试验结果和使用实践表明，这种钢的回火稳定性、抗磨损性能均优于 3Cr2W8V 钢，热疲劳抗力比 3Cr2W8V 钢高得多。

3Cr3Mo3W2V 钢的锻造工艺：加热温度为 1 150 ~ 1 180 °C，始锻温度为 1 120 ~ 1 150 °C，终锻温度≥850 °C，锻后缓冷。锻造后应及时退火，退火工艺为 860 ~ 880 °C 加热保温 2 ~ 4 h，炉冷降温至 720 ~ 740 °C 等温 4 ~ 6 h，炉冷至 550 °C 以下出炉空冷。退火后硬度≤252 HBW。最终热处理工艺：淬火温度为 1 060 ~ 1 130 °C，油淬或分组淬火，淬火后硬度为 50 ~ 56 HRC，回火至 600 ~ 630 °C 时硬度为 50 ~ 55 HRC，630 ~ 650 °C 回火后硬度为 45 ~ 50 HRC。

③ 4CrMo2MnSiXV1（Y10）及 4Cr3Mo2MnVNbB（Y4）钢。Y10 钢及 Y4 钢是分别作为铝合金及铜合金压铸而研制的新型热作模具钢，Y10 钢的化学成分接近 H13 钢，Y4 钢的化学成分接近 HD 钢，都属于高强韧性热作模具钢。与 3Cr2W8V 钢相比，其冷热疲劳抗力、抗溶蚀能力、冲击韧度、断裂韧性均比较高，只是耐热性稍差。Y10 钢可在 610 °C 以下长期工作，Y4 钢的工作温度可更高些。

这两种钢的锻造及退火工艺与 3Cr2W8V 钢相近，但锻造性能良好，锻造温度范围宽，无特殊要求。其退火硬度低于 3Cr2W8V 钢。淬火温度为 1 020 ~ 1 120 °C，回火温度为 600 ~ 630 °C，具体淬火和回火温度可根据用途及要求进行选择。

Y10 钢及 Y4 钢用于压铸模，使用寿命普遍提高 1 ~ 10 倍，而用于热挤压模和热锻模的效果也良好。

（3）压铸模材料的选用。

目前，常用的压铸金属材料主要有锌合金、铝合金、镁合金、铜合金和钢铁等，它们的熔点、压铸温度、模具工作温度和硬度要求都各有不同。由于压铸金属的压铸温度越高，压铸模的磨损和损坏就越快。因此，在选择压铸模材料时，首先要根据压铸金属的种类及其压铸温度的高低来决定；其次还要考虑生产批量大小和压铸件的形状、质量以及精度要求等。

一般，常用于锌合金压铸模具的材料有合金结构钢，如 40Cr、30CrMnSi、40CrMo 钢等；模具钢，如 5CrNiMo、4Cr5MoSiV、4Cr5MoSiV1、3Cr2W8V、CrWMn 钢等。合金结构钢制压铸模寿命为 20 万 ~ 30 万次，模具钢可达到 100 万次。

铝合金压铸模具钢有 4Cr5MoSiV1（H13）、4Cr5MoSiV（H11）、3Cr2W8V 及新钢种 4Cr5Mo2MnSiV1（Y10）、3Cr3Mo3VNb（HM3）钢等。其中 H13、H11、Y10、HM3 钢使用效果良好，模具寿命均高于 3Cr2W8V 钢。

铜合金压铸模具钢有 3Cr2W8V、3Cr3Mo3W2V（HM1）及新钢种 4Cr3Mo2MnNbB（Y4）钢，其中 3Cr2W8V 钢用量最大，但使用效果不如 HM1 和 Y4 钢。

钢铁压铸模具材料最常用的仍为 3Cr2W8V 钢，但因该钢热疲劳抗力差，使用寿命低。目前，国内外趋向使用高熔点钼基合金及钨基合金制造钢铁压铸模，其中 TZM 及 Anviloy1150 两种合金普通受到重视。

铜合金制造钢铁压铸模，也可收到良好效果。使用的铜合金主要有铍青铜合金、铬锆钒铜合金和铬锆镁铜合金等。

表 4-18 列出了压铸模成型部分零件的材料选用举例，可供选用时参考。

表 4-18 压铸模成型部分零件的材料选用举例

工作条件	推荐选用的材料牌号		代用材料	要求的硬度/HRC	备注
	简单的	复杂的			
压铸铅或铅合金(压铸温度＜100 °C)	45	40Cr	T8、T10A	16～20	
压铸锌合金(压铸温度 400～450 °C)	4CrW2Si、5CrNiMo	3Cr2W8V、4Cr5MoSiV、4Cr5MoSiV1	4CrSi、30CrMnSi、5CrMnMo、Cr12、T10A	48～52	分流锥、浇口套、特殊要求的顶杆等可采用 T8A、T10A
压铸铝合金、镁合金(压铸温度 650～700 °C)	4CrW2Si、5CrW2Si、6CrW2Si	3Cr2W8V、3Cr3Mo3W2V、4Cr5MoSiV、4Cr5MoSiV、4Cr5W2VSi	3Cr13、4Cr13	40～48	
压铸铜合金(压铸温度 850～1 000 °C)	3Cr2W8V、4Cr5MoSiV、4Cr5MoSiV、4Cr5W2VSi、3Cr3Mo3W2V、3Cr3Mo3W3V、YG30 硬质合金、TZM 钼合金、钨基粉末冶金材料			37～45	
压铸钢铁材料(压铸温度 1 450～1 650 °C)	3Cr2W8V(表面渗铝)、钨基粉末冶金材料、钼基难熔合金(TZM)、铬锆钒铜合金、铬锆镁铜合金、钴铍铜合金			42～44	

注：成型部分零件主要包括型腔(整体式或镶块式)、型芯、分流锥、浇口套、特殊要求的顶杆等，型腔、型芯的热处理，也可以调质到 30～35 HRC，试模后，进行氮碳共渗至≥600 HV。

(4) 压铸模的热处理特点。

根据压铸模形状、精度要求，压铸模的制造工艺路线如下。

① 一般压铸模：锻造→退火→机械粗加工→稳定化处理→精加工成型→淬火及回火→钳工修配。

② 形状复杂、精度要求高的压铸模：锻造→退火→粗加工→调质→电加工或精加工成型→钳工修磨→渗氮(或软氮化)→研磨抛光。

工序中的热处理为退火、稳定化处理、调质及淬火、回火，其工艺目的和特点如下：

① 压铸模型腔复杂，在粗加工和半精加工时会产生较大的内应力。为了减小淬火变形，在粗加工之后应进行去应力退火(也称稳定化处理)。去应力退火工艺为 650～680 °C，保温 3～5 h。保温结束后，型腔简单的模具可直接出炉，在静止空气中均匀、缓慢地冷却。而形状复杂的压铸模需炉冷至 400 °C 出炉空冷。经电火花加工的模具型腔，表面会产生变质层，变质层具有脆性，形成拉应力，易引起裂纹。消除变质层的办法是采用研磨或抛光，同时进行去应力退火。

② 压铸模的预处理一般采用球化退火或调质处理，其目的是在最终热处理前获得均匀的

组织和弥散分布的碳化物以改善钢的强韧性。由于调质处理的效果优于球化退火，所以，强韧性要求高的压铸模，常常以调质代替球化退火。

③ 压铸模用钢多为高合金钢，因其导热性差，热处理加热必须缓慢进行。对于防变形要求不高的模具，在不产生开裂的情况下，预热次数可以少些。但对于防变形要求高的模具，必须多次预热。较低温度（400～650 °C）的预热，一般在空气炉中进行；较高温度的预热，应采用盐浴炉，预热时间仍按 1 min/mm 计算。

④ 淬火加热。对于典型压铸模用钢来说，高的淬火加热温度有利于提高热稳定性和抗软化的能力，减轻热疲劳倾向，但会引起晶粒长大和晶界形成碳化物，使韧性和塑性下降，导致严重开裂。因此，压铸模要求有较高韧性时，往往采用低温淬火，而要求具有较高的高温强度时，则采用较高温度淬火。

为了获得良好的高温性能，保证碳化物能充分地溶解，得到成分均匀的奥氏体，压铸模的淬火保温时间都比较长，一般在盐浴炉中加热保温系数取 0.8～1.0 min/mm。

⑤ 淬火冷却。对于形状简单、防变形要求不高的压铸模采用油冷；而对于形状复杂、防变形要求高的压铸模采用分级淬火。为了防止变形和开裂，无论采用什么冷却方式，都不允许冷到室温，一般应冷到 150～180 °C 均热一定时间后立即回火，均热时间可按 0.6 min/mm 计算。

⑥ 回火。压铸模必须充分回火，一般回火 3 次。第一次回火温度选在二次硬化的温度范围，第二次回火温度的选择要使模具达到所要求的硬度，第三次回火温度要低于第二次回火温度 10～20 °C。回火后均采用油冷或空冷，回火时间不少于 2 h。

⑦ 表面强化处理。为了防止熔融金属黏模、侵蚀，提高压铸模成型部分的抗蚀性和耐磨性，压铸模常采用表面强化处理，常用工艺方法有渗氮、氮碳共渗、渗铬、渗铝、渗硼等。

4. 热冲裁模用钢

在热作模具中，热冲裁模的工作温度较低，因此，对材料的性能要求也相对放宽。除了应具有高的耐磨性、良好的强韧性以及加工工艺性能外，几乎所有的热作模具钢均能满足热冲裁模的工作条件要求。所以在选材时，可着重考虑材料的经济性和生产管理上的方便，推荐使用的钢种有 5CrNiMo、4Cr5MoSiV、4Cr5MoSiV1 和 8Cr3 等。其中 8Cr3 钢是使用较多的钢种，它的化学成分为：$\omega_C = 0.75\% \sim 0.85\%$、$\omega_{Ni} \leqslant 0.40\%$、$\omega_{Mn} \leqslant 0.40\%$、$\omega_{Cr} = 3.20\% \sim 3.80\%$。

热冲裁模主要有热切边模和热冲孔模等，它们的材料选用举例如表 4-19 所示。

表 4-19　热冲裁模的材料选用举例及其要求的硬度

模具类型及其零件名称		推荐选用的材料牌号	可代用的材料牌号	要求的硬度	
				HBW	HRC
热切边模	凸模	8Cr3、4Cr5MoSiV、5Cr4W5Mo2V	5CrMnMo、5CrNiMo、5CrMnSiMoV		35～40
	凹模				43～45
热冲孔模	凸模	8Cr3		368～415	
	凹模	8Cr3		321～368	

热冲裁凹模的主要失效形式是磨损和崩刃，凸模的主要失效形式是断裂及磨损。为此，凹模的硬度较高，以保证耐磨性；凸模并不要求高的耐磨性，硬度不必过高。在生产中，8Cr3钢制凹模的硬度为 43 ~ 45 HRC。如被冲材料为耐热钢或高温合金，其硬度还应增高，但不宜超过 50 HRC，凸模的硬度为 35 ~ 45 HRC。

8Cr3 钢锻后必须进行退火，退火工艺一般为：加热 790 ~ 810 °C，保温 2 ~ 3 h，出炉空冷至 700 ~ 720 °C 等温 3 ~ 4 h，炉冷至 600 °C 出炉空冷。退火后的硬度一般≤241 HBW。

8Cr3 钢制热冲裁模的淬火温度为 820 ~ 840 °C，淬火冷却在油中进行。为避免开裂及变形，在入油前可在空气中预冷至 780 °C。在油中冷却到 150 ~ 200 °C 时出油，并立即进行回火。

模具的回火温度根据其工作硬度而定，8Cr3 钢在 480 ~ 520 °C 回火后，其硬度为 41 ~ 45 HRC。8Cr3 钢的回火温度不应低于 460 °C，低于此温度时回火韧性太低。

4.4 其他热作模具材料

4.4.1 硬质合金

由于硬质合金具有很高的热硬性和耐磨性，还有良好的热稳定性、抗氧化性和耐蚀性，因而可用于制造某些热作模具。钨钴类硬质合金（通常做成镶块）可用于热切边凹模、压铸模、工作温度较高的热挤压凸模或凹模等。例如，气阀挺杆热镦挤模，原采用 3Cr2W8V 钢制作，热处理后的硬度为 49 ~ 52 HRC，使用寿命 5 000 次。现在模具工作部分采用 YG20 硬质合金镶块，模具寿命提高到 15 万次。应用于热作模具的还有奥氏体不锈钢钢结硬质合金和高碳高铬合金钢钢结硬质合金等。例如，ST60 钢结硬质合金制作热挤压模在 960 °C 左右挤压纯铜时，其使用寿命比 YG15 钢高得多。ST60 钢还用于热冲孔模、热平锻模等。R5 钢结硬质合金等也可用于热挤压模。

4.4.2 高温合金

高温合金的种类很多，有铁基、镍基、钴基合金等。其工作温度高达 650 ~ 1 000 °C，可用来制造黄铜、钛及镍合金以及某些钢铁材料的热挤压模具。当模具本身的温度上升到 650 °C 以上的高温状态时，一般的热作模具钢都会软化而损坏，但这些高温合金仍能保持高的强度和硬度。表 4-20 是几种常用高温合金的化学成分。A-286 合金经热处理后可被有效硬化，常用于热挤压黄铜的模具，其使用寿命可达铬系热作模具钢的两倍。常用镍基高温合金的工作温度可达 800 ~ 1 000 °C，可用于挤压耐热钢零件或挤压钢管的凹模或芯棒等。钴基高温合金在 1 000 °C 以上可保持很高的强度和抗氧化能力。S-816 合金经固溶处理和时效后，具有比镍基高温合金更好的耐热疲劳性，故用于热挤压模具可获得较高的使用寿命。

表 4-20 几种高温合金的牌号和化学成分

种类	牌号	化学成分（质量分数，%）										
		C	Si	Mn	Cr	Mo	Ti	Al	Ni	Co	Fe	其他
铁基	A-286	0.05	0.5	1.35	15	1.25	2.0	0.2	26		其余	V0.3
镍基	Waspaloy	0.08			19	4.4	3.0	1.3	其余	13.5		Zr0.08、B0.008
镍基	EX	0.05	0.2	0.2	14	6.0	3.0	1.2	其余	4.0	28.85	
钴基	S-816	0.38			20	4			20	其余	4	W4、Cd4

4.4.3 难熔金属合金

通常将熔点在 1 700 °C 以上的金属称为难熔金属，如钨、钼、钽、铌的熔点在 2 600 °C 以上，其再结晶温度高于 1 000 °C，可长时间在 1 000 °C 以上工作。在热作模具制造中应用的主要是钼基合金和钨基合金，其中 TZM 和 Anviloy1150 两种合金尤其受到关注。TZM 合金的成分为：$\omega_{Mo} > 99\%$、$\omega_{Ti} = 0.5\%$、$\omega_{Zr} = 0.08\%$、$\omega_{C} = 0.03\%$；Anviloy1150 合金的化学成分为：$\omega_{W} = 95\%$、$\omega_{Ni} = 3.5\%$、$\omega_{Nb} = 1.5\%$。

这类材料的特点是熔点很高，高温强度较大，耐热性和耐蚀性好，有优良的导热、导电性能，热胀系数小，耐热疲劳性好，不黏合熔融金属，塑性也比较好，便于加工成型。其缺点是在 500 °C 以上易氧化，在再结晶温度以上将发生脆化，此外价格昂贵。它们主要用于制作在较高温度下工作的模具，如铜合金、钢铁材料的压铸模和钛合金、耐热钢的热挤压模等，可获得良好的使用效果。

4.4.4 压铸模用铜合金

钢铁材料压铸时，高温金属液体（1 450 ~ 1 580 °C）迅速压入模腔，模腔最高工作温度可达 1 000 °C 以上，瞬时形成很高的温度梯度。铜合金因导热性好，能将压铸件的热量很快散发出去，使模具的温升和内部的温度梯度大为降低，从而降低了模具的应变和应力，使其强度足以承受压铸时的压力，同时也减轻了热疲劳作用。此外，铜合金弹性模量低，热胀系数较小，不会发生相变，故所制作的模具在工作过程中性能及尺寸稳定。模具型腔可用精铸、压铸或冷挤压等多种工艺加工成型，制造周期短、成本低。

用于压铸模的铜合金有铍青铜合金、铬锆钒铜合金和铬锆镁铜合金等。其中，铬锆钒铜合金的化学成分为：$\omega_{Cr} = 0.5\% \sim 0.8\%$，$\omega_{Zr} = 0.2\% \sim 0.5\%$，$\omega_{V} = 0.2\% \sim 0.6\%$，杂质的质量分数≤0.35%，其余为铜；铬锆镁铜合金的化学成分为：$\omega_{Cr} = 0.25\% \sim 0.6\%$，$\omega_{Zr} = 0.11\% \sim 0.25\%$，$\omega_{Mg} = 0.03\% \sim 0.1\%$，其余为铜。上述铜合金的热处理工艺为固溶处理与时效。用这些铜合金制作的用于钢铁件的压铸模，其使用寿命常常远高于各种热作模具钢。

4.5 热作模具的强韧化处理

为了使热作模具获得合理的性能和满意的使用寿命。一方面要重视热作模具材料的选择，另一方面还应重视模具热处理工艺的合理性和热处理新工艺的开发。下面简要介绍一些提高热作模具使用寿命的热处理新工艺以及热作模具的热处理实例。

4.5.1 热作模具的高温淬火

5CrNiMo 和 5CrMnMo 钢按常规工艺加热淬火后，获得片状马氏体和板条马氏体的混合组织。将其淬火温度分别提高到 950 °C 和 900 °C，可获得以板条马氏体为主的淬火组织，并提高钢的淬透性，使模具具有高的强度、塑性和断裂韧度。通过调整回火温度（ >450 °C 高温回火），可使钢的冲击韧度也满足要求。这对于防止热锻模过早脆断、减缓磨损和热疲劳是有益的。

含有较多钨、铜、铬、钒的热作模具钢，若按常规工艺在 1 000 ~ 1 100 °C 加热淬火，实际上尚有许多合金元素未固溶于基体。过去一般认为提高淬火温度将导致晶粒长大而降低钢的冲击韧度，但实践证明，热冲压、热挤压和压力机锻造时，模具所受的冲击载荷并不很大，远小于锤锻，所以钢的冲击韧度略有下降并不会引起早期断裂。相反，采用高温淬火后，钢的强度、热硬性、热稳定性、断裂韧度、热疲劳抗力均有明显增加。在很多场合，3Cr2W8V 钢的淬火温度由 1 050 °C 提高到 1 150 °C（甚至 1 200 °C），4Cr5MoSiV1 钢的淬火温度由 1 030 °C 提高到 1 130 ~ 1 160 °C 后都可使热作模具的使用寿命得到有效提高。

4.5.2 热作模具的复合热处理

1. 复合强韧化处理（双重淬火法）

复合强韧化处理是将模具的锻热淬火与最终热处理淬火、回火相结合的处理工艺，它是在模具毛坯停锻后用高温淬火及高温回火取代原来的球化退火（预备热处理），所以又称双重淬火法。经此复合处理后，钢中碳化物细小且分布均匀，基本上消除了常规工艺难以消除的带状碳化物。例如，3Cr2W8V 钢经 1 200 °C 的锻热固溶淬火（将终锻后的锻件立即返回锻造炉中加热，到温后油淬）后，可使以带状、网状、链状分布的各种合金碳化物充分溶入基体中，一次碳化物的大小可由 50 ~ 90 μm 降至 8 ~ 13 μm，碳化物级别不大于 2 级。经 720 ~ 730 °C 高温回火后，可获得高度弥散析出的合金碳化物及高强韧性的索氏体组织。最终热处理时可根据模具使用要求而采取常规淬火工艺或高温淬火。3Cr3Mo3W2V、5Cr4W5Mo2V 钢等皆可采用这种复合强韧化处理，对于克服模具早期断裂失效，改善耐热疲劳性等有明显的作用；同时缩短了生产周期，节约了能源。

2. 复合等温处理

5CrNiMo、5CrMnMo 钢按常规淬火时，为了防止变形开裂，出油温度通常为 150 ~ 200 °C，仅略低于钢的 M_S 点，此时工件的芯部仍处于过冷奥氏体状态。在随后及时进行的回火过程中，这样的芯部组织有可能转变为上贝氏体组织，使热锻模的韧性变差，使用寿命降低。针对这一问题，采用如图 4-2 所示的复合等温处理可取得明显效果。其方法是将工件先油淬至 150 °C 左右（或在 160 ~ 180 °C 硝盐中分级淬火）之后，再转入 280 ~ 300 °C 硝盐中等温 3 ~ 5 h 后空冷。这样处理后模具的表层组织为马氏体与下贝氏体，芯部组织为下贝氏体。最后按所需硬度在规定的温度下回火。

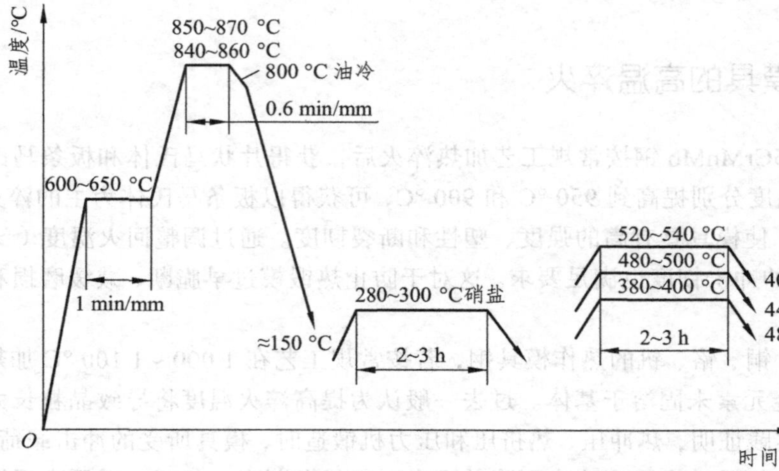

图 4-2　5CrNiMo、5CrMnMo 钢的复合等温处理工艺

4.5.3　热作模具热处理实例

1. 4Cr5MoSiV1 钢制汽车凸轮轴锻模的热处理

某载重汽车发动机凸轮轴锻模，尺寸为 950 mm×200 mm×160 mm，模具型槽的尺寸公差和表面粗糙度等有较高要求，热处理后的硬度要求为 37 ~ 41 HRC。该锻模在 40MN 机械锻压机上使用，锻件材料为 45 钢，锻造温度为 1 220 ~ 1 240 °C。

凸轮轴锻模的加工工艺路线为：毛坯→机械粗加工→热处理→机械加工→仿形铣削加工→修磨→检验。用 5CrNiMo 钢制作的凸轮轴锻模的平均使用寿命一般为 8 000 件左右，其主要失效形式是磨损。改用 4Cr5MoSiV1 钢制作后，锻模的平均寿命提高到 1.1 万件，磨损和热疲劳情况比 5CrNiMo 钢模具有显著改善。锻模的热处理工艺如图 4-3 所示。模块在大型高温箱式电阻炉中加热，在油中淬火，冷至 150 ~ 200 °C 时出油。4Cr5MoSiV1 钢制作模具的型槽较深时，使用中应特别注意锻前预热，以防模具早期脆裂。

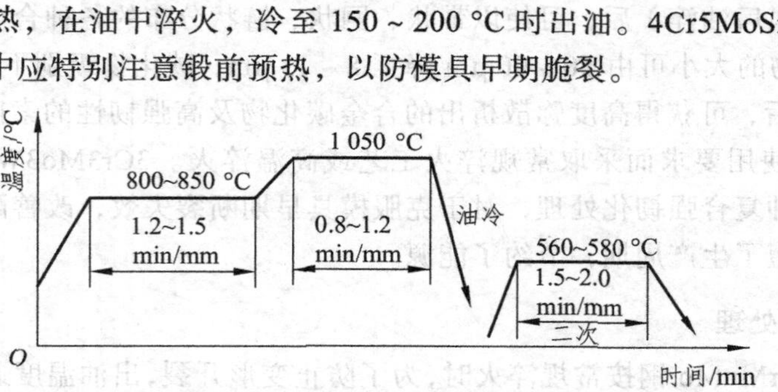

图 4-3　4Gr5MoSiV1 钢制凸轮轴锻模的热处理工艺

2. 3Cr2W8V 钢制大力钳热锻模的淬火不回火处理

3Cr2W8V 钢模具通常在 500 ~ 650 °C 的回火脆性区间回火，因而回火越充分，韧性越低，在服役初期往往出现脆性开裂。根据试验证明，3Cr2W8V 钢淬火态的断裂韧度比回火态高一倍；淬火态在低于 400 °C 回火后的冲击韧度高于 500 ~ 650 °C 回火的冲击韧度。例如，用 ϕ160 mm 的 3Cr2W8V 钢改锻成 110 mm×110 mm×160 mm 的大力钳模具，经球化退火和 1 150 °C 加热、风冷、580 °C 回火 3 次的常规工艺处理后，硬度为 45 ~ 47 HRC，在摩擦压力机上用于压制 ϕ20 mm 的 45 钢钳口时，易出现早期脆性开裂。改用 1 150 °C 加热、风冷、不回火的工艺处理后，模具硬度为 44 ~ 45 HRC，平均使用寿命可达 1 万次以上，最终以磨损报废。

应当指出，未经回火的 3Cr2W8V 钢的抗磨损性和抗热疲劳性远低于回火。所以，对抗磨损性和耐热疲劳性要求高的热锻模必须回火。

3. 3Cr2W8V 钢制压铸模的离子渗氮处理

为提高压铸模的耐蚀性、耐磨性、抗热疲劳性和抗黏附性能，可采用离子渗氮的方法。离子渗氮渗层的应力分布曲线比较平稳，不易产生脱落和热疲劳。但对于形状复杂的压铸模，难以获得均匀的加热和均匀的渗层，因此不宜采用离子渗氮的方法。

离子渗氮前，模具的预处理条件，对渗层质量和模具寿命有极大的影响。3Cr2W8V 压铸模在渗氮前的预处理状态，以淬火最好，调质次之，退火的效果最差。经淬火或调质的压铸模，在离子渗氮后，可极大地提高脱模性和抗黏模能力。

离子渗氮的渗层厚度以 0.2 ~ 0.3 mm 为宜。磨损后的离子渗氮模，经修复和再次离子渗氮后，可重新投入使用，从而可极大地提高模具的使用寿命。

4. 综合实例

表 4-21 给出了热作模具选材、表面强化处理与使用寿命关系的实例，以供参考。

表 4-21　热作模具的选材、表面强化处理与使用寿命关系

模　具	材　料	原热处理工艺	寿命与失效方式	现热处理工艺	寿命与失效方式
热冲头	3Cr2W8V 钢	1 050 ~ 1 100 °C 淬火，630 °C 回火 2 次，45 ~ 47 HRC	200 ~ 350 件，软化变形和开裂	1 275 °C 加热，300 ~ 320 °C 等温淬火，46 ~ 48 HRC	1 500 ~ 2 200 件，不再开裂
热挤压模具	3Cr2W8V 钢	1 050 °C 淬火，620 °C 回火 2 次，45 ~ 48 HRC	1 200 件，早期开裂	1 200 °C 淬火，680 °C 回火 2 次，40 ~ 45 HRC	3 300 件，变形和疲劳
热挤压冲头	3Cr2W8V 钢	1 050 °C 淬火，620 °C 回火	200 件，开裂	改用 4Cr3Mo2NiVNb 钢，1 150 °C 淬火，回火 2 次，39 ~ 42 HRC	650 ~ 700 件
热冲头	3Cr2W8V 钢	1 100 °C 淬火，600 °C 回火 2 次，47 ~ 51 HRC	250 件，开裂	1 200 °C 淬火，680 °C 回火，40 ~ 45 HRC	500 件，变形及磨损

续表

模 具	材 料	原热处理工艺	寿命与失效方式	现热处理工艺	寿命与失效方式
精锻锥齿轮模	3Cr2W8V 钢	常规工艺处理	寿命低，开裂	1 150 °C 和 1 050 °C 两次加热淬火，600 °C 回火 2 次，45～48 HRC	500 件
粗锻锥齿轮模	3Cr2W8V 钢	常规工艺处理	2 000 件，齿轮堆塌	1 150 °C 加热，400 °C 等温淬火，600 °C 回火 2 次，渗氮，39～42 HRC	>5 000 件
半轴摆模	3Cr2W8V 钢	1 075 °C 淬火，600 °C 回火 3 次，49～51 HRC	1 200 件，开裂	900 °C 淬火，600 °C 回火 2 次，44～46 HRC	>4 000 件
锤锻模	5CrMnMo 钢	860～880 °C 淬火，燕尾油淬空冷，480 °C 回火，32～35 HRC	2 500 件，燕尾开裂	880 °C 加热，450 °C 等温淬火，480 °C 回火	6 000～10 000 件，燕尾不再开裂
齿轮毛坯半精锻模	5CrMnMo 钢	840 °C 淬火，500 °C 回火，44～47 HRC	414 件，热疲劳	改用 H13 钢	1 780 件，热磨损
精锻齿轮模具	4Cr5MoSiV 钢	48 HRC	半轴：715～1 700 件	半轴：改用 5Cr4W5MoV 钢，1 140 °C 淬火，600～610 °C 回火 2 次，49 HRC	1 449～3 472 件
			行星：2 530～2 400 件	行星：改用 3Cr3Mo3W2V 钢，1 120 °C 淬火，550 °C 回火 2 次，48 HRC	5 349～5 475 件

复习思考题

1. 归纳热作模具的工作条件及失效形式。

2. 热作模具的失效抗力指标主要有哪些？它与材料性能间的关系如何？

3. 常用锤锻模用钢有哪些？试比较 5CrNiMo 与 45Cr2NiMoVSi 钢的性能特点，说明它们的应用范围有什么区别。

4. 确定锤锻模材料和工作硬度的依据是什么？

5. 5CrNiMo、5CrMnMo 钢制锤锻模淬火、回火时应注意哪些问题？锤锻模的燕尾可采用哪些方法处理？

6. 常用热挤压模具钢有哪些系列？举出各系列的典型钢种，并比较铬钢、铬钼钢和铬钨钼钢的成分、性能、应用上的区别。

7. 有哪些基体钢可用于制作热作模具？其性能特点是什么？

8. 热挤压模的预先热处理方法有哪些？各用于什么场合？

9. 热挤压模对材料性能有哪些要求？其淬回火工艺制订应注意什么问题？

10. 与其他热作模具相比，压铸模的工作条件、对材料的性能要求有什么不同？

5 橡塑模具材料及热处理工艺

我国橡塑工业的迅速发展，橡塑制品的广泛应用，极大地推动了橡塑成型模具的发展，对橡塑模具材料的需求量越来越大，对材料的质量和性能要求也越来越高。目前，用户使用的橡塑模具材料有国产的，也有进口的，年消耗量很大。近十几年来，国内许多单位在研制新型橡塑模具材料、提高冶金质量、优化热处理工艺、提高模具寿命等方面做了大量的工作，为用户提供了很多质优价廉的橡塑模具材料，获得了明显的经济效益。

5.1 塑料模具的失效形式与材料的性能要求

由于橡塑模具的使用条件不同，对橡塑模具材料的使用性能要求也不尽相同。总的来说，要求模具材料应具有一定的强度、硬度、耐磨性、耐蚀性和耐热性能等，同时也要求模具材料应具备良好的工艺性能，其中包括切削加工性能、抛光性能、焊接性能、表面饰纹加工性能、尺寸稳定性和热处理变形小等。这些要求对于制造大型、复杂、高精度的塑料成型模具更为重要。

5.1.1 塑料成型模具的分类及工作条件

1. 塑料成型模具的分类

根据塑料的热性能和成型方法的不同，可将塑料成型模具分为两大类，即热固性塑料成型模具和热塑性塑料成型模具。

（1）热固性塑料成型模具主要用于成型热固性塑料制品，包括热固性塑料压制模具、热固性塑料传递模具和热固性塑料注射成型模具 3 种类型。

（2）热塑性塑料成型模具主要用于热塑性塑料制品的成型，包括热塑性塑料注射成型模具、热塑性塑料挤出成型模具和热塑性塑料吹塑成型模具等。

2. 塑料成型模具的工作条件

塑料成型模具在成型过程中所受的力有合模力、型腔内熔体的压力、开模力等，而塑料熔体对型腔的压力是主要的，因而在计算型腔的强度和刚度时，是以熔体对型腔的最大压力为依据的。

（1）热固性塑料成型模具的工作温度一般在 160 ~ 250 °C，在流动性差的塑料快速成型时，模具的局部温度会较高。模腔工作时承受的压力一般为 30 ~ 200 MPa，型腔表面易受腐蚀和磨损，手工操作时会受到脱模的周期性冲击和碰撞。

（2）热塑性塑料成型模具的工作温度一般在 200 °C 以下，模腔工作时承受的压力一般为 100～200 MPa。在塑料熔体充模时，模具工作零件，尤其是浇注系统明显地受到熔体流动的摩擦、冲刷。当成型聚氯乙烯、氟塑料及阻燃级的 ABS 塑料制品时，在其成型过程中分解出的 HCl、SO_2、HF 等腐蚀性气体，会使模具表面腐蚀破坏。

热固性塑料压模和热塑性塑料注射模的工作条件及特点如表 5-1 所示。

表 5-1　热固性塑料压模和热塑性塑料注射模的工作条件及特点

模具名称	工作条件	特　点
热固性塑料压模	温度为 200～250 °C、受力大、易磨损、易腐蚀	压制各种胶木粉，一般含大量固体填充剂，多以粉末直接放入压模，热压成型，受力较大，磨损较重
热塑性塑料注射模	受热、受压、受磨损，但不严重。部分产品含有氯及氟，在压制时放出腐蚀性气体，腐蚀型腔表面	通常不含固体填料，以软化状态注入型腔，当含有玻璃纤维填料时，会加剧型腔磨损

5.1.2　塑料模具的主要失效形式

塑料模具的主要失效形式是表面磨损、塑性变形及断裂，但由于对塑料制品表面粗糙度及精度要求较高，故因表面磨损造成的模具失效比例较大。

1. 表面磨损

（1）模具型腔表面粗糙度恶化。

热固性塑料对模具表面严重摩擦，会造成表面拉毛而使模具型腔表面粗糙度变大，这必然会影响到制件的外观质量，需要及时卸下抛光。经多次抛光后，会由于模具型腔尺寸超差而失效。

（2）模具型腔尺寸超差。

当塑料中含有云母粉、石英砂、玻璃纤维等固体无机填料时，会明显加剧模具的磨损，这不仅会使型腔表面粗糙度迅速恶化，也会使模具型腔尺寸急剧变化。

（3）型腔表面侵蚀。

由于塑料中存在氯、氟等元素，受热分解析出 HCl、HF 等强腐蚀性气体，侵蚀模具表面，加剧其磨损失效。

2. 塑性变形

模具在持续受热、受压作用下，发生局部塑性变形失效。以渗碳钢或碳素工具钢制造的胶木模，特别是小型模具在大吨位压力机上超载使用时，容易产生表面凹陷、麻点、棱角、堆塌等缺陷，尤其是在棱角处更容易产生塑性变形。产生这种失效，主要是由于模具型腔表面的硬化层过薄，变形抗力不足；或是模具在热处理时回火不足，在服役时，工作温度高于回火温度，继续发生组织转变而发生“相变超塑性”流动，使模具早期失效。

为了防止塑性变形，需将模具处理到足够的硬度及硬化层深度，如对碳素工具钢，硬度应达到 52 ~ 56 HRC，渗碳钢的渗碳层厚度应大于 0.8 mm。

3. 断 裂

断裂失效是一种危害性较大的快速失效形式。塑料制品成型模具形状复杂，存在许多棱角、薄壁等部位，在这些位置会产生应力集中而发生断裂。为此，在设计制造中除热处理时要注意充分回火外，主要应选用韧性较好的模具钢制造塑料模具，对于大、中型复杂型腔胶木模，应采用高韧性钢（渗碳钢或热作模具钢）制造。

5.1.3 橡塑模具材料的性能要求

根据各类橡塑成型模具的工作条件和失效形式，橡塑模具材料应满足下列性能要求：

1. 使用性能要求

（1）合适的强度与韧性，使模具能承受开模力、熔体压力、锁模力的作用而不发生变形和开裂。

（2）足够的硬度与耐磨性，使模具型腔表面有足够的耐磨损能力。橡塑成型模具的硬度通常在 38 ~ 55 HRC。形状简单、抛光性能要求高的模具，硬度可取高些；反之，硬度可取低些。

（3）良好的耐腐蚀性能，以抵御 HCl、SO_2、HF 等腐蚀性气体的侵蚀。

（4）良好的耐热性和尺寸稳定性，模具材料应有稳定的组织和低的热膨胀系数。

（5）材料应高度纯净，组织均匀致密，无网状及带状碳化物，无孔洞、疏松及白点等缺陷。

2. 加工工艺性能要求

（1）良好的机械加工性能。

塑料模具型腔的几何形状大多比较复杂，型腔表面质量要求高，难加工的部位相当多；因此，模具材料应具有优良的可加工性和磨削加工性能。对于较高硬度的预硬化塑料模具钢，为了改善其可加工性，常在钢中加入 S、Pb、Ca、Se 等元素，从而得到易切削预硬化钢。

（2）良好的镜面加工性能和表面装饰纹加工性能。

塑料制品的表面粗糙度主要取决于模具型腔的表面粗糙度。一般塑料模型腔面的表面粗糙度在 R_a0.16 ~ 0.08 μm，表面粗糙度低于 R_a0.5 μm 时可使镜面光泽，尤其是用于透明塑料制品的模具，对模具材料的镜面抛光性能要求更高。镜面抛光性能不好的材料，在抛光时会形成针眼、空洞和斑痕等缺陷。模具的镜面抛光性能主要与模具材料的纯洁度、硬度和显微组织等因素有关。硬度高、晶粒细，有利于镜面抛光；硬脆的非金属夹杂物、宏观和微观组织的不均匀性，则会降低镜面抛光性能。因此，镜面模具钢大多采用经过电渣熔炼、真空熔炼或真空除气的超洁净钢。

一般来说，塑料件要求有良好的表面质量，则模具的成型面必须研磨、抛光，并且成型面的表面粗糙度要低于塑料件的表面粗糙度 2 ~ 3 级，这样才能保证塑料件的外观并便于脱模。图 5-1 是常见塑料模具钢的抛光性能对比。由图可见，抛光性能最好的是合金渗碳钢和不锈钢，最差的是高碳高铬钢。

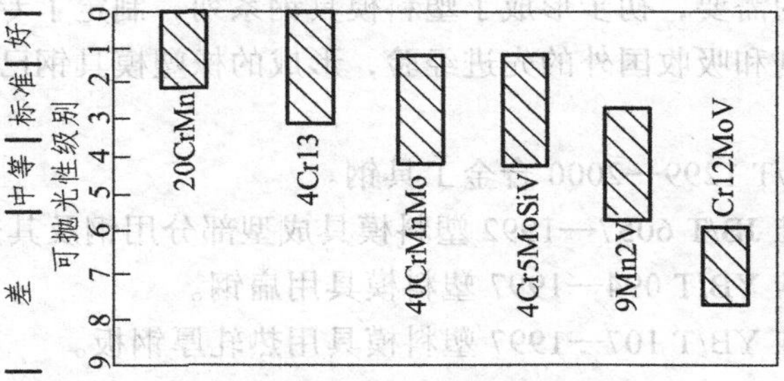

图 5-1　不同种类模具钢的抛光性能

（3）应具有良好的热加工性能，淬透性高，热处理变形小，尺寸稳定性好。热处理后具有高的强韧性、高的硬度和耐磨性，等向性能好。

（4）焊接修补方便。在模具制造完毕后不得不变更制品设计方案或塑料模具在使用中磨损需要修复时，常采用焊补的方法（局部堆焊），因此要求模具材料应具有较好的焊接性能。

（5）良好的电加工性能，电加工时不会产生电加工硬化层。

模具材料在电加工过程中有时会出现一般机械加工不会出现的问题。例如，有的模具材料电火花加工后，表面会留下 5 ~ 10 μm 深的沟纹，使加工面的表面粗糙度变大。有些材料线切割时会出现炸裂，产生较深的硬化层，增加了抛光难度。所以，模具材料必须要有良好的电加工性能。

5.2　橡塑模具材料的分类及热处理

由于不同的橡塑制品对模具材料有不同的性能要求，在不少国家已经形成了专用的塑料模具钢系列。我国塑料模具专用钢体系建立时间不长，已纳入中国国家标准的专用钢（钢号前缀 SM）仅有十余个，即 SM45、SM48、SM50、SM53、SM55、SM3Cr2Mo、SM3Cr2Ni1Mo、SM2CrNi3MoAl1S、SM4Cr5MoSiV、SM4Cr5MnSiV1、SMCr12Mo1V1、SM2Cr13、SM4Cr13、SM3Cr17Mo 等。它们是优质碳素结构钢、合金结构钢、合金工具钢、不锈钢经特殊冶炼和加工而成的，如炉外精炼、真空脱气、多向轧制和多向锻造等技术。与原钢种相比，某基本力学性能和热处理工艺差别不大，但是，这些专用钢的杂质如 S、P 含量低，碳含量范围缩小，钢的纯净度高，性能稳定性好，能够更好地满足塑料模具的特殊要求。因为塑料模具用钢与同标号原钢种的基本力学性能和热处理工艺差别不大，下面为方便介绍省去钢号前缀 SM。

5.2.1　橡塑模具材料的分类

1．模具钢

对橡塑模具钢使用性能的要求并不是很高，但是，必须保证橡塑模具材料具备优良的工艺性能，特别是对于制造大型、复杂、高精度的塑料模具更为重要。因此，近年来为了适应塑料成型加工业发展的需要，初步形成了塑料模具钢系列，制定了专用的技术条件和标准。经过我国多年来的研制和吸收国外的先进经验，形成的橡塑模具钢已经分别纳入下列有关技术标准中。

（1）国家标准 GB/T 1299—2000 合金工具钢。

（2）机械行业标准 JB/T 6057—1992 塑料模具成型部分用钢及其热处理。

（3）冶金行业标准 YB/T 094—1997 塑料模具用扁钢。

（4）冶金行业标准 YB/T 107—1997 塑料模具用热轧厚钢板。

（5）冶金行业标准 YB/Y 129—1997 塑料模具用模块。

根据需要，塑料模具也可以借用其他标准的一些钢种来制造。

（1）GB/T 1299—2000 合金工具钢中的冷作模具钢和无磁钢可用于制作最终淬硬的高耐磨塑料模具，如 Cr4W2MoV、6Cr4W3Mo2VNb、6W6Mo5Cr4V、5Cr4Mo3SiMnVAl、7Mn15Cr2Al3V2WMo 钢。

（2）JB/T 6057—1992 冲模用钢及其热处理中的微变形高耐磨钢 7CrSiMnMov 钢。

2. 非铁合金

有色合金的导热性好，制模容易，成本低，可选用国家标准中有关铸造或锻造的铜基、铝基、锌基合金。

3. 钢结硬质合金

钢结硬质合金具有较高的硬度和耐磨性，韧性比硬质合金好，价格也比硬质合金低，但仍比合金工具钢昂贵得多，而且韧性也比合金工具钢低，因此，钢结硬质合金作为橡塑模具材料，主要用于要求特别耐磨的玻璃纤维增强塑料成型模具中，可按 GB/T 10417—2008 碳化钨钢结硬质合金选用。随着科学技术的不断进步，钢结硬质合金的质量和性能将会进一步提高。

4. 镍基合金

镍基合金非常耐蚀、耐磨，但价格较贵，可根据 GB/T 15007—2008 耐蚀合金牌号选用。

目前，我国模具材料仍以钢材为主，用于橡塑模具的钢种，可按钢材特性和使用时的热处理状态分类，如表 5-2 所示。

表 5-2 塑料模具用钢分类

类 别	钢 种	类 别	钢 种
渗碳型	20、20Cr、20Mn、12CrNi3A、20CrNiMo、DT1、DT2、0Cr4NiMoV	预硬型	3Cr2Mo、Y20CrNi3AlMnMo（SM2）、5NiSCu、Y55CrNiMnMoV（SM1）、4Cr5MoSiVS、8GCr2MnWMoVS（8Gr2S）
调质型	45、50、55、40Cr、40Mn、50Mn、S48C、4Cr5MoSiV、38CrMoAlA	耐蚀型	3Cr13、2Cr13、Cr16Ni4Cu3Nb（PCR）、1Cr18Ni9、3Cr17Mo、0Cr17Ni4Cu4Nb（74PH）
淬硬型	T7A、T8A、T10A、5CrNiMo、9SiCr、9CrWMn、GCr15、3Cr2W8V、Cr12MoV、45Cr2NiMoVSi、6CrNiMnMoV（GD）	时效强化型	18Ni140 级、18Ni170 级、18Ni210 级、10Ni3MnCuAl（PMS）、18Ni9Co、06Ni6CrMoVTiAl、25GrNi3MoAl

下面针对上述这些钢种，有选择性地介绍常用橡塑模具材料的类型及热处理工艺。

5.2.2 渗碳型橡塑模具钢

渗碳型橡塑模具钢的塑性好，主要用于冷挤压成型的橡塑模具，无须进行切削加工，对于大批量生产同一形状的模具是很有利的。它可缩短模具的制造周期、降低成本，而且模具的互换性好。为了便于冷挤压成型，这类钢在退火状态必须有高的塑性和小的变形抗力，冷加工硬化效应不明显。成型复杂型腔时，要求退火硬度≤100 HBW；成型浅型腔时，要求退火硬度≤160 HBW。因此，对这类钢要求有低的碳含量，一般 $\omega_C = 0.10\% \sim 0.25\%$；钢中的部分合金元素使铁素体产生固溶强化，这是不希望发生的，因而需要加以选择和限制，其中铬、镍是比较理想的元素。此类钢国外有专用钢种，如瑞典的 8416、美国的 P2 和 P4 等。国内常用渗碳型橡塑模具钢有 20、20Cr、12CrNi2、12CrNi3、12Cr2Ni4、20Cr2Ni4 等以及国内最新研制的冷成型专用钢 0Cr4NiMoV（LJ）。

1. 12CrNi3 钢

（1）特点。

12CrNi3 钢是传统的中淬透性合金渗碳钢，与其他冷成型塑料模具钢相比，冷成型性能属中等。该钢碳含量较低，加入合金元素镍、铬，以提高钢的淬透性和渗碳层的强韧性，尤其是加入镍，在产生固溶强化的同时，明显提高了钢的塑性。

（2）工艺性能。

① 锻造工艺。该钢的锻造性能良好，锻造加热温度为 1 200 °C，始锻温度为 1 150 °C，终锻温度大于 850 °C，锻后缓冷。

② 退火工艺。为了提高钢的冷成型性，锻后必须进行软化退火。退火工艺为：加热到 740 ~ 760 °C，保温 4 ~ 6 h 后以 5 ~ 10 °C/h 的速度缓冷至 600 °C，再炉冷至室温。退火后的硬度 < 160 HBW，适于冷挤压成型。

③ 正火工艺。12CrNi3 钢也可用来制造切削加工成型的橡塑模具。为了改善切削加工性能，模坯须经正火处理。正火工艺为：加热到 880 ~ 900 °C，保温 3 ~ 4 h 后空冷。正火后的硬度≤229 HBW，切削加工性能良好。

④ 渗碳工艺。12CrNi3 钢采用气体渗碳工艺时，加热温度为 900 ~ 920 °C，保温 6 ~ 7 h，可获得 0.9 ~ 1.0 mm 的渗碳层，渗碳后预冷至 800 ~ 850 °C 直接油冷或空冷淬火，淬火后表层硬度可达 56 ~ 62 HRC，芯部硬度为 250 ~ 380 HBW。

（3）实际应用。

12CrNi3 钢主要用于冷挤压成型复杂的浅型腔塑料模具，或用于切削加工成型大、中型塑料模具。

2. 20Cr2Ni4 钢

（1）特点。

20Cr2Ni4 钢为高强度合金渗碳钢，有良好的综合力学性能，其淬透性、强韧性均超过 12CrNi3 钢。

（2）工艺性能。

该钢锻造性能良好，锻造加热温度为 1 200 °C，始锻温度为 1 150 °C，终锻温度大于 850 °C，锻后缓冷。

20Cr2Ni4 钢如在锻后出现晶粒粗大情况时，即使经正火及随后渗碳加热，在淬火后仍将得到粗大的马氏体组织。而且，当表面碳含量较高时，还易于在粗大奥氏体晶粒的晶界上形成碳化物网。对于此类钢，如锻后发现晶粒粗大，可以用下列热处理工艺加以改善：即先在 640 ~ 670 °C 回火 6 h 后空冷，以消除锻造后的残余应力，然后以大于 20 °C/min 的速度加热到 880 ~ 940 °C 空冷，再在 650 ~ 770 °C 回火，以获得均匀细小的珠光体和少量铁素体组织。

3. 0Cr4NiMoV（LJ）钢

（1）特点。

LJ 钢为冷挤压成型橡塑模具专用钢。LJ 钢的碳含量极低，塑性优异，变形抗力低，其冷挤压成型性能与工业纯铁相近，冷挤压成型的模具型腔轮廓清晰、光洁、精度高。钢中的主加元素为 Cr，辅加元素为 Ni、Mo、V 等，合金元素的主要作用是提高钢的淬透性，提高渗碳层的硬度、耐磨性和芯部强度。

（2）工艺性能。

LJ 钢具有良好的锻造性能和热处理工艺性能。

① 锻造工艺。锻造加热温度为 1 230 °C，始锻温度为 1 200 °C，终锻温度为 900 °C。

② 退火工艺。退火加热温度为 880 °C，保温 2 h，随炉缓冷至 650 °C 出炉空冷，退火硬度为 100 ~ 105 HBW。

③ 渗碳工艺。固体渗碳加热温度为 930 °C，保温 6 ~ 8 h，渗后在 850 ~ 870 °C 油中淬火，在 200 ~ 220 °C 回火 2 h，回火后表面硬度为 58 ~ 60 HRC，芯部硬度为 27 ~ 29 HRC，热处理变形小。LJ 钢的渗碳速度快，比 20 钢快一倍。

（3）实际应用。

LJ 钢主要用来替代 10、20 钢及工业纯铁等冷挤压成型的精密塑料模具，由于渗碳层深度较大，不会出现型腔表面塌陷和内壁咬伤的现象，使用效果良好。

5.2.3 预硬型橡塑模具钢

预硬型橡塑模具钢是指将热加工的模块，预先调质处理到一定硬度（一般分为 10 HRC、20 HRC、30 HRC、40 HRC 四个等级）供货的钢材，待模具成型后，不需再进行最终热处理就可直接使用，从而避免由于热处理而引起的模具变形和开裂，这种钢称为预硬化钢。预硬化钢最适宜制作形状复杂的大、中型精密塑料模具。常用的预硬型橡塑模具钢有 3Cr2Mo（P20）、3Cr2NiMo（P4410）、P20BSCa、P20SRe、P20S、5NiSCa、SM1、8Cr2MnWMoVS、4Cr5MoSiV1（H13）钢等。

预硬化钢的使用硬度一般在 30 ~ 42 HRC，切削性较差。为了减少机加工工时、延长刀具寿命、降低模具成本，国内外都研制了一些易切削预硬化钢，即加入 S、Pb、Se、Ca 等合金元素，以改善钢的切削加工性能。下面介绍几种典型的预硬型橡塑模具钢。

1. 3Cr2Mo（P20）钢

（1）力学性能。

3Cr2Mo（P20）钢是 GB/T 1299—85 中唯一专用塑料模具钢。该钢与美国通用型塑料模具钢 P20 是同类型钢，具有高的纯洁度，镜面抛光性好，力学性能均匀。经 850 °C 淬火、550 °C 回火的 P20 钢室温力学性能如表 5-3 所示。

表 5-3 经 850 °C 淬火、550 °C 回火的 P20 钢室温力学性能

硬度/HRC	σ_b/MPa	$\sigma_{0.2}$/MPa	δ/%	ψ/%	α_k/(J/cm^2)
30	1 250	1 140	14	58	11.5

（2）工艺性能。

① 锻造。加热温度为 1 100 ~ 1 150 °C，始锻温度为 1 050 ~ 1 100 °C，终锻温度≥850 °C，锻后空冷。

② 退火。加热温度为 850 °C，保温 2 ~ 4 h，等温温度为 720 °C，保温 4 ~ 6 h，炉冷至 500 °C，出炉空冷。

③ 淬火及回火。淬火加热温度为 860 ~ 870 °C，油淬，540 ~ 580 °C 回火。预硬态硬度为 30 ~ 35 HRC。

④ 化学热处理。P20 钢具有较好的淬透性及一定的韧性，可以进行渗碳，渗碳淬火后表面硬度可达 65 HRC，且有较高的热硬度及耐磨性。

（3）实际应用。

该钢含有合金元素铬、钼，故淬透性较好，通常采用调质预硬处理，预硬硬度一般为 30 ~ 36 HRC。将 3Cr2Mo 钢调质到 30 HRC 以上的硬度，进行机械加工，然后进行抛磨，可达到 R_a0.05 ~ 0.10 μm 的镜面要求。3Cr2Mo 钢价廉物美，主要用于制造中、小型橡塑模具，如黑白电视机、大型收录机的外壳和洗衣机面板盖等塑料成型模具。该钢在成型加工后，还可进行镀铬、渗碳、渗氮、气相沉积等表面处理，以提高模具型腔表面的耐磨性。

2. 3Cr2NiMo（P4410）钢

3Cr2NiMo 钢是 3Cr2Mo 钢的改进型，是在 3Cr2Mo 钢的基础上添加 0.8% ~ 1.2%（质量分数）的镍而制成的钢种，以提高钢的淬透性、强韧性和耐腐蚀性。国内研制的 P4410 钢的成分，与瑞典生产的 P20 钢改进型钢号 718 一致。截面厚度为 250 mm 的钢坯经 860 °C 加热淬火后，整个截面的硬度均匀，均为 45 HRC。

P4410 钢的生产工艺为：碱性平炉粗炼→真空脱气、钢包喷粉精练→水压机锻造→粗加工→超声波探伤→调质热处理→检验出厂。经此工艺生产的 P4410 钢具有较高的纯洁度，组织致密，镜面抛光性能好，粗糙度可达 R_a0.025 ~ 0.05 μm。

P4410 钢经预硬化到硬度为 32 ~ 36 HRC 后，具有良好的车、铣、磨等切削加工性能。

P4410 钢可采用火焰局部加热到 800 ~ 825 °C，在空气中自然冷却或压缩空气冷却，使局部表面的硬度达到 56 ~ 62 HRC，以延长模具的使用寿命；也可对模具进行表面镀铬，表面硬度从 370 ~ 420 HV 提高到 1 000 HV，以显著提高模具的耐磨性和耐蚀性。该钢的焊接工艺性良好，可进行焊补修复。该钢主要用于预硬截面厚度要求大于 250 mm 的橡塑成型模具。

3. 8Cr2MnWMoVS（8Cr2S）钢

8Cr2S 钢是我国研制的硫系易切削预硬化高碳钢，该钢不仅用来制作精密零件的冷冲压模具，而且经预硬化后还可以用来制作塑料成型模具。此钢具有高的强韧性、良好的切削加工性能和镜面抛光性能，具有良好的表面处理性能，可进行渗氮、渗硼、镀铬、镀镍等表面处理。

（1）特点。

① 热处理工艺简便，淬透性好。空冷淬硬直径在 ϕ100 mm 以上，空淬硬度为 61.5 ~ 62 HRC，热处理变形小。当在 860 ~ 920 °C 淬火、160 ~ 300 °C 回火时，轴向总变形率 < 0.09%，径向总变形率 < 0.15%。

② 切削性能好。退火硬度为 207 ~ 239 HBW，切削加工时，可比一般工具钢缩短加工工时 1/3 以上。硬度为 40 ~ 45 HRC 时，用高速钢或硬质合金刀具进行车、铣、刨、镗、钻等加工，相当于碳钢调质态，硬度为 30 HRC 左右的切削性能远优于 Cr12MoV 钢退火态硬度为 240 HBW 时的切削性能。

③ 镜面研磨抛光性好。采用相同的研磨加工，其表面粗糙度比一般合金工具钢低 1 ~ 2 级，最低表面粗糙度为 R_a0.1 μm。

④ 表面处理性能好。渗氮性能良好，一般渗氮层深达 0.2 ~ 0.3 mm，渗硼附着力强。

（2）工艺性能。

① 锻造。8Cr2S 钢的锻造性能尚好，锻造加热温度为 1 100 ~ 1 150 °C，始锻温度为 1 060 °C，终锻温度≤900 °C。锻造后，MnS 沿锻轧方向延伸成条状。

② 退火。等温球化退火工艺为：790 ~ 810 °C 加热 2 h，然后冷到 700 °C 再保温 6 ~ 8 h，炉冷到 550 °C 出炉，退火硬度≤229 HBW，退火组织为细粒状珠光体。

③ 淬火及回火。8Cr2S 钢的淬火加热温度为 860 ~ 920 °C，油冷淬火、空冷淬火或在 240 ~ 280 °C 硝盐中等温淬火都可以。直径为 ϕ100 mm 的钢材空冷淬火可以淬透，淬火硬度为 62 ~ 64 HRC。回火温度可在 550 ~ 620 °C 选择，回火硬度为 40 ~ 48 HRC。因加有 S，预硬硬度为 40 ~ 48 HRC 的 8Cr2S 钢坯，其机械加工性能与调质到 30 HRC 的碳素钢相近。

（3）实际应用。

8Cr2S 钢作为预硬钢适宜于制作各种类型的塑料模具、胶木模具、陶土瓷料模具以及印制板的冲孔模，该钢种制作的模具配合精密度较其他合金工具钢高 1 ~ 2 个数量级，其表面粗糙度低 1 ~ 2 级，使用寿命普遍长 2 ~ 3 倍，有的长十几倍。

4. 5CrNiMnMoVSCa（5NiSCa）钢

5NiSCa 钢是我国研制的高效新钢种，属于硫、钙复合系易切削预硬型橡塑模具钢。该钢不仅具有良好的切削加工性，而且镜面抛光性也好，蚀刻花纹图案清晰逼真，并在使用中有较强的保持模具镜面的能力。

（1）特点。

5NiSCa 钢经 880 °C 加热油淬、600 °C 回火的预硬处理后，硬度为 36 ~ 48 HRC，具有优良的综合力学性能、耐磨性能、等向性能、切削加工性能和镜面抛光性能，表面粗糙度可达 R_a0.025 ~ 0.05 μm。抛光后的模具，置于大气中容易锈蚀氧化，应及时进行镀铬或渗氮处理，这样既能保护型腔表面，又能提高表面硬度和耐磨性。5NiSCa 钢在高硬度（50 HRC 以上）

仍具有高的韧性及止裂能力，且变形小。

（2）工艺性能。

① 锻造。5NiSCa 钢的锻造预热温度为 800 °C，锻造加热温度为 1 100 °C，始锻温度为 1 070 ~ 1 100 °C，终锻温度为 850 °C，锻后砂冷。此钢锻造变形抗力小，塑性良好，容易锻造。

② 球化退火。加热温度为 770 °C，保温 3 h，等温温度为 660 °C，保温 7 h，炉冷到 550 °C 出炉空冷。其退火硬度≤241 HBW，加工性能良好。

③ 淬火。淬火温度为 880 ~ 900 °C，小件取下限，大件取上限，采用油冷或 260 °C 硝盐分级淬火。

（3）实际应用。

5NiSCa 钢可用于制作型腔复杂，精密的大、中、小型注射模具和橡胶模具、压塑模具。如收录机、洗衣机等塑料模具，模具质量和使用寿命超过 P20 钢，接近进口模具的先进水平；又如录音机上的磁带门仓，用透明塑料压制而成。这种塑料对模具型腔、型芯的表面粗糙度要求很高，过去依靠进口日本产 NAK55 及 S136 镜面钢，现将 5NiSCa 钢预硬处理到 40 ~ 42 HRC 后制造模具，使用效果良好，模具质量和使用寿命超过了进口钢材，从而解决了国内对易切削高精度预硬型模具钢的要求。

5. Y55CrNiMnMoV（SM1）钢

（1）特点。

Y55CrNiMnMoV 钢属含硫系易切削预硬塑料模具钢，预硬态交货，预硬硬度为 35 ~ 40 HRC。在此硬度下，SM1 钢具有高的强韧性、优良的切削加工性和镜面抛光性能，模具加工成型后可不再热处理而直接使用。此钢还具有较好的耐蚀性和可渗氮等优点。

（2）工艺性能。

① 锻造。SM1 钢的碳、铬含量较低，具有比较好的锻造性能，锻造加热温度为 1 150 °C，始锻温度为 1 050 °C，终锻温度≥850 °C。

② 退火处理。锻后需进行球化退火。等温球化退火工艺为：缓慢升温到 810 °C 左右，保温 2 ~ 4 h，冷却到 680 °C 等温 4 ~ 6 h，炉冷到 550 °C 出炉，退火硬度为 200 HBW。

③ 淬火、回火。SM1 钢的淬火加热温度为 800 ~ 860 °C，淬火硬度为 58 HRC，回火温度为 620 °C，回火硬度为 35 ~ 40 HRC。

（3）力学性能。

经上述处理后，SM1 钢的力学性能如表 5-4 所示。

表 5-4 SM1 钢的力学性能

σ_b/MPa	$\sigma_{0.2}$/MPa	δ/%	ψ/%	α_k/（J/cm^2）	硬度/HRC
1 176	980	15	45	44	35

（4）实际应用。

SM1 钢生产工艺简便易行，性能优越稳定，使用寿命长，广泛用于制造高精度橡塑成型模具，如录音机外壳模、洗衣机外壳模、继电器组合件注射模等。

5.2.4 时效硬化型橡塑模具钢

对于复杂、精密、高寿命的橡塑模具，模具材料在使用状态必须有高的综合力学性能，为此，必须采用最终热处理。但是，采用一般的最终热处理工艺，往往导致模具的热处理变形，模具的精度就很难达到要求。而时效硬化型橡塑模具钢在固溶处理后变软（一般为 28 ~ 34 HRC），可进行切削加工，待冷加工成型后进行时效处理，可获得很高的综合力学性能，时效热处理变形很小；而且这类钢一般具有焊接性能好以及可以进行渗氮等优点，适用于制造复杂、精密、高寿命的塑料模具。

时效硬化型橡塑模具钢主要包括两种类型，即马氏体时效钢和析出硬化型时效钢，下面分别进行说明。

5.2.4.1 马氏体时效钢

自 1959 年马氏体时效钢出现以来，由于这类钢具有高的比强度、良好的可加工性和焊接性以及简单的热处理制度等优点，立即受到宇航工业的高度重视，得到了迅速的发展。其中，最为典型的钢号是 18Ni 马氏体时效钢，它们的屈服强度级别为 1 400 ~ 3 500 MPa，典型牌号有 18Ni（200）、18Ni（250）、18Ni（300）、18Ni（350）、06Ni6CrMoVTiAl 等。对于模具而言，所要求钢材具备的性能比宇航工业低，对冶金质量及性能的要求可适当降低，并为此发展了一些低钴、无钴、低镍的马氏体时效钢，如 06Ni6CrMoVTiAl 钢，从而使钢材的成本大幅度下降。

马氏体时效钢是不同于常规钢种的超高强度钢，它不是通过碳含量而强化的，是通过很低碳含量的马氏体基体时效硬化时，发生金属间化合物沉淀而强化的，强度与淬透性无关。事实上，碳在马氏体时效钢中是杂质，要控制在尽可能低的范围内。马氏体时效钢在冷却时奥氏体转变为马氏体，在达到 M_S 温度和形成马氏体以前没有相变。大工件即使很慢冷却也只产生马氏体，而不会出现大尺寸截面淬透性不足的问题。马氏体时效钢的热处理工艺如表 5-5 所示。

表 5-5 马氏体时效钢的热处理工艺

钢 号	热处理	抗拉强度 σ_b/MPa	屈服强度 σ_s/MPa	50 mm 标距内伸长率/%	断面收缩率/%	断裂韧度 /$MPa\cdot m^{\frac{1}{2}}$
18Ni（200）	820 °C 固溶 1h，480 °C 时效 3 h	1 500	1 400	10	60	150 ~ 200
18Ni（250）	820 °C 固溶 1 h，480 °C 时效 3 h	1 800	1 700	8	55	120
18Ni（300）	820 °C 固溶 1 h，480 °C 时效 3 h	2 050	2 000	7	40	80
18Ni（350）	820 °C 固溶 1 h，480 °C 时效 2 h	2 450	2 400	6	25	35 ~ 50

1. 18Ni 类钢

（1）分类。

18Ni 类钢属于低碳马氏体时效钢。马氏体时效钢碳质量分数极低（约 0.03%），目的是改善钢的韧性。其中这类钢的屈服强度有 1 400 MPa、1 700 MPa、2 100 MPa 三个级别，可分别简写为 18Ni140 级、18Ni170 级和 18Ni210 级，也分别对应国外的 18Ni200 级、18Ni250 级和 18Ni300 级。18Ni 类钢的化学成分和力学性能如表 5-6 所示。

表 5-6　18Ni 类钢的化学成分和力学性能

18Ni 钢级别	化学成分 ω/%					热处理工艺	σ_s/MPa	σ_b/MPa	δ/%	ψ/%	硬度/HRC
	Ni	Co	Mo	Ti	Al						
140 级	17.5 ~ 18.5	8 ~ 9	3.0 ~ 3.5	0.15 ~ 0.25	0.05 ~ 0.15	（815 ± 10）°C 固溶处理 1 h，空冷；经（480 ± 10）°C 时效 3 h，空冷	1 350 ~ 1 450	1 400 ~ 1 550	14 ~ 16	65 ~ 70	46 ~ 48
170 级	17 ~ 19	7.0 ~ 8.5	4.6 ~ 5.2	0.3 ~ 0.5	0.05 ~ 0.15		1 700 ~ 1 900	1 750 ~ 1 950	10 ~ 12	48 ~ 58	50 ~ 52
210 级	18 ~ 19	8.0 ~ 9.5	4.6 ~ 5.2	0.55 ~ 0.80	0.05 ~ 0.15		2 050 ~ 2 100	2 100 ~ 2 150	12	60	53 ~ 55

18Ni 马氏体时效钢中的杂质对钢的性能影响很大，对屈服强度较高的钢的影响更明显，所以对 170 级以上的钢都要经过真空冶炼，减少杂质、偏析和钢锭中的含气量，以保证钢的较好的韧性和抗疲劳性能。

（2）特点。

由于马氏体时效钢的强化不是靠碳的过饱和固溶或碳化物沉淀，而是靠某些合金元素在时效时产生金属间化合物析出而强化的，因此，钢中的碳与硫、磷一样，为有害杂质元素。但在 18Ni 类钢中，碳对钢的强度影响很大，即使含极少量碳元素，也会使马氏体强度显著提高。例如，不含碳的 Fe-Ni 马氏体屈服强度为 300 MPa，而加入质量分数为 0.02% 的碳元素后，马氏体屈服强度会急增至 700 MPa。但若把碳的质量分数增至 0.03% 后，反而会降低钢的屈服强度。因此，要求碳含量越低越好，一般不应超过 0.03%。

18Ni 马氏体时效钢中起时效硬化作用的合金元素是钛、铝、钴和钼。18Ni 类钢中加入大量的镍，主要作用是保证固溶体淬火后能获得单一的马氏体，其次 Ni 与 Mo 作用形成时强化相 Ni_3Mo，镍的质量分数在 10%以上，还能提高马氏体时效钢的断裂韧度。

18Ni 类钢经固溶处理后形成超低碳马氏体，硬度为 30 ~ 32 HRC，具有很好的冷变形加工性和切削加工性。时效处理后，由于各种类型的金属化合物脱溶、析出，产生时效强化，硬度则上升到 50 HRC 以上。这类钢在高强度、高韧性的条件下仍具有良好的塑性、韧性和高的断裂韧度。

18Ni 类钢的热加工性和焊接性能均较好，焊接应采用气体保护焊，焊后应热处理。

（3）实际应用。

18Ni 类钢主要用在精密锻模及制造高精度、超镜面、型腔复杂、大截面、大批量生产的塑料模具，但因 Ni、Co 等贵重金属元素含量高，价格昂贵，尚难以广泛应用。

2. 06Ni6CrMoVTiAl（06Ni）钢

（1）特点。

06Ni6CrMoVTiAl 钢，代号为 06Ni，属低镍马氏体时效钢，价格比 18Ni 马氏体时效钢低得多。其化学成分如下：$\omega_C = 0.06\%$，$\omega_{Ni} = 5.5\% \sim 6.5\%$，$\omega_{Cr} = 1.3\% \sim 1.6\%$，$\omega_{Mo} = 0.9\% \sim 1.2\%$，$\omega_{Ti} = 0.9\% \sim 1.3\%$，$\omega_{Al} = 0.6\% \sim 0.9\%$，$\omega_V = 0.08\% \sim 0.16\%$，$\omega_{Mn} \leqslant 0.5\%$，$\omega_{Si} \leqslant 0.6\%$，$\omega_P \leqslant 0.03\%$，$\omega_S \leqslant 0.03\%$。

此钢的突出优点是热处理变形小，时效处理后的变形量仅为0.02%～0.05%，并且纵、横方向变形量相近，这是高碳钢和易切削钢所不及的。经固溶处理后硬度为25～28 HRC，具有良好的切削加工性能和抛光性能。经过机械加工成型及钳工修理和抛光后进行时效处理，时效后的硬度为42～48 HRC，变形量在0.05%之内，此时钢材具有良好的综合力学性能和一定的耐蚀性能。

（2）工艺性能。

① 锻造。加热温度为1 100～1 150 °C，终锻温度≥850 °C，锻后空冷。

② 软化退火。可采用680 °C高温回火处理达到软化目的。

③ 固溶处理。固溶是时效硬化钢必要的工序，通过固溶既可达到软化目的，又可以保证钢材在最终时效时具有硬化效应。固溶处理可以利用锻轧后快速冷却实现，也可以把钢材加热到固溶温度后油冷或空冷实现。

06Ni钢固溶处理后，采用的冷却方式不同，对固溶及时效硬度的影响很大。如固溶后空冷，硬度为26～28 HRC，油冷硬度为24～25 HRC，水冷硬度为22～23 HRC。固溶后的冷却速度越快，硬度越低，但时效后的硬度却越高。

06Ni钢的时效硬度比18Ni类高合金马氏体时效钢固溶硬度（28～32 HRC）低，因而切削加工性能优于高合金马氏体时效钢。推荐的固溶处理工艺为：固溶温度为800～880 °C，保温1～2 h，油冷。

④ 时效处理时效工艺为：500～540 °C时效4～8 h，硬度为42～45 HRC。一般采用520 °C时效6 h，硬度为43～48 HRC，组织为板条马氏体加析出的强化相Ni_3Al、Ni_3Ti、TiC、TiN，具有良好的综合力学性能和一定的耐蚀性能，并可以进行渗氮、镀铬。

（3）实际应用。

用此种钢制造模具，容易机械加工，热处理工艺简单，操作方便，模具使用寿命长。在机械加工前，必须经固溶处理，以降低硬度，便于加工。机械加工成型后，再进行时效处理，以达到所要求的使用性能。

06Ni钢适宜制造高精度的塑料模具和轻金属压铸模等。06Ni钢已分别应用在化工、仪表、轻工、电器、航空航天和国防工业部门，用以制作磁带盒、照相机、电传打字机等零件的塑料模具，均收到良好的效果。制作的磁带盒塑料模具使用寿命可达200万次以上，产品质量可与进口模具生产的产品相媲美。

5.2.4.2 析出硬化型时效钢

析出硬化型时效钢也是比较新型的钢种之一，它所含的合金元素比马氏体时效钢少，特别是镍含量少得多。该时效钢在固溶处理状态下，硬度为30 HRC左右，可以进行切削加工，制成模具后再进行时效处理，使硬度达到40 HRC左右，而时效变形量很小，约在0.01%，适宜制造高硬度、高强度和高韧性的精密塑料模具。典型钢号有25CrNi3MoAl、10Ni3CuAlMoS（PMS）、Y20CrNi3AlMnMo（SM2）、P21等。

固溶处理的目的在于得到细小的板条马氏体，以提高钢的强韧性；固溶淬火后的马氏体硬度较高，为降低钢的硬度，需进行高温回火，而高温回火工艺的选择，既要使马氏体充分分解，又要避免NiAl相的脱溶析出。钢材的最终性能是通过时效处理得到的，为了使析出硬化钢在时效过程中脱溶 NiAl 相而强化，必须在 NiAl 相脱溶温度范围内进行时效处理。

1. 25CrNi3MoAl 钢

25CrNi3MoAl 钢为低 Ni 无 Co 型 Ni-Mo-A1 系析出硬化型马氏体时效钢，适用于制造变形率要求在 5% 以下、镜面要求高或表面要求光刻花纹的普通及精密塑料模具，经软化处理后，可通过冷挤压成型。

（1）特点。

① 25CrNi3MoAl 钢的特点是含镍量低，价格远低于马氏体时效钢，也低于超低碳中合金时效钢。

② 调质硬度为 230 ~ 250 HBW，有良好的切削加工性能和电加工性能。时效硬度为 38 ~ 42 HRC，时效温度范围与渗氮温度范围相当，故时效处理与渗氮处理可以同时进行，从而提高了模具表面的耐磨性和抗咬合能力，并且渗氮性能好，渗氮后表层硬度达 1 100 HV 以上，而芯部硬度保持在 38 ~ 42 HRC。

③ 镜面研磨性好，表面粗糙度可达 R_a0.2 ~ 0.025 μm，表面光刻浸蚀性好，光刻花纹清晰。

④ 焊接修补性好，焊缝处可加工，时效后焊缝硬度和基体硬度相近。

（2）工艺性能。

① 用作一般精密塑料模具时的热处理工艺为：经 880 °C 淬火后水淬或空冷，淬火硬度为 48 ~ 50 HRC；再经 680 °C、4 ~ 6 h 高温回火，空冷或水冷，回火硬度为 22 ~ 23 HRC；经机械加工成形后，在 520 ~ 540 °C、6 ~ 8 h 时效处理，空冷，时效硬度为 39 ~ 42 HRC，再经研磨或光刻花纹后装配使用。时效变形率约为 – 0.039%。

② 用于高精密塑料模具。淬火加热温度为 880 °C，再经 680 °C 高温回火，其余工艺同上。但在高温回火后对模具进行粗加工和半精加工后，再进行一次 650 °C 保温 1 h 的去应力处理，来消除加工后的残余内应力，然后再进行精加工。此后的时效、研磨、抛光等工艺同上。经此处理后时效变形率仅为 – 0.01% ~ – 0.02%。

③ 用于对冲击韧度要求不高的塑料模具。对退火的锻坯直接进行粗加工、精加工，再进行 520 ~ 540 °C、6 ~ 8 h 的时效处理，最后经研磨、抛光及装配使用。经此处理后，模具硬度为 40 ~ 43 HRC，时效变形可控制在 0.05% 范围内。

④ 用作冷挤压型腔工艺的塑料模具。模具锻坯经软化处理后，即对模具挤压面进行加工、研磨、抛光。然后对冷挤压模具型腔和模具外形进行修整，最后对模具进行真空时效处理或表面渗氮处理后再装配使用。

（3）实际应用。

25CrNi3MoAl 钢可用来制作普通及高精密塑料模具，经试用，技术经济效益显著。

2. 10Ni3CuAlMoS（PMS）钢

光学塑料镜片、透明塑料制品以及外观光洁、光亮、质量高的各种热塑性塑料壳体件成型模具，国外通常选用表面粗糙度低、光亮度高、变形小、精度高的镜面塑料模具钢制造。

镜面性能优异的塑料模具钢，除要求具有一定强度、硬度外，还要求冷热加工性能好，热处理变形小。特别是还要求钢的纯洁度高，以防止镜面出现针孔、橘皮、斑纹和锈蚀等缺陷。

（1）特点。

PMS 钢属马氏体析出硬化型镜面塑料模具钢，此钢采用低的含碳量，在热处理时析出 NiAl、CuAl、CuNi 等弥散的金属间化合物，获得所需的硬度。PMS 钢具有良好的冷热加工性能和综合力学性能，热处理工艺简便，变形小，淬透性高，适宜进行表面强化处理，在软化状态可进行模具型腔的挤压成型。

（2）工艺性能。

① 锻造。PMS 钢具有良好的锻造性能，锻造加热温度为 1 130 ~ 1 160 °C，始锻温度为 1 100 ~ 1 120 °C，终锻温度 > 850 °C，锻后灰冷。锻后不必退火即可进行机械加工。

② 固溶处理。固溶处理的目的是为了使合金元素在基体内充分溶解，使固溶体均匀化，并达到软化，便于切削加工。PMS 钢的固溶加热温度为 840 ~ 900 °C，一般选用 870 °C×1 h 固溶处理后空淬，硬度为 30 ~ 35 HRC，PMS 钢具有良好的冷热加工性能。

③ 时效处理。钢的最终使用性能是通过回火时效处理而获得的。在零件制作成型后，经 490 ~ 500 °C 时效处理，硬度在 45 HRC 左右。

④ 变形率。PMS 钢的变形率很小，收缩量 < 0.05%，总变形率径向为 – 0.11% ~ 0.041%，轴向为 – 0.021% ~ 0.026%，接近马氏体时效钢。

⑤ 表面粗糙度及耐蚀性。PMS 钢表面经机械加工和抛光后，表面粗糙度 $R_a \leqslant 0.05$ μm，抛磨时间较 45 钢可缩短 50%，而表面质量比 45 钢高 1 倍，并且表面洁净耐蚀，无针孔斑块缺陷，图案蚀刻性能良好。PMS 钢表面耐蚀性高，在盐酸溶液中加热沸腾时，有极好的耐蚀性能，腐蚀率只有 2Cr13 钢的 1/6 ~ 1/8。

（3）力学性能。

PMS 钢经 840 ~ 850 °C 加热保温空冷固溶处理，再经 510 °C 及 530 °C 时效处理后的力学性能如表 5-7 所示。

表 5-7　PMS 钢不同温度时效处理后的力学性能

钢　种	时效温度/°C	硬度/HRC	σ_b/MPa	σ_s/MPa	δ/%	ψ/%	α_k/(J/cm²)
PMS 钢（高 S）	510	42.5	1 303.5	1 169.1	16	49.2	14.7 ~ 17.4
	530	41.4	1 292.7	1 194.6	15	52.7	20.6
PMS 钢（低 S）	510	42.7	1 331.9	1 264.5	14.7	47.8	21.6
	530	41.8	1 252.5	1 191.7	14.6	55.7	21.6

（4）实际应用。

PMS 钢中含有一定量的 Al，因此，特别适宜于进行表面渗氮或氮碳共渗处理，处理后的硬度可达 1 000 HV 以上，其时效温度与渗氮温度相近，故渗氮时可同时进行时效处理。

PMS 钢还具有良好的焊接性能，补焊区域硬度为 30 HRC 左右，可以进行机械加工；钢中不含 S 等易切削元素，补焊时没有 SO_2 气体逸出；补焊质量优良，为模具补焊修复提供了方便。含碳量在下限时，PMS 钢实际上是一种 Fe-Ni-Al-Cu 合金，可以挤压成型，对于形状复杂的模具，这一优点显得特别重要。

PMS 镜面塑料模具钢适用于要求有高镜面要求的精密模具，是理想的光学透明塑料制品的成型模具以及外观质量要求极高的光洁、光亮的各种家用电器塑料模具。例如，电话机塑料模具，生产出的电话机塑料壳体制品外观质量达到国外同类产品的先进水平，模具使用寿命也明显延长。

3. Y20CrNi3AlMnMo（SM2）钢

（1）特点。

SM2 钢属硫系中合金时效硬化易切削预硬钢，它具有良好的综合力学性能、加工工艺性能和镜面抛光性能，可渗氮，用于高精度模具。

SM2 钢中加入 Al，在时效时可以析出硬化相 Ni_3Al。加入 Cr 的主要作用是提高钢的淬透性，因此 SM2 钢比 PMS 钢的淬透性稍高；加入 S 和 Mn，可以形成易切削相 MnS，因此，SM2 钢的切削性能优于 PMS 钢。

（2）工艺性能。

① 锻造。SM2 钢的锻造工艺与 SM1 钢相同，锻后不必退火。

② 固溶处理。SM2 钢的固溶加热温度为 870 ~ 930 °C，一般选 900 °C×2 h 固溶处理后油冷，硬度为 42 ~ 45 HRC，700 °C×2 h 高温回火后油冷，硬度为 28 HRC。SM2 钢具有良好的切削加工性能。

③ 时效处理。加工成型后经 500 ~ 520 °C 时效处理，硬度为 40 HRC。对于要求型腔表面光洁、精度较高的模具，可在此硬度下进行精加工，抛光表面。

④ 表面处理。SM2 钢具有良好的渗氮、氮碳共渗、离子渗氮、氧氮共渗工艺性能。

（3）实际应用。

SM2 钢已在纱管模、三角尺模、牙刷模、相机模、玩具模、线路板模等方面得到了广泛应用，完全可以取代进口材料。

5.2.5 耐蚀型塑料模具钢

在生产以聚氯乙烯、聚苯乙烯添加阻燃剂为原料的塑料制品时，模具材料必须具有一定的耐腐蚀性能。常用来制作塑料模具的耐蚀钢有 3Cr13、4Cr13、9Cr18、Cr18MoV、Cr14Mo、Cr14Mo4V、1Cr17Ni2 等不锈钢和马氏体时效不锈钢。

1. 高碳高铬型耐蚀钢

常用于制作塑料模具的高碳高铬型耐蚀钢有 9Cr18、Cr18MoV、Cr14Mo、Cr14Mo4V、AFC-77 钢等。

高碳高铬耐蚀钢属于莱氏体钢，必须通过锻造使粗大碳化物均匀分布。钢坯的锻造加热温度为 1 100 ~ 1 130 °C，始锻温度为 1 050 ~ 1 080 °C，终锻温度为 850 ~ 900 °C。锻后砂冷或灰冷。

为降低锻造后的硬度，改善切削加工性能，并为淬火做好组织准备，锻后应进行球化退火，退火组织为粒状珠光体和均匀分布的粒状碳化物，退火硬度为 179 ~ 255 HBW。

2. 中碳高铬型耐蚀钢（4Cr13）

4Cr13 钢属于马氏体不锈钢，严格地讲，只能耐大气和水蒸气腐蚀。在热处理后能获得较高的硬度和耐磨性，可用于制造要求一定耐蚀性能的塑料模具。

4Cr13 钢的软化处理，可以采用在 750 ~ 800 °C 温度进行高温回火 2 ~ 6 h，也可采用在 875 ~ 900 °C 保温 1 ~ 2 h，以 15 ~ 20 °C/h 的速度冷至低于 600 °C 出炉空冷，退火硬度为 170 ~ 200 HBW。

4Cr13 钢的淬火温度一般选择在 1 040 ~ 1 060 °C。4Cr13 钢通常在两种回火状态下使用，当要求高硬度和高耐蚀性时可在 200 ~ 350 °C 温度回火；当要求强度、塑性和冲击韧度有最佳配合且耐蚀性又较高时，则采用 650 ~ 750 °C 回火。

3. 低碳铬镍型耐蚀钢（1Cr17Ni2）

1Cr17Ni2 钢属于马氏体型不锈耐酸钢，对于氧化酸类、盐类的水溶液有良好的耐蚀性。1Cr17Ni2 钢具有较高的强度和硬度，而且耐蚀性能较 4Cr13 钢好，缺点是有脆性倾向，焊接性较差。

1Cr17Ni2 钢的淬火温度一般为 1 000 °C。与 4Cr13 不锈钢一样，1Cr17Ni2 也是在淬火后低温回火或高温回火，具有很好的耐腐蚀性能。淬火后经 250 ~ 300 °C 回火，基体组织为回火马氏体，钢的强度、硬度较高，耐磨性好，而且具有高的耐蚀性能。高温回火温度在 600 ~ 700 °C，钢的基体组织为回火索氏体，具有较好的强度与韧性配合，而且也具有较高的耐蚀性能。

4. 0Cr16Ni4Cu3Nb（PCR）钢

（1）特点。

PCR 钢是一种马氏体沉淀硬化型不锈钢，因碳含量低，耐腐蚀性和焊接性都优于马氏体型不锈钢，而接近奥氏体不锈钢。

（2）工艺性能。

① 锻造。锻造加热温度为 1 180 ~ 1 200 °C，始锻温度为 1 150 ~ 1 100 °C，终锻温度> 1 000 °C，锻后空冷或砂冷。

钢中含有铜元素，其压力加工性能与含铜量有很大关系。当铜质量分数 $\omega_{Cu} > 4.5\%$时，锻造易出现开裂；当铜质量分数 $\omega_{Cu} \leqslant 3.5\%$ 时，其压力加工性能有很大改善。锻造时要充分热透，锻打时要轻捶快打，变形量小，然后可重捶，以加大变形量。

② 固溶处理。PCR 钢热处理工艺简单，经 1 050 °C 固溶处理后空冷可获得单一的板条马氏体组织，硬度为 32 ~ 35 HRC，具有良好的切削加工性能。

③ 时效处理。经 460 ~ 480 °C 时效处理后，由于马氏体基体析出富铜相，使强度和硬度进一步提高，但在 440 °C 冲击韧度最低，因此，推荐时效处理温度为 460 °C，硬度达 42 ~ 44 HRC，同时可获得较好的综合力学性能。

④ 淬透性及淬火变形。PCR 钢淬透性好，在 ϕ100 mm 断面上硬度分布均匀。回火时效后总变形率径向为 − 0.055% ~ − 0.04%，轴向为 − 0.04% ~ − 0.037%。

⑤ 表面处理。PCR 钢经时效处理后，工件仅有微量变形，其抛光性能良好，抛光后在 300 ~ 400 °C 进行 PVD 表面离子镀处理，可获得高于 1 600 HV 的表面硬度。

（3）实际应用。

PCR 钢适用于制造含氟、氯的塑料成型模具，具有良好的耐腐蚀。

具体应用方面，如用氟塑料或聚氯乙烯塑料成型模具、氟塑料微波板、塑料门窗、各种车辆把套、氟氯塑料挤出机螺杆和料筒以及添加阻燃剂的塑料成型模。

聚三氟氯乙烯阀门盖模具，原用 45 钢或镀铬处理模具，使用寿命为 1 000 ~ 4 000 件；用 PCR 钢，当使用 6 000 件时仍与新模具一样，未发现任何锈蚀或磨损，模具寿命达 10 000 ~ 12 000 件。

四氟塑料微波板，原用 45 钢或表面镀铬模具，使用寿命仅 2 ~ 3 次，改用 PCR 钢后，模具使用 300 次未发现任何锈蚀或磨损，表面光亮如镜。

5.2.6 其他橡塑模具材料

目前，塑料模具材料仍以钢材为主，但根据塑料的成型工艺条件不同，也可采用低熔点合金、低压铸铝合金、铍青铜、锌合金、钢结硬质合金等其他模具材料。下面分别作简单介绍。

1. 非铁合金

（1）铜合金。

用作塑料模具材料的铜合金主要是铍青铜，如 $ZCuBe_2$、$ZCuBe_{2.4}$ 等。一般采用铸造方法制模，不仅成本低、周期短，而且还可制出形状复杂的模具。铍青铜可进行固溶-时效处理，在固溶处理后，材料的塑性好，易于切削加工。经时效处理后，硬度可达 40 ~ 42 HRC。铍青铜可用于制造吹塑模、注射模。福建省二轻工业研究所研制的析出硬化型铜基合金，$\omega_{Ti} = 3.5\% \sim 6.0\%$、$\omega_{Ni} < 0.2\%$，经固溶处理后冷压成型，再时效硬化，模具型腔质量好。

（2）铝合金。

铝合金的密度小、熔点低，切削加工性能和导热性能都优于钢，其中铸造铝硅合金还具有优良的铸造性能。因此，用铸造铝合金来制造塑料成型模具，可缩短制模周期，降低制模成本。常用的铸造铝合金有 ZL101、ZL201、ZL302 等，主要用于制造要求高热导率、形状复杂、耐蚀的塑料模具。

（3）锌合金。

用于制造塑料模具的锌合金大多为 Zn-4Al-3Cu 共晶型合金，用铸造方法可以加工出光洁而复杂的模具型腔，并可降低制模费用、缩短制模周期。锌合金的不足之处是高温强度较差，且合金易老化，因此，锌合金塑料模在长期使用后，易出现变形甚至开裂，这类锌合金适用于制造注射模和吹塑模。

2. 钢结硬质合金

钢结硬质合金是以钢为黏结相，以碳化钛、碳化钨等碳化物为硬质相，用粉末冶金方法生产的复合材料。其微观组织是细小的硬质相，弥散均匀地分布于钢的基体中。

作为黏结相的钢基体，可以是碳素钢、合金钢等。由于黏结相的钢种不同，赋于钢结硬质合金一系列不同的性能，如高强度、抗冲击、耐磨损、耐高温、耐腐蚀等。我国生产的模具用钢结硬质合金的典型牌号有 GT35、R5、T1、D1、TLMW50、GW50、GJW50 等，其热处理工艺如表 5-8 所示。

表 5-8 模具钢结硬质合金的热处理工艺

牌号	退火温度/°C	退火硬度/HRC	淬火温度/°C	保温时间/(min/mm)	冷却介质	淬火硬度/HRC
GT35	790±10	39~46	960~980	0.5	油	69~72
R5	830±10	44~48	960~980	0.6	油或空气	70~73
T1	830±10	44~48	960~980	0.3~0.4	560 °C 盐浴油冷	72~74
D1	830±10	40~48	960~980	0.6~0.7	560 °C 盐浴油冷	72~74
TLMW50	810±10	35~40	960~980	0.5~0.7	油	68
GW50	800±10	38~43	960~980	2~3	油	68~72
GJW50	810±10	35~38	960~980	0.5~1.0	油	68~72

3. 低熔点合金

利用低熔点合金浇铸吹塑模具的型腔，不仅可以缩短模具的制造周期，节约大量钢材，而且还节省劳力。低熔点合金的种类很多，目前使用较简单的一种是 $\omega_{Bi} = 58\%$、$\omega_{Sn} = 42\%$ 的铋锡合金。熔化与浇铸工艺过程为：将混合好的铋锡合金料置于熔锅内，然后加热至 140 °C 左右，熔化均匀后即可浇铸。浇铸后冷却 30 min 即可，最后修正浇铸时留下的残痕，以达到要求。采用低熔点合金制造的模具，模温不宜过高，以防塑件黏附在模具上。

当注塑件的内型芯弯度较大，而不能采用钢芯来制造时，可采用低熔点合金来制造。当注射成型后，塑件随同型芯一起取出，然后再用蒸气加热法，使塑件中的型芯熔化流出，即可获得塑件。

5.3 塑料模具的热处理工艺

选用不同品种钢材制作塑料模具，其化学成分和力学性能各不相同，因此制造工艺路线不同。同样，不同类型塑料模具钢采用的热处理工艺也是不同的。

5.3.1 塑料模具的制造工艺路线

1. 低碳钢及低碳合金钢制模具

例如，20、20Cr、20CrMnTi 等钢的工艺路线为：下料→锻造模坯→退火→机械粗加工→冷挤压成型→再结晶退火→机械精加工→渗碳→淬火、回火→研磨抛光→装配。

2. 高合金渗碳钢制模具

例如，12CrNi4A 钢的工艺路线为：下料→锻造模坯→正火并高温回火→机械粗加工→高温回火→机械精加工→渗碳→淬火、回火→研磨抛光→装配。

3. 调质钢制模具

例如，45、40Cr 等钢的工艺路线为：下料→锻造模坯→退火→机械粗加工→调质→机械精加工→修整、抛光→装配。

4. 碳素工具钢及合金工具钢制模具

例如，T7A-T10A、CrWMn、9SiCr 等钢的工艺路线为：下料→锻造模坯→球化退火→机械粗加工→去应力退火→机械半精加工→淬火、回火→机械精加工→研磨抛光→装配。

5. 预硬钢制模具

例如，5NiSCa、3Cr2Mo（P20）等钢，对于直接使用棒料加工的，因供货状态已进行了预硬化处理，可直接加工成型后抛光、装配。对于要改锻成坯料后再加工成型的，其工艺路线为：下料→改锻→球化退火→刨或铣六面→预硬处理（34 ~ 42 HRC）→机械粗加工→去应力退火→机械精加工→抛光→装配。

5.3.2 塑料模具的热处理特点

1. 渗碳钢塑料模的热处理特点

（1）对于有高硬度、高耐磨性和高韧性要求的塑料模具，要选用渗碳钢来制造，并把渗碳、淬火和低温回火作为最终热处理。

（2）对渗碳层的要求，一般渗碳层的厚度为 0.8 ~ 1.5 mm，当压制含硬质填料的塑料时，模具渗碳层厚度要求为 1.3 ~ 1.5 mm，压制软性塑料时渗碳层厚度为 0.8 ~ 1.2 mm，渗碳层的含碳量为 0.7% ~ 1.0% 为佳。若采用碳氮共渗，则耐磨性、耐腐蚀性、抗氧化、防黏性就更好。

（3）渗碳温度一般在 900 ~ 920 °C，复杂型腔的小型模具可取 840 ~ 860 °C 中温碳氮共渗。渗碳保温时间为 1 ~ 10 h，具体应根据对渗层厚度的要求来选择。渗碳工艺以采用分级渗碳工艺为宜，即高温阶段（900 ~ 920 °C）以快速将碳渗入零件表面为主，中温阶段（820 ~ 840 °C）以增加渗碳层厚度为主，这样在渗碳层内建立均匀合理的碳浓度梯度分布，便于直接淬火。

（4）渗碳介质可选用固体渗碳剂，即质量分数为 5% 碳酸钡的低活性渗碳剂。固体渗碳开箱后直接淬火在高温下操作有困难，淬火温度也难控制，因此，多采用随渗碳箱空冷后，重新加热淬火。

（5）渗碳后的淬火工艺按钢种不同，渗碳后可分别采用不同的热处理工艺。

对于优质渗碳钢模具，可采用气体分级渗碳，并且渗碳后可直接空冷淬火。例如，用 12CrNi3A、12CrNi4A、18CrNi4WA 等钢制作的模具，即可用此方法。但应注意此工艺会使型腔表面氧化，应在通入压缩氨气的“冷井”中空冷，以保护表面防止氧化。用 20Cr 钢和工业纯铁、DT1、DT2 等制作的小型精密模具，单用渗碳淬火处理硬度和耐磨性往往不够，但用中温碳氮共渗后直接淬火，在 100 ~ 120 °C 的热油中冷却，则硬度提高，变形微小。

2. 淬硬钢塑料模的热处理特点

型腔表面要求耐磨，抗拉、抗弯强度要求又高的塑料模具，热处理时要考虑以下几点：

（1）形状比较复杂的模具，在粗加工以后即进行热处理，然后进行精加工，才能保证热处理时变形最小，对于精密模具，变形应小于 0.05%。

（2）塑料模具型腔要求十分严格，因此在淬火加热过程中要确保模具型腔表面不氧化、不脱碳、不侵蚀、不过热等，应在保护气氛炉中或在严格脱氧后的盐浴炉中加热。若采用普通箱式电阻炉加热，应在模腔面上涂保护剂，同时要控制加热速度。冷却时应选择比较缓和的冷却介质，控制冷却速度，以避免在淬火过程中发生变形、开裂而报废。一般以热浴等温淬火为佳，也可采用预冷淬火的方式。

（3）在淬火加热时，为减小热应力，要控制加热速度，尤其对于合金元素含量多、传热速度较慢的高合金钢和形状复杂、断面厚度变化大的模具零件一般要经过 2 ~ 3 级的阶段升温。

（4）淬火后应及时回火，回火温度要高于模具的工作温度，回火时应充分，以免因回火不充分使模具工作时出现堆塌变形。回火时间长短视模具材料和断面尺寸而定，但至少要在 40 ~ 60 min 以上。

3. 预硬钢塑料模的热处理特点

（1）预硬钢是以预硬态供货的，一般不需热处理可直接加工使用，但有时需进行改锻，改锻后的模坯必须进行热处理。

（2）预硬钢的预先热处理通常采用球化退火，目的是消除锻造应力，获得均匀的球状珠光体组织，降低硬度，提高塑性，改善模坯的切削加工性能或冷挤压成型性能。

（3）预硬钢的预硬处理工艺简单，多数采用调质处理，调质后可获得回火索氏体组织。高温回火的温度范围很大，能够满足模具的各种工作硬度要求。由于这类钢淬透性良好，淬火时可采用油冷、空冷或硝盐分级淬火。表 5-9 为部分预硬钢的预硬处理工艺，仅供参考。

表 5-9　部分预硬钢的预硬处理工艺

钢　号	加热温度/°C	冷却方式	回火温度/°C	预硬硬度/HRC
3Cr2Mo	830 ~ 840	油冷或 160 ~ 180 °C 硝盐分级	580 ~ 650	28 ~ 36
5NiSCa	880 ~ 930	油冷	550 ~ 680	30 ~ 45
8Cr2MnWMoVS	860 ~ 900	油冷或空冷	550 ~ 620	42 ~ 48
P4410	830 ~ 860	油冷或硝盐分级	550 ~ 650	35 ~ 41
SM1	830 ~ 850	油冷	620 ~ 660	36 ~ 42

4. 时效硬化钢塑料模的热处理特点

（1）时效硬化钢的热处理工艺的基本工序分两步：第一步进行固溶处理，即把钢加热到高温，使各种合金元素溶入奥氏体中，完全奥氏体后淬火获得马氏体组织；第二步进行时效处理，利用时效强化达到所要求的力学性能。

（2）固溶处理加热一般在盐浴炉、箱式炉中进行，加热时间分别可取：1 min/mm、2 ~ 2.5 min/mm，淬火采用油冷，淬透性好的钢种也可空冷。如果锻造模坯时能准确控制终锻温度，锻造后可直接进行固溶淬火。

（3）时效处理最好在真空炉中进行，若在箱式炉中进行，为了防止模腔表面氧化，炉内需通入保护气体，或者用氧化铝粉、石墨粉、铸铁屑在装箱保护条件下进行时效。装箱保护加热要适当延长保温时间，否则难以达到时效效果。部分时效硬化型塑料模具钢的热处理规范可参照表 5-10。

表 5-10 部分时效硬化型塑料模具钢的热处理规范

钢 号	固溶处理工艺	时效处理工艺	时效硬度/HRC
06Ni6CrMoVTiAl	800 ~ 850 °C 油冷	(510 ~ 530 °C)×(6 ~ 8 h)	43 ~ 48
PMS	800 ~ 850 °C 空冷	(510 ~ 530 °C)×(3 ~ 5 h)	41 ~ 43
25CrNi3MoAl	880 °C 水淬或空冷	(520 ~ 540 °C)×(6 ~ 8 h)	39 ~ 42
SM2	900 °C×2 h 油冷 + 700 °C×2 h	510 °C×10 h	39 ~ 40
PCR	1 050 °C 固溶空冷	(460 ~ 480 °C)×4 h	42 ~ 44

5.3.3 塑料模具的表面处理

为了提高塑料模具表面耐磨性和耐蚀性，常对其进行适当的表面处理。

塑料模具镀铬是一种应用最多的表面处理方法，镀铬层在大气中具有强烈的钝化能力，能长久保持金属光泽，在多种酸性介质中均不发生化学反应。其镀层硬度达 1 000 HV，因而具有优良的耐磨性。镀铬层还具有较高的耐热性，在空气中加热到 500 °C 时其外观和硬度仍无明显变化。

渗氮具有处理温度低（一般为 550 ~ 570 °C）、模具变形甚微和渗层硬度高（可达 1 000 ~ 1 200 HV）等优点，因而也非常适合塑料模具的表面处理。含有铬、钼、铝、钒和钛等合金元素的钢种比碳钢有更好的渗氮性能,用来制作塑料模具时进行渗氮处理可大大提高耐磨性。

适合于塑料模具的表面处理方法还有氮碳共渗，化学镀镍，离子镀氮化钛、碳化钛或碳氮化钛，PVD（物理气相沉积），CVD（化学气相沉积）法沉积硬质膜或超硬膜等。

5.4 塑料模具材料的选用与实例

5.4.1 塑料模具材料的选用

一般来说，应根据模具生产和使用条件的要求，结合模具材料的性能和其他因素，来选择适合要求的模具材料。在塑料制品成型模具中，塑料的种类、生产的批量、塑件的复杂程度、尺寸精度和表面粗糙度等质量要求是决定塑料模具材料的主要因素。

1. 塑料模具成型零件材料的选用

（1）根据塑料制品种类和质量要求选用。

① 对于型腔表面要求耐磨性好、芯部韧性要好但形状并不复杂的塑料注射模，可选用低碳结构钢和低碳合金结构钢。这类钢在退火状态下塑性很好，硬度低，退火后硬度为 85 ~ 135 HBW，其变形抗力小，可用冷挤压成型，大大减少了切削加工量，如 20、2Cr 和工业纯铁 DT1、DT2 均属此类钢。对于大、中型且型腔较复杂的模具，可选用 LJ 钢和 12CrNi3A、12CrNi4A 等优质渗碳钢。这类钢经渗碳、淬火、回火处理后，型腔表面有很好的耐磨性，模

具又有较高的强度和韧性。

② 对于聚氯乙烯或氟塑料及阻燃的ABS塑料制品，所用模具钢必须有较好的抗腐蚀性。因为这些塑料在熔融状态会分解出氯化氢（HCl）、氟化氢（HF）和二氧化硫（SO_2）等气体，对模具型腔面有一定的腐蚀性，这类模具的成型件常用耐蚀塑料模具钢，如PCR、AFC-77、18Ni及4Cr13钢等。

③ 对于生产以玻璃纤维做填充剂的热塑性塑料制品的注射模或热固性塑料制品的压缩模，要求模具具有高硬度、高耐磨性、高的抗压强度和较高的韧性，以防止塑料把模具型腔面过早磨毛或因模具受高压而局部变形，因此常采用淬硬型模具钢制造，经淬火、回火后得到所需的模具性能，如选用T8A、T10A、Cr6WV、Cr12、Cr12MoV、9Mn2V、9SiCr、CrWMn、GCr15等淬硬型模具钢。

④ 制造透明塑料的模具，要求模具钢材有良好的镜面抛光性能和高耐磨性，所以要采用时效硬化型模具钢制造，如18Ni类、PMS、PCR钢等；也可用预硬型模具钢，如P20系列及8CrMn、5NiSCa钢等。

用不同的塑料原材料制造大小及形状不同的塑料件时，应选用不同的塑料模具钢。表5-11给出了根据塑料制品的种类选用塑料模具钢的举例，供设计模具选材参考。

表5-11　根据塑料制品的种类选用塑料模具钢

用途		代表的塑料及制品		模具要求	适用钢材
一般热塑性、热固性塑料	一般	ABS	电视机壳、音响设备	高强度、耐磨损	55钢、10Cr、P20、SM1、SM2、8CrMn
		聚丙烯	电扇叶片、容器		
	表面有花纹	ABS	汽车仪表盘、化妆品容器	高强度、耐磨损、光刻性	PMS、20CrNi3MoAl
	透明件	有机玻璃	汽车灯罩、仪表罩	高强度、耐磨损、抛光性	5NiGa、SM2、PMS、P20
增强塑料	热塑性	POM、PC	工程塑料制件、电动工具外壳、汽车仪表盘	高耐磨性	65Nb、8CrMn、PMS、SM2
	热固性	甲醛、环氧	齿轮等		65Nb、8CrMn、06NiTi2Cr、06Ni6CrMoVTiAl
阻燃型介质		ABS阻燃剂	电视机壳、收录机壳、显像管罩	耐腐蚀	PCR
聚氯乙烯		PVC	阀门管件、门把手	高强度、耐腐蚀	38CrMoAl、PCR
光学透镜		有机玻璃、聚苯乙烯	照相机镜头、放大镜	抛光性及防锈性	PMS、8CrMn、PCR

（2）根据塑料件生产批量选用。

选用模具钢材品种也和塑料件生产的批量大小有关。塑料件生产批量小，对模具的耐磨性及使用寿命要求不高。为了降低模具造价，不必选用高级优质模具钢，而选用普通模具钢即可满足使用要求。根据塑料件生产批量选用塑料模具钢时，可参照表5-12。

表 5-12 根据塑料件生产批量选用塑料模具钢

塑料件生产批量（合格件）	10 万～20 万件	30 万件	60 万件	80 万件	120 万件	150 万件	200 万件以上
选用钢材	45、55、40Cr	P20、5NiSCa、8CrMn	P20、5NiSCa、SM1	8CrMn、P20	SM2、PMS	PCR、LD、65Nb	65Nb、06Ni7Ti2Cr、06NiCrMoVTiAl、012Al 渗氮、2CrNiMoAl 渗氮

（3）根据塑料件的尺寸大小及精度要求选用。

对于大型高精度的注射成型模具，当塑料件生产批量大时，采用预硬化钢。模具型腔大，模具壁厚加大，对钢的淬透性要求高，热处理要求变形小。因此，钢材在机加工前进行预硬处理，模具机加工后不再进行热处理，以防止热处理变形。预硬处理的钢既有较高的耐磨性，又有高的强度和韧性，如 3Cr2Mo、8CrMn、4Cr5MoSiV、P4410、SM1、PMS 钢。

（4）根据塑料件形状的复杂程度选用。

对于复杂型腔的塑料注射成型模，为减少模具热处理后产生的变形和裂纹，应选用加工性能好和热处理变形小的模具材料，如 40Cr、3Cr2Mo、SM2、4Cr5MoSiV 等钢。如果塑料件生产批量较小，可选用碳素结构钢经调质处理，使用效果也很好。

2. 塑料模具结构零件的材料选用

对塑料模具结构零件的强度、硬度、耐磨性、耐腐蚀性等的要求都比成型零件低，所以，一般选用通用材料就能满足使用性能的要求。我国在发展塑料模具辅助零件专用材料方面已有所突破，最近我国研制出塑料模具标准顶杆专用钢——TG2，其化学成分为 $\omega_{C} = 0.56\%$、$\omega_{Cr} = 1.4\%$、$\omega_{Mo} = 0.25\%$，并有适量 V、Mn、Si。热处理为整体淬火加中温回火，可进行表面淬火或渗氮。塑料模具结构零件的常用材料如表 5-13 所示。

表 5-13 塑料模具结构零件材料选用举例

零件名称	钢 种	硬 度	零件名称	钢 种	硬 度
导柱、导套、斜导柱	T8、T10、T12、Cr12、CrWMn、GCr15		推杆、推套、流道拉杆	CrWMn、T10、T12、38CrMoAl	
动模板、动模座板、定模板、定模座板、流道推板、推件板	45、50、55、40Cr、42CrMo、50、55、T8、40Cr	185～235 HRC	锁紧块、挡块	50、55、T10、T12	52～56 HRC
			拉杆、拉板	45、50	125～235 HB
			定位圈、定位销	50、55、T8	185～235 HB
推板、垫板	45、50	125～235 HRC	弹簧	65Mn	52～56 HRC
浇口套	T8、T10、42CrMo	> 40 HRC	限位螺钉、滑座	45、50、55	183～235 HB
支脚、支柱	45、50	125～235 HB	复位杆	50、55、T8	40～45 HRC
			斜楔	T8、T10、T12	50～55 HRC

5.4.2 橡塑模具材料选用与热处理实例

1. 12CrNi3A 钢制对开胶木模的热处理

该模具形状和最终热处理工艺如图 5-2 所示。模具采用 910 °C 恒温渗碳，保温后随炉（气体渗碳）或随箱（固体渗碳）降温到 800 ~ 850 °C，取出悬挂或架空摆放，用风扇冷却至室温。对于模膛抛光性要求高的模具也可悬挂于通有压缩氨气的冷却井中冷却。风冷淬火后在 200 ~ 250 °C 回火 2 ~ 4 h，处理后硬度为 53 ~ 56 HRC，变形轻微，对合面间隙小于 0.05 mm。

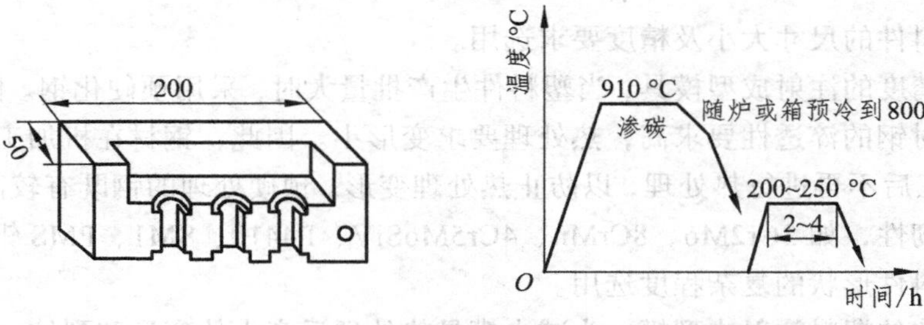

图 5-2 12CrNi3A 钢制开胶木模及最终热处理工艺

2. CrWMn 钢模套热浴淬火

该模套形状及热处理工艺曲线如图 5-3 所示。模套经盐浴加热后以高于 M_S 点的温度在硝盐浴中分级淬火，出浴后油冷，然后采用中温回火，回火后的硬度为 51 ~ 55 HRC，达到硬度要求，尺寸变形控制在允许变形量之内。

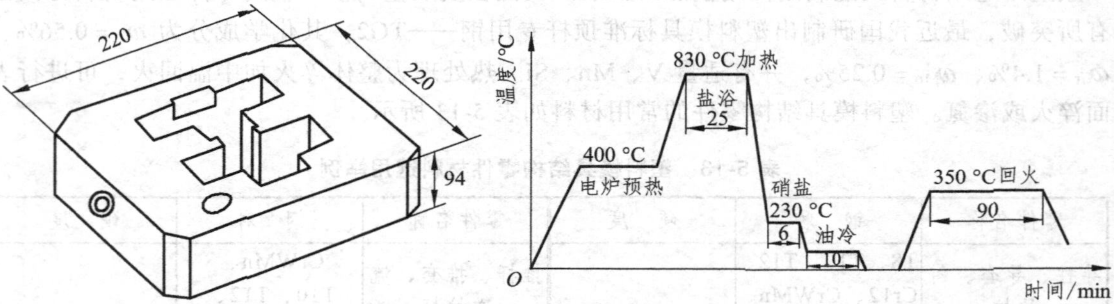

图 5-3 CrWMn 钢模套及热处理工艺

3. 5NiSCa 钢制精密密封橡胶模的热处理

精密密封橡胶模具，要求尺寸准确，加工工艺性能和抛光性能好，热处理变形小，并且要有高的硬度、耐磨性和强韧性。选用 5NiSCa 钢制造，均能满足各项要求，使用寿命比 45 钢橡胶压模显著提高。

模坯采用 5NiSCa 圆钢改锻，改锻工艺为：预热 600 ~ 700 °C，加热温度为 1 100 ~ 1 150 °C，始锻温度为 1 050 °C，终锻温度大于 850 °C，锻后缓冷。

为改善模坯的切削加工性能以及为淬火做组织准备，锻后需经等温球化退火，其工艺为 760 °C 加热，保温 2 h，660 °C 等温 6 h，退火硬度不高于 230 HBW。

预硬化处理采用调质。淬火温度范围宽，为 850 ~ 920 °C，淬火硬度为 60 ~ 62 HRC；根据各种橡胶密封件压模的硬度要求，回火温度可取 550 ~ 650 °C，回火后硬度为 35 ~ 45 HRC。在此硬度条件下，5NiSCa 钢具有良好的可加工性和抛光性能。

4. PMS 钢制磁带内盒模及其热处理

盒式录音磁带内盒模具，是由瑞典的 718 钢或日本的 NAK55 钢制作的。

在选用 PMS 镜面塑料模具钢制造时，其成型加工性能和镜面抛光性能等完全能满足各种精密塑料模具的特殊要求，而且镜面性能和模具寿命高于 NAK55 钢。

PMS 钢的锻造加热温度为 1 130 ~ 1 160 °C，始锻温度为 1 100 ~ 1 150 °C，终锻温度为 850 °C，锻后缓冷。固溶处理的加热温度为 840 ~ 860 °C，用箱式电炉加热时加热系数为 2.5 min/mm，固溶后空冷至室温，硬度为 30 ~ 35 HRC。在固溶状态下进行机械加工。刨削加工可采用常规的加工速度和切削量，可得到低的表面粗糙度值和良好的光亮度，但由于 PMS 钢的韧性好，在进给量和背吃刀量较大时易烧刀。铣削可采用高速钢立铣刀加工，磨削加工和电加工性能也较好。模具在加工成型后，在 490 ~ 500 °C 下进行时效处理，保温时间 6 h。时效后硬度为 38 ~ 45 HRC，变形率小于 0.05%。录音磁带内盒模具的表面粗糙度一般要求低于 R_a0.05 μm。PMS 钢在 40 HRC 左右的硬度下，进行人工研磨抛光后的表面粗糙度为 R_a0.025 ~ 0.012 μm，光亮度比 45 钢有明显提高，且抛光时间缩短近一半以上。

相对而言，用 38CrMoAl 钢（渗氮）制作的模具寿命为 20 万次，而 PMS 镜面塑料模具钢制模具的使用寿命可达 80 万次。

复习思考题

1. 各类塑料模的工作条件如何？塑料模的失效形式主要有哪些？

2. 各类塑料模对所使用的材料应有哪些基本性能要求？

3. 影响塑料模寿命的因素有哪些？

4. 制造塑料模的传统钢种有哪些？主要存在什么缺陷？

5. 何为预硬型塑料模具钢？简述其性能及应用特点。

6. 何为时效硬化型塑料模具钢？简述其性能及应用特点。

7. 选择塑料模材料的依据有哪些？请为下列工作条件下的塑料模选用材料。

（1）形状简单、精度要求低、批量不大的塑料模；

（2）高耐磨、高精度、型腔复杂的塑料模；

（3）大型、复杂、产品批量大的塑料注射模；

（4）耐蚀、高精度塑料模具。

8. 塑料模成型零件的热处理应注意什么问题？

9. 现有一塑料制靠背椅（整体件），工作面要求光洁、无划痕，局部有细花皮纹，年产量 45 万件，试选用模具（型腔件）的钢材品种，并提出热处理工艺路线。

10. 对塑料模进行表面处理的目的是什么？表面处理的方法有哪些？

第2篇 模具表面强化及处理技术

6 模具的表面处理技术

6.1 表面处理技术概述

表面处理技术是材料表面工程中的重要部分，而材料表面工程是一门新兴学科，是一门多学科的边缘学科。该学科中应该包括哪些内容，如何分类，国内外都无公认的说法。从不同的角度进行归纳，就会有不同的分类。

1. 按作用原理分

① 原子沉积：沉积物以原子、离子、分子和粒子集团等原子尺度的粒子形态在材料表面上形成覆盖层，如电镀、化学镀、物理气相沉积、化学气相沉积等。

② 颗粒沉积：沉积物以宏观尺度的颗粒形态在材料表面上形成覆盖层，如热喷涂、搪瓷涂覆等。

③ 整体覆盖：它是将涂覆材料于同一时间施加于材料表面，如包箔、贴片、热浸镀、涂刷、堆焊等。

④ 表面改性：用各种物理、化学等方法处理表面，使之组成、结构发生变化，从而改变性能，如表面处理、化学热处理、电子束表面处理、离子注入等。

2. 按表面强化层材料分

表面处理技术按表面强化层材料可分为：金属材料层、陶瓷材料层、高分子材料层。

3. 按工艺特点分

表面处理技术按工艺特点可分为：电镀、化学镀、热渗镀、热喷涂、堆焊、化学转化膜、涂装、表面彩色、气相沉积、“三束”改性、表面热处理、形变强化、衬里等。

4. 按表面改性的目的或性质分

表面处理技术按表面改性的目的或性质可分为：表面耐磨和减摩技术、表面耐蚀抗氧化技术、表面强化（提高疲劳强度）技术、表面装饰技术、功能表面技术、表面修复技术。

这些分类方法比较清晰地体现了工程技术的特点，而且与工程技术上的名称基本一致，容易记忆；但缺乏学术上的逻辑性，因为有些技术尽管工艺不一样，但基本的改质机理是相同或相似的。针对目前出现的常用表面处理技术进行归纳，可用如图 6-1 所示的树状图表示。

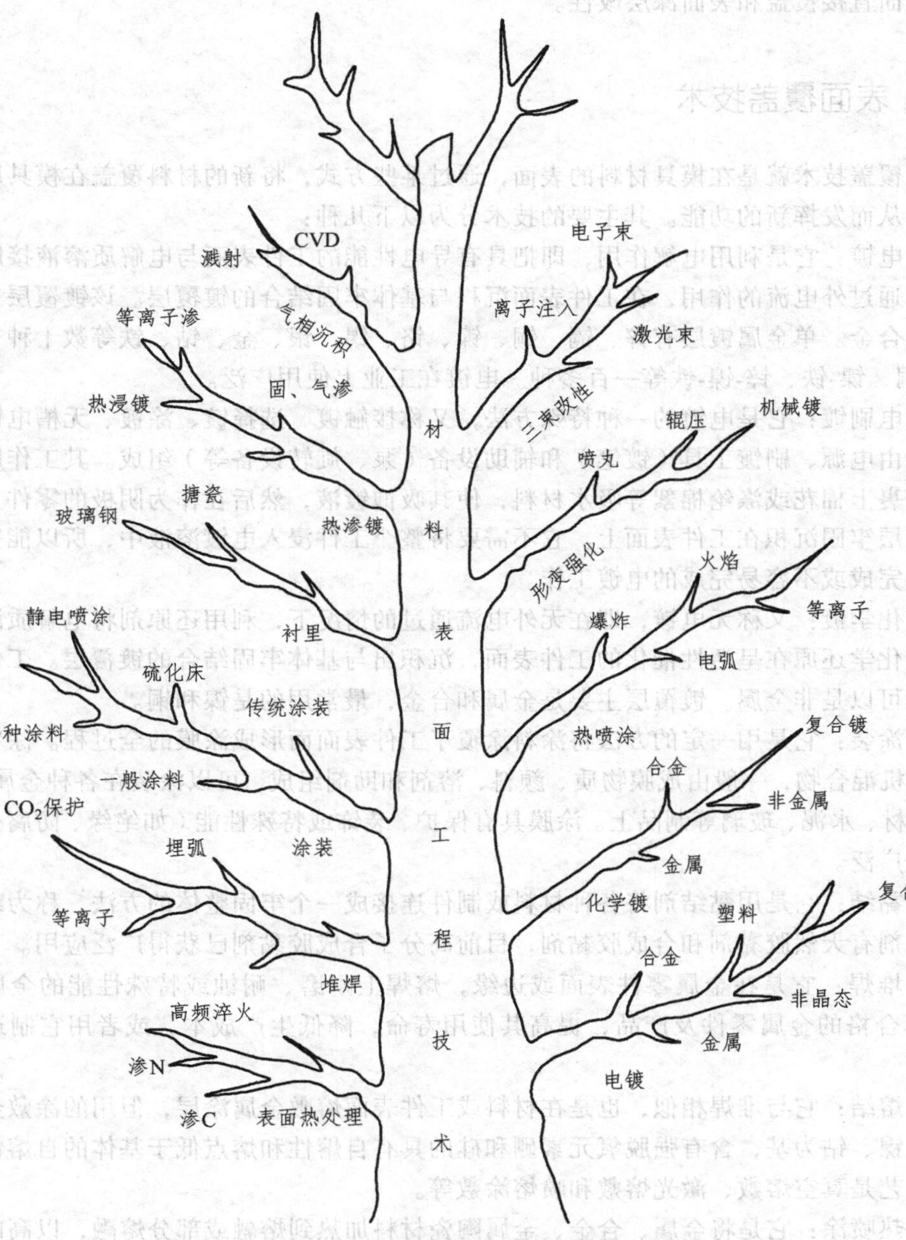

图 6-1　材料表面工程技术的分类图

表面技术的应用理论，包括表面失效分析、摩擦与磨损理论、表面腐蚀与防护理论、表面结合与复合理论等，它们对表面技术的发展和应用有着直接的、重要的影响。

6.2 常用的表面处理技术途径

材料表面处理的目的主要是提高材料的各种性能指标，延长其使用寿命，处理的途径主要包括表面直接覆盖和表面深层改性。

6.2.1 表面覆盖技术

表面覆盖技术就是在模具材料的表面，通过某些方式，将新的材料覆盖在模具原来材料的表面，从而发挥新的功能。其主要的技术分为以下几种：

（1）电镀：它是利用电解作用，即把具有导电性能的工件表面与电解质溶液接触，并作为阴极，通过外电流的作用，在工件表面沉积与基体牢固结合的镀覆层。该镀覆层主要是各种金属和合金。单金属镀层有锌、镉、铜、镍、铬、锡、银、金、钴、铁等数十种；合金镀层有锌-铜、镍-铁、锌-镍-铁等一百多种。电镀在工业上使用广泛。

（2）电刷镀：它是电镀的一种特殊方法，又称接触镀、选择镀、涂镀、无槽电镀等。其设备主要由电源、刷镀工具（镀笔）和辅助设备（泵、旋转设备等）组成。其工作原理是在阳极表面裹上棉花或涤纶棉絮等吸水材料，使其吸饱镀液，然后在作为阴极的零件上往复运动，使镀层牢固沉积在工件表面上。它不需要将整个工件浸入电镀溶液中，所以能完成许多槽镀不能完成或不容易完成的电镀工作。

（3）化学镀：又称无电镀，即在无外电流通过的情况下，利用还原剂将电解质溶液中的金属离子化学还原在呈活性催化的工件表面，沉积出与基体牢固结合的镀覆层。工件可以是金属，也可以是非金属。镀覆层主要是金属和合金，最常用的是镍和铜。

（4）涂装：它是用一定的方法将涂料涂覆于工件表面而形成涂膜的全过程。涂料（或称漆）为有机混合物，一般由成膜物质、颜料、溶剂和助剂组成，可以涂装在各种金属、陶瓷、塑料、木材、水泥、玻璃等制品上。涂膜具有保护、装饰或特殊性能（如绝缘、防腐标志等），应用十分广泛。

（5）黏结：它是用黏结剂将各种材料或制件连接成一个牢固整体的方法，称为黏结或黏合。黏结剂有天然胶黏剂和合成胶黏剂，目前高分子合成胶黏剂已获得广泛应用。

（6）堆焊：它是在金属零件表面或边缘，熔焊上耐磨、耐蚀或特殊性能的金属层，修复外形不合格的金属零件及产品，提高其使用寿命，降低生产成本，或者用它制造双金属零部件。

（7）熔结：它与堆焊相似，也是在材料或工件表面熔敷金属涂层，但用的涂敷金属是一些以铁、镍、钴为基，含有强脱氧元素硼和硅的具有自熔性和熔点低于基体的自熔性合金，所用的工艺是真空熔敷、激光熔敷和喷熔涂敷等。

（8）热喷涂：它是将金属、合金、金属陶瓷材料加热到熔融或部分熔融，以高的动能使其雾化成微粒并喷至工件表面，形成牢固的涂覆层。热喷涂的方法有多种，按热源可分为火焰喷涂、电弧喷涂、等离子喷涂（超音速喷涂）和爆炸喷涂等。经热喷涂的工件具有耐磨、耐热、耐蚀等功能。

（9）塑料粉末涂敷：利用塑料具有耐蚀、绝缘、美观等特点，将各种添加了防老化剂、流平剂、增韧剂、固化剂、颜料、填料等的粉末塑料，通过一定的方法，牢固地涂敷在工件表面，以起保护和装饰的作用。塑料粉末是依靠熔融或静电引力等方式附着在被涂工件表面，然后依靠热熔、流平、湿润和反应固化成膜。涂膜方法有喷涂、熔射、流化床浸渍、静电粉末涂喷、静电粉末云雾室、静电流化床浸渍、静电振荡法等。

（10）电火花涂敷：这是一种直接利用电能的高密度能量对金属表面进行涂敷处理的工艺，即通过电极材料与金属零部件表面的火花放电作用，把作为火花放电极的导电材料（如WC、TiC）熔渗于表面层，从而形成含电极材料的合金化涂层，以提高工件表层的性能，而工件内部的组织和性能不改变。

（11）热浸镀：它是将工件浸在熔融的液态金属中，使工件表面发生一系列物理和化学反应，取出后表面形成金属镀层。工件金属的熔点必须高于镀层金属的熔点。常用的镀层金属有锡、锌、铝、铅等。热浸镀工艺包括表面预处理、热浸镀和后处理三部分。按表面预处理方法的不同，它可分为溶剂法和保护气体还原法。热浸镀的主要目的是提高工件的防护能力，延长其使用寿命。

（12）搪瓷涂敷：搪瓷涂层是一种主要用于钢板、铸铁或铝制品表面的玻璃涂层，可起良好的防护和装饰作用。搪瓷涂料通常是精制玻璃料分散在水中的悬浮液，也可以是干粉状。涂敷方法有浸涂、淋涂、电沉积、喷涂、静电喷涂等。该涂层为无机物成分，并熔结于基体，故与一般有机涂层不同。

（13）陶瓷涂敷：陶瓷涂层是以氧化物、碳化物、硅化物、硼化物、氮化物、金属陶瓷和其他无机物为基底的高温涂层，用于金属表面，主要在高温和室温起耐蚀、耐磨的作用。主要涂敷方法有刷涂、浸涂、喷涂、电泳涂和各种热喷涂等。有的陶瓷涂层有光、电、生物等功能。

（14）真空蒸镀：它是将工件放入真空室，并用一定方法加热镀膜材料，使其蒸发或升华，飞至工件表面凝聚成膜。工件材料可以是金属、半导体、绝缘体乃至塑料、纸张、织物等。而镀膜材料也很广泛，包括金属、合金、化合物、半导体和一些有机聚合物等。加热方式有电阻、高频感应、电子束、激光、电弧加热等。

（15）溅射镀：它是将工件放入真空室，并用正离子轰击作为阴极的靶（镀膜材料），使靶材中的原子、分子逸出，飞至工件表面凝聚成膜。溅射粒子的动能约 10 eV，为热蒸发粒子的 100 倍。按入射离子来源不同，溅射可分为直流溅射、射频溅射和离子束溅射。入射离子的能量还可以用电磁场调节，常用值为 10 eV 量级。溅射镀膜的致密性和结合强度较好，基片温度较低，但成本较高。

（16）离子镀：它是将工件放入真空室，并利用气体放电原理将部分气体和蒸发源（镀膜材料）逸出的气相粒子电离，在离子轰击的同时，把蒸发物或其反应产物沉积在工件表面成膜。该技术是一种等离子体增强的物理气相沉积，镀膜致密、结合牢固，可在工件温度低于 550 °C 时得到良好的镀层，浇镀性也较好。常用的方法有阴极电弧离子镀、热电子增强电子束离子镀、空心阴极放电离子镀。

（17）化学气相沉积（Chemical Vapor Deposition，CVD）：它是将工件放入密封室，加热到一定温度，同时通入反应气体，利用室内气相化学反应在工件表面沉积成膜。源物质除气态外，也可以是液态和固态。所采用的化学反应有多种类型，如热分解、氢还原、金属还原、化学输运反应、等离子体激发反应、光激发反应等。工件加热方法有电阻、高频感应、红外线加热等。其主要设备有气体发生、净化、混合、输运装置以及工件加热装置、反应室、排气装置等。其主要方法有热化学气相沉积、低压化学气相沉积、等离子体化学气相沉积、金属有机化合物气相沉积、激光诱导化学气相沉积等。

（18）分子束外延（Molecular Beam Epitaxy，MBE）：它虽是真空镀膜的一种方法，但在超高真空条件下，精确控制蒸发源给出的中性分子束流强度按照原子层生长的方式在基片上外延成膜。其主要设备有超高真空系统、蒸发源、监控系统和分析测试系统。

（19）离子束合成薄膜技术：离子束合成薄膜有多种新技术，目前主要有两种。

① 离子束辅助沉积（IBAD）。它是将离子注入与镀膜结合在一起，即在镀膜的同时，通过一定功率的大流强宽束离子源，使具有一定能量的轰击（注入）离子不断地射到膜与基体的界面，借助级联碰撞导致界面原子混合，在初始界面附近形成原子混合过渡区，提高了膜与基体间的结合力，然后在原子混合区上，再在离子束参与下继续外延生长出所要求厚度和特性的薄膜。

② 离子簇束（Ion Cluster Beam，ICB）。离子簇束的产生有多种方法，常用的是将固体加热形成过饱和蒸气，再经喷管喷出形成超声速气体喷流，在绝热膨胀过程中由冷却至凝聚，生成包含 $5\times10^2 \sim 2\times10^3$ 个原子的团粒。

（20）化学转化膜：化学转化膜的实质是金属处在特定条件下人为控制的腐蚀产物，即金属与特定的腐蚀液接触并在一定条件下发生化学反应，形成能保护金属不易受水和其他腐蚀介质影响的膜层。它是由金属基底直接参与成膜反应而生成的，因而膜与基底的结合力比电镀层要好得多。目前，工业上常用的有铝和铝合金的阳极氧化、铝和铝合金的化学氧化、钢铁氧化处理、钢铁磷化处理、铜的化学氧化和电化学氧化、锌的铬酸盐钝化等。

（21）热烫印：它是把各种金属箔在加热加压的条件下覆盖于工件表面。

（22）暂时性覆盖处理：它是把缓蚀剂配制的缓蚀材料，在工作需要防锈的情况下，暂时性覆盖于表面。

6.2.2 表面改性技术

材料在完成表面覆盖后，还需要一些技术处理，才能使物理附着在表面的材料与模具本身的材料融为一体，即需要对其改性。其主要方法如下：

（1）喷丸强化：它是在受喷材料的再结晶温度下进行的一种冷加工方法，加工过程由弹丸在很高速度下撞击受喷工件表面而完成。喷丸可应用于表面清理、光整加工、喷丸校形、喷丸强化等。其中，喷丸强化不同于一般的喷丸工艺，它要求喷丸过程中严格控制工艺参数，使工件在受喷后具有预期的表面形貌、表层组织结构和残余应力，从而大幅度提高疲劳强度和抗应力腐蚀能力。

（2）表面热处理：它是指仅对工件表层进行热处理，以改变其组织和性能的工艺。其主要方法有感应加热淬火、火焰加热表面淬火、接触电阻加热淬火、电解液淬火、脉冲加热淬火、激光热处理和电子束加热处理等。

（3）化学热处理：它是将金属或合金工件置于一定温度的活性介质中保温，使一种或几种元素渗入它的表层，以改变其化学成分、组织和性能的热处理工艺。化学热处理按渗入的元素可分为渗碳、渗氮、碳氮共渗、渗硼、渗金属等。渗入元素介质可以是固体、液体和气体，但都要经过介质中化学反应、外扩散、相界面化学反应（或表面反应）和工件中扩散4个过程，其具体方法有多种。

（4）等离子扩渗处理（PDT）：又称离子轰击热处理，是指在通常大气压力下的特定气氛中利用工件（阴极）和阳极之间产生的辉光放电进行热处理的工艺。常见的有离子渗氮、离子渗碳、离子碳氮共渗等，尤以离子渗氮最普遍。等离子扩渗的优点是渗剂简单、无公害、渗层较深、脆性较小、工件变形小，对钢铁材料适用面广，工作周期短。

（5）激光表面处理：主要利用激光的高亮度、高方向性和高单色性的三大特点，对材料表面进行各种处理，显著改善材料表面的组织结构和性能。其设备一般由激光器、功率计、导光聚焦系统、工作台、数控系统、软件编程系统等构成。其主要工艺有激光相变非晶化、激光熔覆、激光合金化、激光非晶化、激光冲击硬化等。

（6）电子束表面处理：通常由电子枪阴极灯丝加热后发射带负电的高能电子流，通过一个环状的阳极，经加速射向工件表面使其产生相变硬化、熔覆和合金化等作用，淬火后可获得细晶组织等。

（7）高密度太阳能表面处理：太阳能取之不尽，无公害，可用来进行表面处理。例如，对钢铁零部件进行太阳能表面淬火，是利用聚焦的高密度太阳能对工件表面进行局部加热，在0.5 s至几秒内使其达到相变温度以上，进行奥氏体化，然后急冷，使表面硬化。其主要设备是太阳炉，由抛物面聚集镜、镜座、机-电跟踪系统、工作台、对光器、温控系统和辐射测量仪等构成。

（8）离子注入表面改性：它是将所需的气体或固体蒸气在真空系统中电离，引出离子束后，用数千电子伏至数十万电子伏加速，直接注入材料，以达到一定深度，从而改变材料表面的成分和结构，从而达到改善性能的目的。其优点是注入元素不受材料固溶度限制，适用于各种材料，工艺和质量易控制，注入层与基体之间没有不连续界面。其缺点是注入层不深，对复杂形状的工件注入有困难。

6.3 模具材料表面的热处理技术

模具材料得到不断发展，模具的热处理技术发展也很快。模具的热处理主要有以下几个方面的应用。

1. 整体热处理技术

多数模具需要整体热处理，如压铸模、锻模、冷镦模和部分冲模等。整体热处理的设备有盐浴炉、箱式炉和真空炉。根据模具的使用场合和尺寸大小选择相应的热处理设备。一般尺寸较小、表面不允许有氧化脱碳的模具多使用盐浴炉加热淬火；尺寸较大、不太重要且型面可以加热后加工的模具多采用箱式炉加热淬火；高合金钢多数采用真空淬火处理。箱式炉要有很好的密封性，为了防止氧化脱碳，可以向炉内通入保护气体，另外还可以将工件涂上防氧化脱碳涂料和在热处理加热时向炉内放一些木炭。为了防止工件变形和氧化脱碳，世界各国均采用真空热处理炉来处理模具，采用真空热处理可以提高模具的使用寿命。真空热处理分气淬和油淬两种。油淬要比气淬变形大得多，热处理后加工余量大的模具适宜油淬。使用真空热处理气淬炉时，不同的淬火充气压力可以获得不同的热处理变形，压力越大变形越大，压力越小变形越小，使用时要根据不同工件选择不同的参数。

2. 表面淬火

表面淬火适用于变形小、工件尺寸较大、其余部分起辅助作用的场合。汽车覆盖件模具多数比较大，采用表面淬火的比较多，其中空冷钢、铸铁和合金铸铁等材质的模具多采用表面淬火。表面淬火的方法有多种，如火焰淬火、感应淬火和激光淬火。

火焰淬火按其使用的气体不同可分为乙炔火焰淬火和丙烷火焰淬火。采用丙烷火焰淬火可以减少模具变形和提高模具的硬度。

感应淬火多用于德系合资企业订货的模具。德系模具要求表面淬火方式为感应加热淬火，采用 10 ~ 50 kHz 的超音频加热电源。它具有加热层深的优点，一般与表面硬度相同的淬硬层深度在 2 mm 左右；其缺点是变形大、易开裂。目前，国内模具制造公司多用挪威 EFD 公司生产的感应淬火设备，该设备稳定可靠，功率多为 18 ~ 25 kW，有的为 50 kW。功率越大，效率越高，但难以控制；同时功率越大，变形越小，开裂倾向越小，但易烧化。

激光淬火是近几年发展起来的表面淬火技术。它具有淬硬层薄、硬度高、韧性好和位置确定等特点。其最大的优点是淬火后模具变形小，可以重复几次淬火。其缺点是设备投资大，国产全套设备在 200 万元左右，效率不是很高，它比感应淬火慢得多，收费价格也高。激光淬火的功率一般在 3 000 W 以上，以 5 000 W 居多。

3. 深冷处理

模具钢经深冷处理（ – 110 ~ – 196 °C）后，可以提高其力学性能，一些模具经深冷处理后显著提高了使用寿命。模具钢的深冷处理可以在淬火和回火工序之间进行，也可在淬火、回火之后进行。如果在淬火、回火后钢中仍保留有残留奥氏体，则在深冷处理后仍需要再进行一次回火。此外，深冷处理也能提高钢的耐磨性。深冷处理不仅用于冷作模具，也可用于热作模具和硬质合金。深冷处理技术已越来越受到模具热处理工作者的关注，现在已开发出专用深冷处理设备。不同钢种在深冷过程中的组织变化和微观机制，以及对力学性能的影响结果是不同的。同一种材料不同的几何形状和不同的使用状态，经深冷处理后的寿命是不同的。

4. 渗碳、渗氮、渗硼和渗金属处理

化学热处理能有效提高模具表面的耐磨性、耐蚀性、抗咬合性和抗氧化性等性能。几乎所有的化学热处理工艺均可用于模具钢的表面处理。

研究工作表明，高碳及低合金工具钢和中高碳高合金钢均可进行渗碳或碳氮共渗。高碳低合金钢渗碳或碳氮共渗时，应尽可能选取较低的加热温度和较短的保温时间，此时可保证表层有较多的未溶碳化物核心。渗碳和碳氮共渗后，表层碳化物呈颗粒状，碳化物总体积也有明显增加，可以增加钢的耐磨性。W6Mo5Cr4V2 和 65Nb 钢制模具进行渗碳以及 65Nb 钢制模具真空渗碳后，模具的寿命均有显著提高。

采用 500 ~ 650 °C 高温回火的合金钢模具，均可在低于回火温度的范围内或在回火的同时进行表面渗氮或氮碳共渗。

渗氮工艺目前多采用离子渗氮、高频渗氮等工艺。离子渗氮可以缩短渗氮时间，并可获得高质量的渗层。此外，离子渗氮还可以提高压铸模的抗蚀性、耐磨性、抗热疲劳性和抗黏附性能。

氮碳共渗可在气体介质或液体介质中进行，渗层脆性小，共渗时间比渗氮时间大为缩短。压铸模、热挤压模经氮碳共渗后可显著提高其热疲劳性能。氮碳共渗对冷镦模、冷挤压模、冷冲模和拉伸模等均有很好的应用效果。

冷作模具和热作模具还可以进行硫氮或硫氮碳共渗。近年来许多的研究工作都表明，稀土有明显的催渗效果，从而开发了稀土氮共渗、稀土氮碳共渗等新工艺。

模具的渗氮处理有离子渗氮和气体渗氮两种。热镦模采用离子渗氮，可以明显提高模具的使用寿命。压铸模可以采用气体渗氮，渗氮后抗腐蚀能力大大增强。

渗硼可以是固体渗硼、液体渗硼和膏剂渗硼等，应用最多的是固体渗硼，市场上已有固体渗硼剂供应。固体渗硼后，表层的硬度高达 1 400 ~ 2 800 HV，耐磨性高，耐腐蚀性和抗氧化性能都较好。

渗硼工艺常用于各种冷作模具上，由于耐磨性的提高，模具寿命可提高数倍或十余倍。采用中碳钢渗硼有时可取代高合金钢制作模具。渗硼也可应用于热作模具，如热挤压模等。

渗硼层较脆，扩散层比较薄，对渗层的支撑力弱，为此，可采用硼氮共渗或硼碳氮共渗，以加强过渡区，使其硬度变化平缓。为改善渗硼层脆性，可采用硼钒、硼铝共渗。

渗金属包括渗铬、渗钒和渗钛等工艺，均可用于处理冷作和热作模具，其中 TD 法（熔盐渗金属）已得到部分应用，可使模具寿命提高几倍乃至十几倍。

6.4 常用的模具材料表面改性技术

在热处理后，材料的表面处理工艺也有较大发展，如 PVD、TD、渗氮、液体碳氮共渗和喷涂等技术都有很大的改进和提高，焊接技术在模具制造领域也得到广泛的应用。

气相沉积按形成的基本原理分为化学气相沉积（CVD）和物理气相沉积（PVD）。CVD 处理是用化学方法使反应气体在基础材料表面发生化学反应形成覆盖层（TiC、TiN）的方法。CVD 有多种方法，通常 CVD 的反应温度 > 900 °C，涂层硬度 > 2 000 HV，但高温容易使工件变形，且沉积层界面易发生反应。CVD 的发展趋势是降低温度，开发新的涂层成分如金属有机化合物 CVD（MOCVD）、激光 CVD（LCVD）和等离子 CVD（PCVD）等。PVD 是一种物理气相沉积，一般以 TiN 涂层较多，此外还有 TiC、TiCN、TiAlN、CrN、Cr7C3 和 W2C 等涂层。层深在 5 mm 左右，不影响模具的精度。

表面喷涂技术是用氧气、乙炔将物质等喷在模具表面。涂料与基体结合坚固，可以实现提高表面厚度和增加耐磨性的目的。

模具局部堆焊技术。许多车身落料模具都要求刃口有很好的强韧性，使用整体模具钢比较浪费，而采用在较低廉价材料上堆焊刃口的方法可以节约大量的钢材和降低生产成本。美国、日本和德国在这方面的发展比较成熟，我国模具堆焊也取得了长足的进步。

总而言之，为了提高模具工作表面的耐磨性、硬度和耐蚀性，必须采用热处理技术和后期的表面处理技术。如模具表面进行热处理后，传统的电镀技术、化学镀技术、激光表面处理技术、离子注入与电火花表面强化等新技术的发展，对提高模具寿命和减少模具昂贵材料的消耗，有着十分重要的意义。

复习思考题

1. 简述表面处理技术的分类。
2. 表面覆盖技术与表面改性技术在本质上有何区别？

7 金属表面形变强化

7.1 金属表面的强化机理

表面形变强化是提高金属材料强度的重要措施之一，通过机械手段（滚压、内挤压和喷丸等）在金属表面产生压缩变形，使表面形成形变硬化层（此形变硬化层的深度可达 0.5 ~ 1.5 mm），从而使表面层硬度、强度提高，并引入高的残余压应力的一种表面技术。表面形变强化是近年来在国内外广泛研究应用的工艺之一，其中金属表面喷丸强化工程由于强化工艺效果好、成本低、生产效率高等优点，在机械、航空工业生产领域得到了推广应用。

7.2 金属表面强化的主要方法

表面强化技术广泛用于汽车工业、航空工业及其他民用工业，如弹簧、齿轮、链条、曲轴、叶片、火车轮、飞机零件等。其特点是能显著提高材料的疲劳性能，而且材料的强度越高效果越显著，耗能少，成本低。

按照产生强化时的受力方式可将表面形变强化技术划分为表面冲击强化技术（如传统的喷丸强化、锤击强化和新发展的超声冲击强化、激光冲击强化等）、表面接触强化技术（如传统的挤压、滚压和新发展的金刚石碾压等）及两种或多种方式组合的复合表面强化技术（如新发展的振动滚压、振动挤压、滚筒强化、振动强化等）三类。

7.2.1 喷丸强化

喷丸是广泛使用的一种在再结晶温度以下的表面强化方法，具有操作简单、耗能少、效率高、适应面广等优点，是金属材料表面改性的有效方法。其工作原理是，利用球形弹丸以一定的角度高速撞击金属工件表面，使之产生屈服，形成残余压缩应力层、组织结构细化或强化、加工硬化或致密化等表面完整性的有利变化，可显著提高抗弯曲疲劳、抗腐蚀疲劳、抗应力腐蚀疲劳、抗微动磨损、耐蚀点（孔蚀）能力。

在喷丸过程中，材料表层承受剧烈的弹丸冲击，产生形变硬化层，在此层内产生两种变化：一是在组织结构上，亚晶粒极大地细化、位错密度增高，晶格畸变度增大；二是形成高的宏观残余压应力。此外，由于弹丸的冲击使表面粗糙度略有增大，但却使切削加工的尖锐刀痕圆润化。喷丸形变硬化层结构和应力变化如图 7-1 所示，这将明显地提高材料的疲劳性能和应力腐蚀性能。

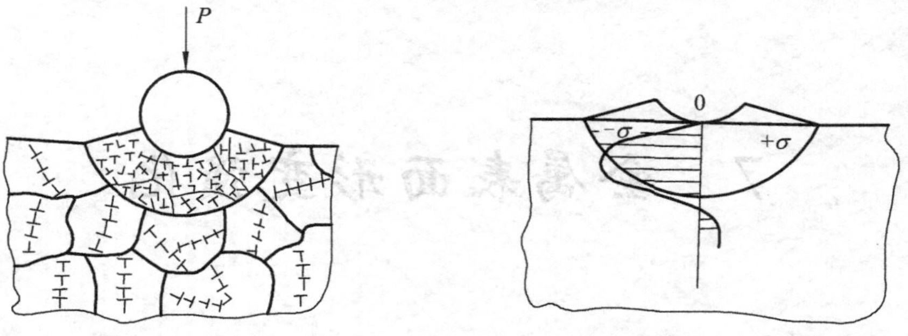

（a）硬化层结构变化　　（b）残余应力

图 7-1　喷丸形变硬化层结构和应力变化示意图

1. 喷丸强化设备

喷丸采用的设备按驱动弹丸的方式可分为机械离心式喷丸机和气动式喷丸机两大类。喷丸机又有干喷和湿喷之分。干喷式工作条件差。湿喷式是将弹丸混合在液态中或呈悬浮状，然后喷丸，因此其工作条件有所改善。

（1）机械离心式喷丸机：工作的弹丸由高速旋转的叶片和叶轮离心力加速抛出。这种喷丸机功率小，制造成本高，主要适用于要求喷丸强度高、品种少、批量大、形状简单、尺寸较大的零件。

（2）气动喷丸机：以压缩空气驱动喷丸达到高速后撞击工件的受喷表面。工作室内可安置多个喷嘴，且方位调整方便，能最大限度地适应受喷零件的几何形状。气动喷丸机可通过调控气压来控制喷丸强度，操作灵活，一台机器可喷多个零件，适应于要求喷丸强度低、品种多、批量小、形状复杂、尺寸较小的零部件。其缺点是功耗大，生产效率低。

2. 喷丸材料

喷丸常用铸铁丸、铸钢丸、钢丝切割丸、不锈钢丸、玻璃丸等。由于成型和清理的弹丸不同，强化用的弹丸几何形状必须呈圆球形，切忌带尖棱角。此外，为避免冲击过程中的大量破碎，弹丸必须具备一定的冲击韧性。在具备较高的冲击韧性条件下，弹丸硬度越高越好。

（1）钢丝切割丸：目前使用的钢丝切割丸使用含碳量（质量分数）为 0.7% 的弹簧钢丝（或不锈钢丝）切割成段，再经过磨圆加工制成。常用的钢丝直径 $d = 0.4 \sim 1.2$ mm，硬度为 45 ~ 50 HRC 最佳。钢弹丸的组织最好是回火 M 或 B，使用寿命比铸铁丸高 20 倍左右。

（2）铸铁丸：一般使用的冷硬铸铁丸的含碳量为 2.75% ~ 3.60%，硬度为 58 ~ 65 HRC，但冲击韧度低。为提高弹丸的冲击韧度，采用退火热处理工艺使硬度降低到 30 ~ 57 HRC，使弹丸的韧性提高。喷丸强化常用弹丸的尺寸为 0.2 ~ 1.5 mm。铸铁丸易破碎，耗损量大，如不及时严格地将破碎弹丸分离排除，则难以保证零件的喷丸质量，但铸铁丸的最大优点是便宜，所以目前有些单位还在使用铸铁丸。

（3）铸钢丸：铸钢丸的品质与碳含量的关系很大。其碳含量一般在 0.85% ~ 1.2%，锰含量为 0.6% ~ 1.2%。国内目前常用的铸钢丸成分（质量分数）为 $\omega_C = 0.95\% \sim 1.05\%$；$\omega_{Mn} = 0.6\% \sim 0.8\%$；$\omega_{Si} = 0.4\% \sim 0.6$；$\omega_P \leqslant 0.05\%$。

（4）玻璃丸：玻璃丸应含质量分数为 60% 以上的 SiO_2，硬度在 46 ~ 50 HRC，脆性较大，密度为 2.45 ~ 2.55 g/cm³。目前，市场上玻璃丸按直径可分为≤0.05 mm、0.05 ~ 0.15 mm、0.16 ~ 0.25 mm 和 0.26 ~ 0.35 mm 四种，适合于零件硬度低于弹丸硬度的场合。

（5）陶瓷丸：弹丸的硬度很高，但脆性大，喷丸过后表层可获得较高的残余压应力。

（6）塑料丸：是一种新型的喷丸介质，以聚碳酸酯为原料，颗粒硬而耐磨，无粉尘，不污染环境，可连续使用，成本低，有棱边，不会损伤工件表面，常用于消除酚醛或金属零件毛刺和耀眼光泽。

（7）液态喷丸介质：包括 SiO_2 颗粒和 Al_2O_3 颗粒等。SiO_2 颗粒粒度为 40 ~ 1 700 μm。很细的 SiO_2 颗粒可用于液态喷丸，用于抛光模具或其他的精密零件表面。喷丸时用水混合 SiO_2 颗粒，利用压缩空气喷射。Al_2O_3 颗粒也是一种广泛应用的喷丸介质，电炉生产的 Al_2O_3 颗粒粒度为 53 ~ 1 700 μm，其中颗粒小于 180 μm 的 Al_2O_3 颗粒可用于液态喷丸光整加工，但在喷丸工件中会产生切削。

一般来说，黑色金属制件可用于铸铁丸、铸钢丸、钢丝切削丸、玻璃丸和陶瓷丸。有色金属如铝合金、镁合金、钛合金和不锈钢制件则采用不锈钢丸、玻璃丸和陶瓷丸。

3. 选择喷丸参数的原则

（1）丸粒的选择。

一般应根据零件的材料、表面粗糙度等因素来选择弹丸的种类和尺寸。在通常情况下，可按以下原则来确定：① 喷铝等有色金属时最好采用不锈钢弹丸，也可以用碳钢弹丸，最好不用铸铁弹丸；② 在可能的情况下，丸粒的尺寸大些较好；③ 弹丸硬度应高于工件硬度，尽管弹丸硬度是越硬越好，但硬度过高，弹丸容易破碎，且很不经济，因此硬度不可太高；④ 弹丸尺寸的分散度应尽量小，弹丸的圆球度应高些，这样有助于提高喷丸质量。

（2）喷射距离及角度。

喷射距离过短、喷射角度过大、弹丸过于集中，则覆盖率就小，这样不仅会延长喷丸时间，而且会消耗较多的能量；喷射距离过大、角度过小，则会使得喷丸强度降低，同样会延长喷丸时间，增加能耗。一般喷射距离应设定在 150 ~ 200 mm，喷射角度不得小于 40°。

（3）喷射时间。

喷射时间过长，能耗增大。在达到饱和喷丸强度后，延长喷射时间，零件疲劳强度并没有显著提高，故应选择合理的喷丸时间。

4. 喷丸强化后对零件的影响

喷丸强化工艺对材料的抗拉强度 σ_b 没有明显影响，延伸率 δ 略有降低，表面硬度有所增高，冲击韧性略有下降。但喷丸强化能大幅度提高循环载荷作用下金属的疲劳强度。

零件受喷表面残余压应力的大小和压应力层的深度取决于受喷材料的性能和喷丸强度。材料的强度和硬度越高，压应力就越大，压应力层的深度就越浅；喷丸强度越高，压应力层的深度也越大，受喷表层的材料组织会发生变化，受喷表面变得粗糙。受喷表面的粗糙度随着喷丸强度的提高、表层硬度的降低和弹丸尺寸的减小而变差。尺寸增大，受喷表面的金属被挤出，形成微小的金属波峰，故而尺寸增大。

（1）在离心力抛丸强化中，抛头工艺变量对强化效果的影响。

抛头直径决定了钢丸介质从一定角度被抛射出去时的速度。在同样的抛头转速下，直径大的抛头产生的强化强度更高。抛头的功率决定了单位时间内被打出去的钢丸数量。抛头采用变频电机直接驱动，通过改变电机的频率可以改变抛头的转速，从而改变钢丸抛出的初速度。抛头通常都被永久地固定在抛丸室的特定位置，但可以通过调整定向套的位置来改变抛射方向。定向套的位置最终决定了钢丸被抛头抛射出去的角度。

（2）直接压力式喷丸强化中工艺变量对强化效果的影响。

喷丸强化中的喷射压力类似于抛丸强化中的抛头速度，压力越大，强度越大。喷嘴尺寸的大小决定了钢丸介质被喷射到零件表面的数量。对于喷丸强化工艺，最重要的因素就是要取得精确的方向性，目标准确，钢丸被无误差地打到零件表面指定点，即可达到所需的强度。

影响喷丸强化结果的其他工艺参数还包括喷丸的流量、钢丸的尺寸、尺寸的一致性等。喷丸的流量由一个专门的流量控制阀控制。在抛丸强化设备中，该控制阀被安装在抛头进料区，通过调节流量控制阀的开口大小来调节经过该阀进入抛头的喷丸流量，而在喷丸强化设备中，喷丸控制阀安装在压力罐出口区。

钢丸的尺寸需具备较高的一致性。强化设备中采用一个振动筛对丸料进行过滤，确保钢丸尺寸一致，从而达到稳定的强化效果。

钢丸（或切丝）的尺寸会直接影响覆盖率和强化时间，一般规律是，钢丸直径小，工件表面产生的残余应力较高，但强化层较浅；钢丸直径大，工件表面产生的残余应力较低，但强化层较深；当然，钢丸的直径必须小于齿轮过渡区的圆角半径。

喷丸强化工艺发展迅速，应用范围将越来越广。现在，通过采用精密的自动化控制系统对工艺参数实施同步监控，喷丸强化系统的柔性程度已经得到了极大的增强，从而可以获得更加理想的零件强化效果。随着技术的发展，汽车工程师也将不再局限于单一的抛丸强化或喷丸强化，新的混合式系统能将两种技术优势结合在一起，以满足更多用户特定的生产要求。

7.2.2 锤击强化

用小锤锤击金属表面，尤其是焊接后的焊缝表面及过渡区；小锤表面要带圆弧形曲面，使焊缝表面残余应力降低，同时使材料内部加工硬化，从而提高其疲劳强度。

7.2.3 超声波冲击强化

超声波强化技术的基本原理如图 7-2 所示，磁致伸缩式或压电晶体式传感器将高频电振动信号转换为机械振动，传感器输出端部典型振动幅值在 20 ~ 40 μm，运动加速度可达到 3×10^4 m/s^2 以上。在振动过程中传感器输出端冲击冲击针，使冲击针以较大的力冲击工件焊接部位进行强化处理。为使输出振动幅值增大，实际应用中通常在传感器输出端和冲击针之间加装变幅杆和其他附属设备。

超声波强化技术的特点主要体现在提高焊接强度方面，根据世界各国的一些知名研究机构做出的测试结果表明，超声波强化技术优于现有的其他任何抗磨损和提高疲劳寿命的技术；超声波强化设备结构相对简单紧凑；其应用范围广泛，不受应用场所、材料及焊接结构形状限制。

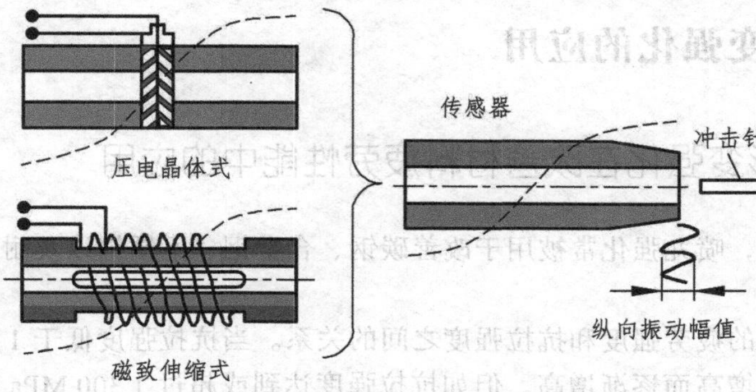

图 7-2 超声波强化技术原理

7.2.4 激光冲击强化

激光冲击强化（Laser Shocking Peening，LSP）技术，也称激光喷丸技术，是通过高功率密度（GW/cm 量级）、短脉冲（10 ~ 30 ns 量级）的激光通过透明约束层作用于金属表面所涂覆的能量吸收涂层时，涂层吸收激光能量迅速汽化并几乎同时形成大量稠密的高温（> 10 K）、高压（> 1 GPa）等离子体。该等离子体继续吸收激光能量急剧升温膨胀，然后爆炸形成高强度冲击波作用于金属表面。当冲击波的峰值压力超过材料的动态屈服强度时，材料发生塑性变形并在表层产生平行于材料表面的拉应力。激光作用结束后，由于冲击区域周围材料的反作用，其力学效应表现为材料表面获得较高的残余压应力。残余压应力会降低交变载荷中的拉应力水平，使平均应力水平下降，从而提高疲劳裂纹萌生寿命。同时，残余压应力的存在，可引起裂纹的闭合效应，从而有效降低疲劳裂纹扩展的驱动力，延长疲劳裂纹扩展寿命。

7.2.5 滚压强化

滚压技术的实施主体是滚压刀，不同的加工表面及要求要用不同的滚压刀。表面滚压能在材料表面产生约 5 mm 深的残余压应力区，因此能较大幅度地延长材料表面的疲劳寿命、提高抗应力腐蚀能力，特别适合晶体结构为面心立方的金属与合金的表面改性。

滚轮滚压加工可加工圆柱形或锥形的外表面和内表面，曲线旋转体的外表面、平面、端面、凹槽、台阶轴的过渡圆角。滚压用的滚轮数目有 1、2、3。单一滚轮滚压只能用于刚度足够的工件；若工件刚度较小，则需用 2 个或者 3 个滚轮在相对方向同时进行滚压，以免工件弯曲变形，如图 7-3（a）、（b）所示。

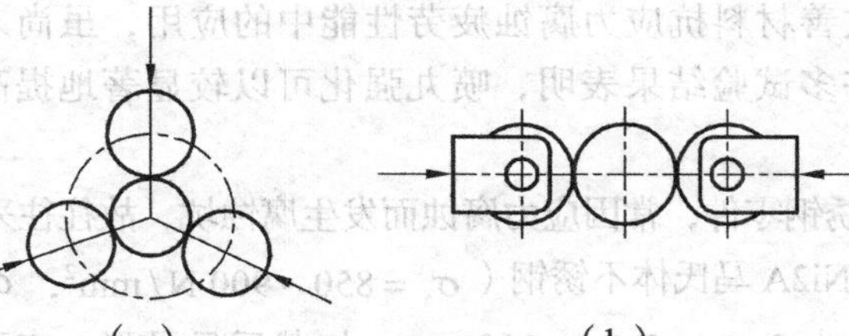

图 7-3 多个滚轮滚压

7.3 表面形变强化的应用

7.3.1 表面形变强化在改善材料疲劳性能中的应用

在工业生产中，喷丸强化常被用于改善碳钢、合金钢、不锈钢以及耐热钢的室温和中温的疲劳性能。

图 7-4 为碳钢的疲劳强度和抗拉强度之间的关系。当抗拉强度低于 1 300 MPa 时，疲劳强度随抗拉强度的增高而逐渐增高。但如抗拉强度达到或超过 1 300 MPa 时，疲劳强度随抗拉强度的增高而下降。而经喷丸强化后的碳钢，即使抗拉强度超过 2 300 MPa，疲劳强度仍随抗拉强度的增高而继续增高。

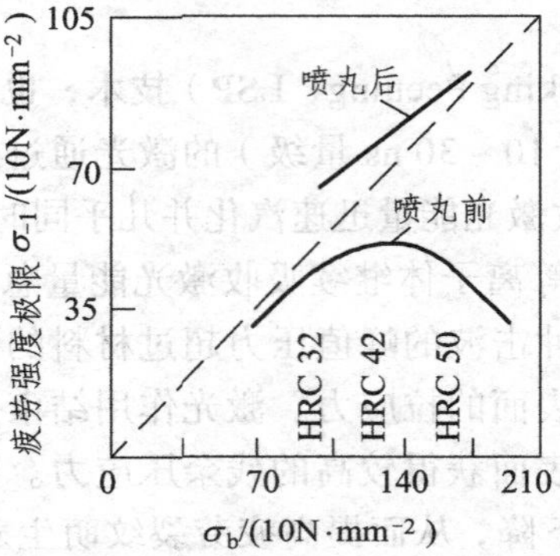

图 7-4 碳钢的疲劳强度和抗拉强度之间的关系

弹簧采用喷丸强化工艺已有多年，几乎各种材料制的弹簧经喷丸强化后，疲劳性能都可获得显著提高。但是，这些低合金弹簧钢的强化效果，随使用温度的增高而下降（对于碳钢来说，当温度超过 120 °C 时，强度或强化效果便显著下降）。因此，对于经过喷丸强化的弹簧，应适当控制其使用温度。对于板簧，宜采取应变喷丸强化处理，即喷丸前，将板簧施加预弯曲应变，然后在弯曲的板簧的凸面上进行喷丸强化处理。处理后，板簧表层产生更高的残余压应力，从而能显著提高其疲劳寿命。喷丸强化也可以用来改善焊接件的疲劳性能。

7.3.2 表面形变强化在改善腐蚀疲劳和应力腐蚀性能中的应用

喷丸强化工艺在改善材料抗应力腐蚀疲劳性能中的应用，虽尚未像在改善疲劳性能中那样普通和广泛，但是许多试验结果表明，喷丸强化可以较显著地提高金属材料抗应力腐蚀破坏的能力。

在中温下使用的不锈钢零件，常因应力腐蚀而发生腐蚀坑，故往往采用喷丸强化来处理不锈钢的抗应力腐蚀性能。Cr7Ni2A 马氏体不锈钢（$\sigma_a = 850 \sim 900$ N/mm^2，$\sigma_b = 1\,100 \sim 1\,400$ N/mm^2）加工成板形试样，尺寸为 2 mm×5 mm×100 mm，加载后呈弓形。表面最大拉应力按材料力学挠度公式计算，应达到 0.8σ_s，喷丸后试样表面残余应力 $\sigma_\tau = -600 \sim -700$ N/mm^2，加载后

表面应力达 $\sigma_a = -150 \sim -300\ N/mm^2$。Cr7Ni2A 马氏体不锈钢不同加工处理的弓形试样喷丸前后的应力腐蚀断裂时间如图 7-5 所示。对于试样来说，喷丸强化形成的表面残余应力都能在不同程度上提高材料的抗应力腐蚀性能。

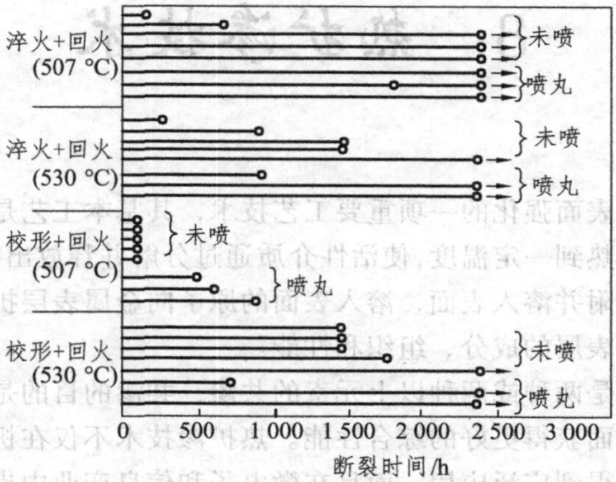

图 7-5 Cr7Ni2A 马氏体不锈钢不同加工处理的弓形试样喷丸前后的应力腐蚀断裂时间（NaCl 3% 水溶液）

复习思考题

1. 简述金属表面形变强化的原理。
2. 简述激光冲击强化的工艺过程。
3. 简述表面强化对模具材料的作用。

8 热扩渗技术

热扩渗是金属材料表面强化的一项重要工艺技术，其基本工艺是，先把工件放入含有渗入元素的活性介质中加热到一定温度，使活性介质通过分解并释放出欲渗入元素的活性原子，活性原子被零件表面吸附并溶入表面，溶入表面的原子向金属表层扩散渗入形成一定厚度的扩散层，从而改变零件表层的成分、组织和性能。

目前，应用最广的是两种或两种以上元素的共渗，共渗的目的是吸收各种元素的优点，弥补其不足，使零件表面获得更好的综合性能。热扩渗技术不仅在机械、化工领域零件的表面耐磨、耐腐蚀工程中得到广泛应用，而且在微电子和信息产业中也发挥着越来越重要的作用，而且随着科学技术的进步与市场需求的不断扩大，使热扩渗技术不断跃上新的台阶。

8.1 热扩渗技术分类

热扩渗工艺的分类方法很多，对于钢铁材料而言，可以根据热扩渗的温度分为高温、中温和低温热扩渗。其温度的界定是根据铁碳相图的点和线确定的，即高于 910 °C 的为高温热扩渗，低于 720 °C 的是低温热扩渗。高温热扩渗的渗速快、渗层厚，但在加热和冷却过程中，整个零件都有可能发生相变，导致较大变形。低温热扩渗的渗层虽然较薄，但由于在加热和冷却过程中，基体材料基本无相变，零件变形也小，因而非常适合精密工件的表面强化。

另外，按渗入元素化学成分的特点，将热扩渗技术分为非金属元素热扩渗、金属元素热扩渗、金属-非金属元素多元共渗和通过扩散减少或消除某些杂质的扩散退火，即均匀化退火，如表 8-1 所示。

表 8-1 热扩渗技术按渗入元素成分分类

渗入非金属元素		渗入金属元素		渗入金属-非金属元系	扩散消除某元素
单　元	多　元	单　元	多　元		
C	N+C	Al	Al+Cr	Ti+C	H
N	N+S	Zn	Al+Zn	Ti+N	O
S	N+O	Cr	Al+Ti	Cr+C	C
B	N+C+S	Ti		Al+Si	杂质
O	N+C+O	V		Al+Cr+Si	
Bi	N+C+B	Nb			

热扩渗技术还可以根据渗剂在工作温度下的状态分为直接热扩渗和复合热扩渗（见图 8-1），直接热扩渗又包括气体热扩渗、液体热扩渗、固体热扩渗、离子体热扩渗等，其中固体热扩渗的流化床法一用的渗剂是固体原料，如渗硼；流化床法二用的渗剂是气体，如渗碳、渗氮。

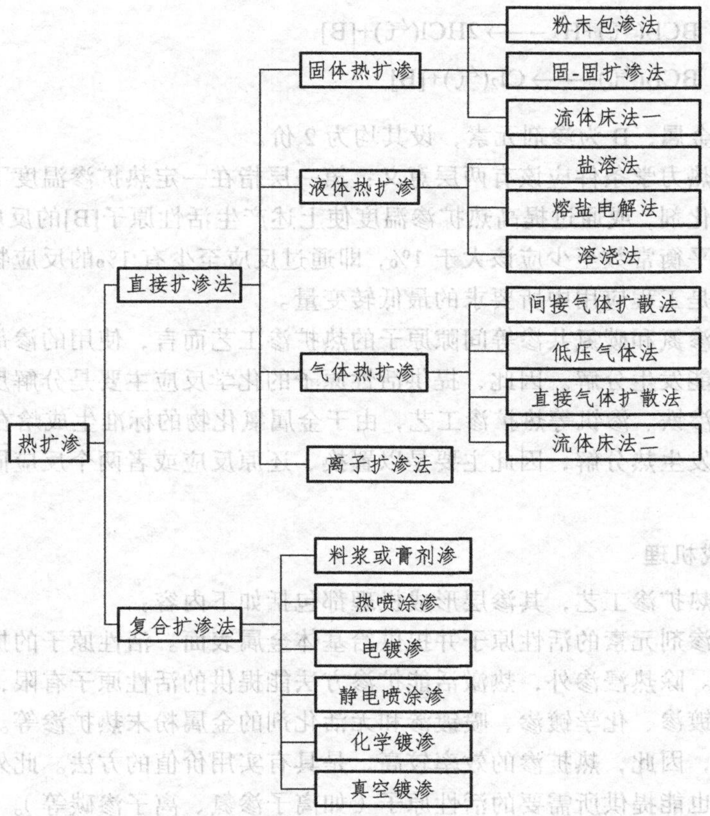

图 8-1 热扩渗技术按工艺特点分类

8.2 热扩渗层形成的基本条件及机理

1. 渗层形成的基本条件

一般来说，形成热扩渗层的基本条件有 3 个。由于热扩渗过程中渗入元素的原子存在于渗层的形式有两种：一种是与基体金属形成固溶体或金属间化合物层；另一种是固溶体与化合物的复合层。因此，形成渗层的条件是渗入元素必须能够与基体金属形成固溶体或金属间化合物。为此，第一，溶质原子与基材金属原子相对直径的大小、晶体结构的差异、电负性的大小等因素必须符合一定条件；第二，被渗的元素与基材之间必须有直接接触，一般通过设计相应的工艺或创造不同工艺条件来实现；第三，被渗元素在基体金属中要有一定的渗入速度，否则在生产上就没有实用价值。提高渗入速度的最重要手段之一就是将工件加热到足够高的温度，使溶质元素能够有足够大的扩散系数和扩散速度。

对于靠化学反应提供活性原子的热扩渗工艺而言，还必须满足第四个条件：该反应必须满足热力学条件。以渗剂为金属氯化物气体的热扩渗工艺为例来说明其热力学条件。在该热扩渗过程中，可能生成活性原子的化学反应主要有如下三类：

置换反应：　$A+BCl_2(气) \longrightarrow ACl_2(气)+[B]$

还原反应：　$BCl_2(气)+H_2 \longrightarrow 2HCl(气)+[B]$

分解反应：　$BCl_2(气) \longrightarrow Cl_2(气)+[B]$

式中，A 为基材金属；B 为渗剂元素，设其均为 2 价。

上述反应的热力学条件应该有两层意义：第一层指在一定热扩渗温度下，通过改变反应物浓度或添加催化剂，或通过提高热扩渗温度使上述产生活性原子[B]的反应向右进行；第二层指上述反应的平衡常数至少应该大于 1%，即通过反应至少有 1%的反应物可以提供所需要的活性原子，这是工程应用中所要求的最低转变量。

对于渗碳、渗氮和碳氮共渗等间隙原子的热扩渗工艺而言，使用的渗剂大多是有机物，在一定温度下都能发生分解。因此，提供活性原子的化学反应主要是分解反应。而对于渗金属元素如渗铬、渗铁、渗钒等热扩渗工艺，由于金属氯化物的标准生成焓在 1 100 °C 以内都是负值，不可能发生热分解，因此主要是以置换、还原反应或者两个反应同时发生来提供活性原子。

2. 渗层形成机理

无论是哪种热扩渗工艺，其渗层形成机理都包括如下内容：

第一，产生渗剂元素的活性原子并提供给基体金属表面。活性原子的提供方式包括热激活能和化学反应。除热浸渗外，热激活能扩渗方法能提供的活性原子有限，渗速较慢，主要用于热浸镀、电镀渗、化学镀渗、喷镀渗和无活化剂的金属粉末热扩渗等。化学反应法能不断产生活性原子，因此，热扩渗的效率较高，是具有实用价值的方法。此外，等离子体中处于电离态的原子也能提供所需要的活性原子（如离子渗氮、离子渗碳等）。

第二，在基体金属表面上的渗剂元素的活性原子发生吸附，随后被基体金属所吸收，形成最初的表面固溶体或金属间化合物，从而建立热扩渗所必需的浓度梯度。

第三，渗剂元素原子向基体金属内部扩散，基体金属原子也同时向渗层中扩散，逐渐使热扩渗层增厚，实际上热扩渗层的成长过程是个扩散过程。因此，扩散机理主要有间隙式扩散机理、置换式扩散机理和空位式扩散机理。前一种方式主要在渗入原子半径小的非金属元素（如渗碳、渗氮、氮碳共渗等）时发生，后两种方式主要是在渗金属元素时发生。

8.3　影响热扩渗速度的主要因素

热扩渗层的形成速度总是由上述 3 个过程中最慢的一个来控制。一般情况下，在热扩渗的初始阶段，溶入元素原子的热扩渗速度受产生并供给渗剂活性原子的化学反应速度控制，而渗层达到一定厚度后，热扩渗速度则主要取决于扩散过程的速度。

影响化学反应速度的主要因素有反应物浓度、反应温度和活化剂（催化剂）等。一般情况下，增加反应物浓度，可以加快反应速度；另外，升高热扩渗温度将加速基体表面活性原子的生成速率；同时，加入适当的活化剂，可使化学反应速度成倍提高。此外，真空状态下离子束对基材表面的轰击也有利于基材表面活化，以达到加快扩渗速度的目的。

影响热扩渗扩散速度的主要因素为热扩渗温度与时间，并且扩渗过程中升高温度较延长时间更为有效。而基体金属的晶体结构和合金化元素的加入以及基体缺陷等，将在很大程度上影响扩散激活能的大小，从而影响渗层质量。

通常将热扩渗渗入元素的原子在基体金属中的扩散分为两类：形成连续固溶体的扩散称为纯扩散；而随着溶质浓度增加并伴随新相生成的扩散称为反应扩散。

反应扩散可以从一开始就形成某种化合物，扩散层的相组成和各相化学成分取决于组成该合金系统的相图。二元合金的渗层一般不会出现两相共存区，反应扩散形成的渗层由浓度呈阶梯式跳跃分布、相互毗邻的单相区的组织所构成。

如图 8-2 所示为用渗剂元素 B 向基体金属 A 中扩渗并形成渗层的过程。设 A-B 系相图具有如图 8-2（a）所示的形式，当将金属 A 放在 B 材料的粉末中并在某一温度下扩渗时，B 则渗入 A 中形成 α 固溶体，此时 B 在 A 中的含量分布开始阶段如图 8-2（b）中的曲线 1 所示；随后 B 原子不断溶入与扩散，使表面含量逐渐增加，当 B 在 A 中的含量到达该温度下的饱和平衡含量 C_0时，则 B 的含量如图 8-2（b）中的曲线 2 所示。这时，由于含量起伏，并随着 B 元素的不断渗入，将形成新相 A_nB_m 化合物，含量处于 $C_{1极小}$和 $C_{1极大}$之间，如图 8-2（b）中的曲线 3 所示。同样，随着 B 元素的不断渗入，将会出现新相 β。扩渗结束时，B 原子含量分布如图 8-2（b）中的曲线 4 所示。热扩渗层的最终组织如图 8-2（c）所示，由外表向内依次为 β 相、A_nB_m 相、α 相和基材 A。实验结果表明，相图上单相区越宽，相区间的含量差就越大，渗入元素的流量就越大，因此渗层中的该相层就越厚。

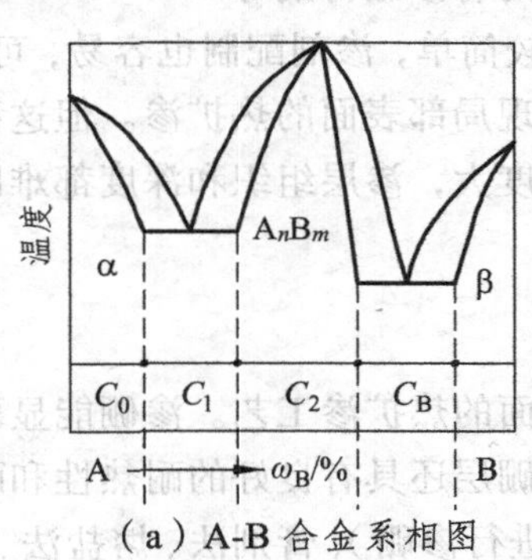

（a）A-B 合金系相图

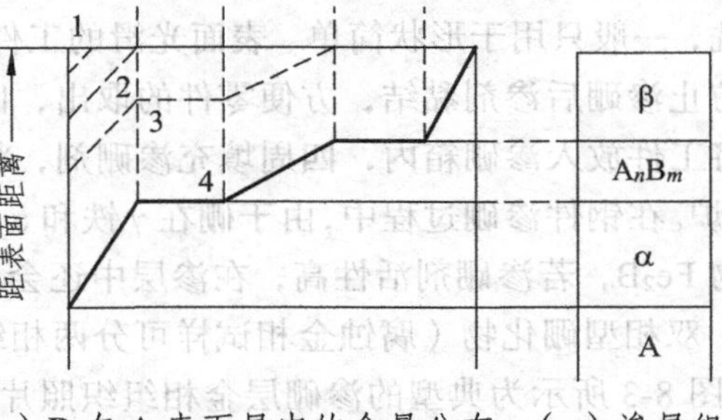

（b）B 在 A 表面层中的含量分布　（c）渗层组织

图 8-2　元素 B 在金属 A 表面饱和时渗层的形成过程

8.4 固体热扩渗技术

1. 固体热扩渗的基本特点

固体热扩渗是把工件放入固体渗剂中或用固体渗剂包裹工件加热到一定温度保温一段时间，使工件表面渗入某种元素或多种元素的工艺过程。在固体热扩渗中，影响渗层深度和质量的因素除温度和时间外，主要是固体渗剂的成分。固体渗剂一般由供溶剂、催渗剂（活化剂）、填充剂组成。供渗剂是化合物，还需加入还原剂，使之产生活性原子，如铬粉、氯化铵和氧化铝组成的渗铬剂。催渗剂的作用是促进活性原子的渗入，而由还原剂组成的一些渗剂既能促进还原反应又兼有促进活性原子渗入的作用。填充剂的作用主要是减少溶剂的板结，方便工件取出，并降低成本。

固体热扩渗根据渗剂形状特点分为粉末法（包括粒状法）、膏剂法等。

粉末法是一种传统的热扩渗方法。这种方法是把工件埋入装有渗剂的容器内进行加热扩散，以获得所需渗层，应用较多的如渗碳、渗金属、金属多元共渗等。粒状法实质是粉末法的一种，是将粉末渗剂与黏结剂按适当的比例调和后制成粒状，渗剂成分与粉末法相似，使用方法与粉末法一样。与粉末法相比，粒状法渗入时粉尘量大大降低，渗后无渗剂黏结，工件取出方便。应用较多的粒状渗剂有粒状渗硼剂、粒状渗金属剂。

膏剂法是将粉末渗剂与黏结剂按适当比例调成膏体，然后涂在工件表面，干燥后（多数要求在非氧化性环境中）加热扩散形成渗层。由于膏剂在工件表面一般只涂 5 mm 左右的厚度，膏剂中不但供渗剂含量比粉末法的高，而且一般不加填充剂，只加少量使渗剂冷却后不黏结的抗黏结剂即可。目前应用较多的有渗硼膏剂等。

相比较而言，固体热扩渗的设备较简单，渗剂配制也容易，可以实现多种元素的热扩渗，而且适用于形状复杂的工件，并能实现局部表面的热扩渗。但这种方法能耗大，热效率和生产效率低，工作环境差，工人劳动强度大，渗层组织和深度都难以控制，因此，不符合清洁生产和节能的要求。

2. 固体渗硼技术

固体渗硼是将硼元素渗入零件表面的热扩渗工艺。渗硼能显著提高钢件表面的硬度和耐磨性，特别是耐磨粒磨损的能力，渗硼层还具有良好的耐热性和耐蚀性。渗硼有粉末法（包括用制成球状、圆柱状等粒状渗硼剂进行渗硼）、膏剂法、熔盐法、流态床渗硼法和气体法等。熔盐法由于残盐难以清洗，一般只用于形状简单、表面光滑的工件。渗硼法将溶剂制成粒状，以减少工作时的粉尘和防止渗硼后渗剂黏结，方便零件的取出，因此也得到了广泛应用。

固体渗硼的工艺是将工件放入渗硼箱内，四周填充渗硼剂，将渗硼箱密封后放入加热炉中加热，保温数小时后出炉。在钢件渗硼过程中，由于硼在 γ 铁和 α 铁中的溶解度低于 0.002%，易与铁形成楔形的硼化物 Fe_2B，若渗硼剂活性高，在渗层中还会出现第二种硼化物 FeB，这样渗层中存在 $FeB+Fe_2B$ 双相型硼化物（腐蚀金相试样可分两相组织：FeB 呈深褐色组织，Fe_2B 呈浅棕色组织）。如图 8-3 所示为典型的渗硼层金相组织照片。如图 8-4 所示为渗硼层的硼含量和硬度沿渗层深度变化曲线，不难推断，渗硼过程是渗入的硼与铁不断生成化合物的反应扩散过程，渗硼层的生长不但取决于硼的扩散速度，而且与相变反应过程密切相关。此外，渗硼层与基体间硬度陡降，FeB 和 Fe_2B 硬度高，脆性大，其中 FeB 的脆性比 Fe_2B 的脆性更大。为了减少渗层脆性，一般渗硼工件都希望 FeB 在渗层中尽可能少。

图 8-3 20 钢渗硼的金相组织照片（950 °C×2 h）

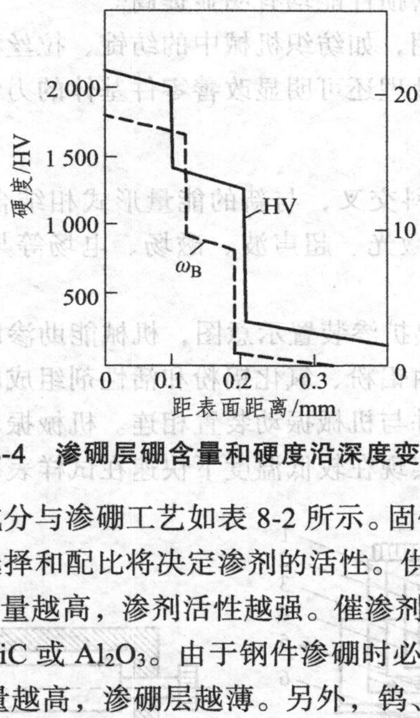

图 8-4 渗硼层硼含量和硬度沿深度变化曲线

常用的几种固体渗硼剂成分与渗硼工艺如表 8-2 所示。固体渗硼剂通常由供硼剂、催渗剂、填充剂组成，这 3 种材料的选择和配比将决定渗剂的活性。供硼剂一般选用含硼量高的物质，如碳化硼、硼砂等，因为含硼量越高，渗剂活性越强。催渗剂多用碳化物，而氟化物和氯化物的活化能力更强。填充剂为 SiC 或 Al_2O_3。由于钢件渗硼时必须将基体中的碳向内排挤以形成 Fe-B 化合物，因此钢中碳含量越高，渗硼层越薄。另外，钨、钛和钼会急剧降低渗硼层厚度，是阻碍硼化物形成元素，铬、铝、硅影响较小，而锰、钴、镍的影响也不大。

表 8-2 常用固体渗硼剂成分和渗硼工艺

渗剂成分（质量分数）	处理工艺		渗层厚度/mm	渗层组织
	温度/°C	时间/h		
95%B_4C，2.5%Al_2O_3，2.5%NH_4Cl	950	5	0.06	FeB+Fe_2B
80%B_4C，20%Na_2CO_3	900～1 100	3	0.09～0.32	FeB+Fe_2B
5%B_4C，5%KBF_4，90%SiC	700～900	3	0.02～0.1	FeB+Fe_2B
30%硼铁，10%KBF_4，60%SiC	800～950	4	0.09～0.1	Fe_2B
13%$NA_2B_4O_7$，13%催渗剂，10%还原剂，54%SiC，10%石墨	850	4	0.1	Fe_2B

热扩渗硼的工件具有硬度高，耐磨、耐蚀、抗氧化性能好的特点，而且摩擦因数小。其中，FeB 显微硬度为 1 800 ~ 2 200 HV，Fe_2B 显微硬度为 1 200 ~ 1 800 HV。钢中含碳量的增加可减少双相型渗硼层中 FeB 的相对含量并使 FeB 硬度降低。

钢件经热扩渗硼处理后其抗拉强度和韧性下降，但抗压强度提高。渗硼工件耐黏着磨损性能比渗碳淬火、离子渗氮更高，耐磨料磨损能力也非常好。

另外，还有一些钢件经热扩渗硼后在硫酸、盐酸、磷酸等溶液中的耐蚀性能明显提高，但不耐硝酸及海水腐蚀。

基于上述特点，固体渗硼技术在以下几方面得到较好应用。

（1）在模具中的应用，如热锻模、热镦模、压铸模、拉伸模、挤压模、冲裁模以及一些专用模具如耐火砖模、拉丝模、造锁模具等都可以进行渗硼处理。渗硼不仅大大提高了模具的使用寿命，而且可以用低碳钢代替高合金钢，有效地降低了生产成本。

（2）在工具中的应用，如冷拔轧螺纹钢丝轧辊、冲头、某些复合刀具的定位及导向面等，渗硼后这些工具的抗挤压和抗磨损性能均有明显提高。

（3）某些特殊零件中的应用，如纺织机械中的纺锭、拉丝机中的塔轮、牙床钻头轴承等都可以渗硼，而且渗硼后的热处理还可明显改善零件基体的力学性能。

3. 机械能助渗热扩渗技术

随着科学技术的进步和学科交叉，与新的能量形式相结合实现的热扩渗技术不断被开发出来，如机械能、电子束、激光、超声波、磁场、电场等与热能相结合，以代替纯热扩渗技术。

如图 8-5 所示为机械能助热扩渗装置示意图，机械能助渗以振动和滚动的方式实现。振动法是将试样，冲击振动球，由铝粉、氧化铝粉和活性剂组成的渗剂放置到一个金属罐（渗箱）中，金属罐置于加热炉中并与机械振动装置相连。机械振动装置的振动频率、振幅等都可以调节，通过加热和振动，实现在较低温度下快速在试样表面形成热扩渗涂层的目的。

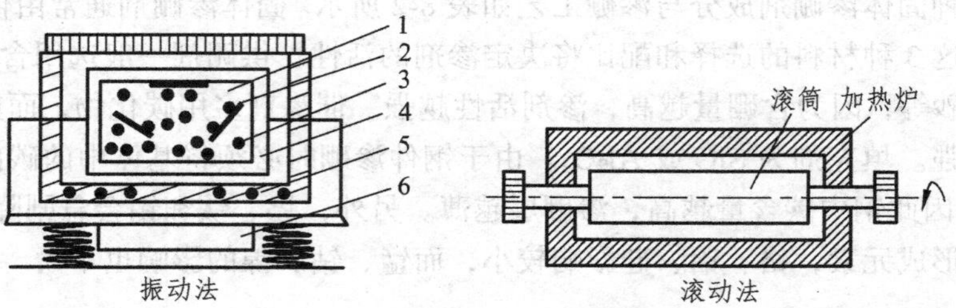

图 8-5 机械能助热扩渗装置示意图

1—渗剂；2—试样；3—冲击介质球；4—渗箱；5—加热炉；6—机械振动装置

滚动方法是利用滚筒的连续滚动过程，粉末渗剂和介质颗粒冲击待扩渗工件的表面产生的机械能，并且在一定的温度下保温一定时间，即可得到一定厚度的渗层。这种方法可以缩短热渗时间，节能效果十分显著，机械能助渗金属的消耗量降低，优点非常突出。

对于机械能助渗能降低扩渗温度、提高扩渗速度的原因，有如下几种说法：

一是改变了传热方式。在常规固体扩渗工艺中，固体渗剂处于静止状态，渗箱内主要靠热传导方式传热，传热速度较慢。而机械能助渗时，渗剂、工件和滚筒壁之间相互碰撞，形成流动传热，提高了传热速度和滚筒内部的温度均匀性。

二是改变了热扩散机制。机械能助渗对热扩渗的分解、吸附、扩散3个阶段都有影响，其中对热扩散过程的影响最大，起主导作用。另外，运动增加了渗剂各组元之间的接触机会，加速了它们之间的化学反应，提高了渗剂的活性和新生态渗入元素原子的浓度。另外就是运动粒子冲击工件表面可去除其表面氧化膜（净化表面），有利于渗入原子的吸附，提高了渗入元素的吸附浓度。机械能助渗的扩散机制为点阵缺陷扩散机制，运动的粉末粒子冲击工件表面，将机械能传给表面点阵原子，使其激活脱位，形成空位，减少了空位形成功，形成原子疏松区。形成的过饱和空位区，长大成单层或双层空位盘，塌陷成位错，甚至形成扩散通道等晶体缺陷，改变了原子扩散行径，变为点阵缺陷扩散，降低了扩散原子迁移能。由于空位等晶体缺陷大幅增加，使扩散激活能大幅度降低，致使渗金属的扩渗温度降低。

机械能助渗利用能量与热（温度）相结合，改变了扩散机制，由点阵扩散变为点阵缺陷扩散，致使扩散激活能降低，扩渗温度大幅度降低，扩渗时间缩短，节能效果显著。机械能助渗的温度低，使渗铝、渗铬、渗硅等在抗高温氧化、耐蚀、耐磨方面更具竞争力，还可解决纯热扩渗可能带来的畸变量大的难题。

因此，机械能助渗技术有可能随着渗剂活化、机械能与温度相配程度等进一步优化，加上设备简单、节能效果好，有可能成为一种新的热扩渗技术被广泛应用。

8.5 液体热扩渗技术

1. 液体热扩渗的基本特征

液体热扩渗是将工件浸渍在熔融液体中，使表面渗入一种或几种元素的热扩渗方法，主要用于改善钢件表面的耐磨性和耐蚀性。液体热扩渗根据工艺特点可分为盐浴法、热浸法、熔烧法等。

（1）盐浴法。

这是在盐浴中使工件表面渗入某种或几种元素的工艺方法。其热扩渗原理有：一是由组成盐浴的物质作渗剂，利用它们之间的反应产生活性原子，使工件表面渗入某一种或几种元素；二是用盐浴作载体，再加入渗剂，使之悬浮盐浴中，利用盐浴的热运动运载着渗剂与工件表面接触，使工件表面渗入某一种或几种元素形成涂层。表8-3是不同金属材料经盐浴氮碳共渗获得的渗层厚度和表面硬度。

表 8-3 不同金属材料经盐浴氮碳共渗获得的渗层厚度和表面硬度

钢铁牌号	预处理工艺	盐浴氮碳共渗工艺	化合物厚度/μm	扩散层厚度/mm	表面显微硬度$HV_{0.1}$
45	调质	565 °C×(1.5～2 h)	10～17	0.30～0.40	500～550
38CnMoAl	调质	565 °C×(1.5～2 h)	8～14	0.15～0.25	950～1 100
3Cr13	调质	565 °C×(1.5～2 h)	8～12	0.08～0.15	900～1 100
3Cr2W8V	调质	565 °C×(1.5～2 h)	6～10	0.10～0.15	850～1 000
W18Cr4V	淬火+回火2次	550 °C×(20～30 min)	0～2	0.025～0.045	1 000～1 150
HT24-44	退火	565 °C×(1.5～2 h)	10～15	0.18～0.25	600～650

(2)热浸法。

这是将工件直接浸入液态金属中，经较短时间保温即形成合金镀层，如钢制品的热浸镀锌、热浸镀铝、热浸镀锡等。

(3)熔烧法。

这是先把渗剂制成料浆，然后将料浆均匀涂覆于工件表面上，干燥后在惰性气体或真空环境中以稍高于料浆熔点的温度烧结，渗入元素通过液固界面扩散到基体表面而形成合金层。该方法能获得成分和厚度都很均匀的扩渗层。

2. 低温盐浴共渗技术

低温盐浴共渗是在低温盐浴中使工件表面渗入某种或几种元素的方法。低温盐浴共渗过程中钢件基本无相变，变形较小，一般不进行机加工就可使用，共渗后钢件的耐腐蚀性也得到大幅提高。

低温盐浴共渗的元素有碳、氮、硫、镉、钒以及这几种元素的共渗。如采用低温盐浴法对 T10 钢进行渗铬，可获得较厚的渗铬层，渗层表面硬度达 1 300 ~ 1 500 HV，表面铬浓度为 65% ~ 81%；对 H13 钢采用低温盐浴可以实现碳、氮、钒等元素的共渗，与气体低温氮碳共渗相比，经低温盐浴碳、氮、钒共渗后的模具平均寿命可提高 1 倍以上。因此，这种低温盐浴共渗工艺可广泛应用于阀门、轴、模具等的表面强化处理。

硫氮碳共渗是一种氮碳共渗与渗硫兼有的热扩渗工艺。由于硫的渗入，处理后的工件具有优良的耐磨、减摩、抗咬死、抗疲劳性能，并能改善钢铁件（不锈钢除外）的耐腐蚀性。

3. 硼砂熔盐金属覆层技术

在高温下将钢铁零件放入硼砂熔盐浴中一定时间后，可在表面形成几微米到数十微米的碳化物层，这种工艺被称为硼砂熔盐金属覆层技术（TD 法），与 PVD 和 CVD 方法相比，这种方法设备简单、操作方便、成本较低。TD 法主要成分是硼砂和能产生欲渗元素的渗剂，是从硼砂熔盐渗硼中发展起来的。

脱水硼砂的熔点为 740 °C，分解温度为 1 573 °C，在 850 ~ 1 050 °C 下工作稳定。硼砂熔盐渗硼是在高温下加入与氧亲和力大于硼的物质，如铝粉，可以从网砂中还原出活性硼原子，使钢铁零件渗硼。当同时加入与氧亲和力小于硼的单质物质（如铬、钒等）或化合物时，则还原出这些物质的活性原子，它们以高度弥散态悬浮、溶解于硼砂中，利用硼砂熔盐为载体，在高温下通过盐浴本身的不断对流与零件表面接触，被零件表面吸附并向内扩散，形成金属渗层（见表 8-4 的硼砂熔盐渗硼常用渗剂和渗层特性）。

表 8-4　硼砂熔盐渗硼常用渗剂和渗层特性（T12 钢 1 000 °C×5.5 h）

序号	工艺	盐浴组成（质量分数）	渗层厚度/μm	扩散层外观颜色
1	渗铬	10%铬粉+90%无水硼砂	17.5	银灰色
2	渗铬	12%三氧化二铬+5%铝粉+83%无水硼砂	14.7	银灰色
3	渗钒	10%钒粉+90%无水硼砂	24.5	银灰色
4	渗钒	10%钒铁+90%无水硼砂	22	浅金黄色
5	渗钒	10%五氧化二钒+5%铝粉+85%无水硼砂	17.2	浅金黄色
6	渗铌	10%铌粉+90%无水硼砂	20	浅金黄色
7	渗铌	15%五氧化二铌+5%铝粉+80%无水硼砂	17.2	浅金黄色
8	渗钽	10%钽粉+90%无水硼砂	17.2	浅金黄色

因为硼砂熔盐的密度和黏度大，所以硼砂熔盐是盐浴渗金属的最好载体；而且渗剂金属及活性原子容易在其中悬浮，使工件能够获得比其他渗金属熔盐更均匀的覆层；还有就是熔融硼砂能溶解金属氧化物，可使工件表面清洁和活化，有利于金属原子的吸收和扩散。

TD 法的处理温度为 900 ~ 980 °C，在此温度下，熔盐中活性金属原子有限，当所处理的工件为中、高碳钢或低合金中、高碳钢时，金属原子一旦被工件吸附，就与工件中的碳原子生成碳化物。由于碳原子在碳化物中的扩散速度比金属原子快得多，被工件吸附的金属原子还未能通过置换方式向内进行扩散，碳原子就已从内向外扩散到表面。换句话说，TD 法中金属碳化物层是在金属原子的不断吸附和碳原子的不断向外扩散中从表层不断向外增厚，并覆盖整个基体，因此得到的渗层统称金属碳化物理层。X 射线分析发现，TD 法所得到的覆层基本上全由碳化物组成，其中几乎不含铁，碳化物层的成分不受基体金属的影响。在显微镜下观察，这种方法获得的渗层呈白亮色，无微孔，与基体金属有清晰的界面。

铬、钒、钛与碳的亲和力都比铁强，都有从铁中获得碳原子的能力。其原子直径都较大，渗入钢件会造成晶格的畸变，表面能升高。但其与碳原子形成碳化物，就可以减少晶格畸变，降低表面能，使高温下碳扩散较容易，因此，碳化物覆层的厚度取决于碳原子而不是金属原子的扩散速度，这点与其他热扩渗工艺是不同的。因此在金属碳化物覆层中，影响覆层厚度的主要因素是处理温度、保温时间和钢中碳含量等，用下列关系式表示：

$$\delta^2 = At\exp\left(-\frac{Q}{RT}\right) \tag{8-1}$$

式中，δ 为覆层厚度；t 为保温时间；T 为温度；R 为气体常数，$R = 8.315$ J/（mol · K）；Q 为碳扩散活化能；A 为常数，由钢中的碳扩散能力等因素决定。

钢中合金元素对覆层厚度影响很大。碳含量越高，覆层厚度越厚；反之，覆层越薄。钢中含有碳化物形成元素越多，含量越大，碳在钢中扩散能力越弱，覆层厚度越薄；反之，钢中元素 Si 含量越大，碳向钢外扩散能力越强，覆层厚度越厚；而钢中含有非碳化物形成元素，对碳在钢中扩散影响不大，对覆层厚度影响也不大。

TD 法所获得的几种热扩渗覆层的硬度高（见表 8-5），远高于淬火、镀铬、渗氮的硬度，并且在 600 °C 下使用仍有较高硬度。这种热扩渗层的摩擦系数较低，耐磨性优良，渗层的抗剥离性、抗氧化性及耐腐蚀性也相当好。因此，它已被广泛应用于各类模具如粉末冶金成型模具、部分热作模具以及塑料、化学纤维、橡胶等工业模具中。

表 8-5　典型钢种的碳化物热扩渗覆层的硬度（1 000 °C×6 h）　　$HV_{0.1}$

钢　种	工　艺			
	渗　铬	渗　钒	渗　铌	渗　钽
45	1 331 ~ 1 404	1 560 ~ 1 870	1 812 ~ 2 665	
T8	1 404 ~ 1 482	2 136 ~ 2 288	2 400 ~ 2 665	1 981
T12	1 404 ~ 1 482	2 422 ~ 3 380	2 897 ~ 3 784	2 397 ~ 2 838
GCr15	1 404 ~ 1 665	2 422 ~ 3 259	2 897 ~ 3 874	2 397
Cr12	1 765 ~ 1 877	2 136 ~ 3 380	3 259 ~ 3 784	1 981 ~ 2 397

8.6 气体热扩渗技术

1. 气体热扩渗的基本特征

气体热扩渗是把工件置于含有渗剂原子的气体介质中加热到有利于渗剂原子在基体中产生显著扩散的湿度，使工件表面获得该渗剂元素的工艺过程。气体热扩渗可分为常规气体法、低压气体法和流态床法。产生活性原子气体的渗剂可以是气体、液体、固体。但在扩渗炉内都成为气体；在气体热扩渗过程中，渗剂可以不断补充更新，使活性原子的供给、吸收和向内部扩散的过程持续进行；可以随时调整炉内气氛，实现可控热扩渗。通过气体热扩渗的工件，其渗层厚度均匀，易控制，并且容易实现机械化、自动化生产；同时劳动条件好，环境污染小，但设备一次性投资较大。

常规气体法是在常压下进行的热扩渗工艺，应用较为广泛。所应用设备分周期气体加热炉和连续气体加热炉两类。周期气体加热炉主要有井式、卧式、旋转罐式 3 种。连续气体加热炉有推杆式、网带输送式、转底式、振动式、旋转罐式等多种。与一般加热炉相比，常规气体加热炉都有能密封的炉膛和促进气氛均匀的风扇。

应用比较多的工艺是气体渗碳、气体碳氮共渗、气体渗氮等。由于渗剂、设备等原因，气体渗金属和气体渗硼很少采用。

低压气体法（或称真空扩渗法）是把工件放入低压容器内加热，通入渗剂，使工件表面渗入某种元素的工艺过程。它实际上是将真空技术用于气体热扩渗。工件在真空状态下加热，能有效防止表面氧化，还能去除工件原有的氧化膜以及附着的油脂，使表面洁净而处于活化状态，这样非常有利于快速吸收被渗元素成分。因此，采用低压气体法，工件表面的被渗入元素浓度高、热扩渗速度快。另外，低压气体法的渗剂是脉冲式进入加热炉内，因此深孔、盲孔、狭缝处以及堆放的细小零件都能获得均匀的渗层，非常适合工模具、细小精密零件的处理。

2. 气体渗碳

在增碳的活性气氛中，将低碳钢或低碳合金钢加热到高温（一般为 900 ~ 950 °C），使活性碳原子进入钢的表面，以获得高碳渗层的工艺方法称为气体渗碳。气体渗碳过程示意图如图 8-6 所示。

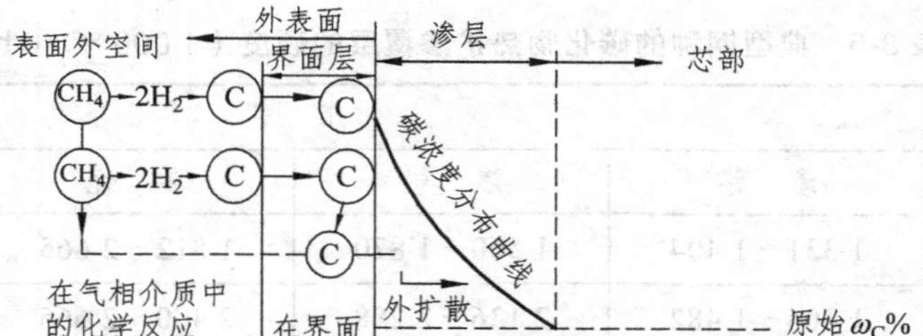

图 8-6　气体渗碳过程示意图

低碳钢零件渗碳后，表层变成高碳，内部仍保持低碳状态。经淬火及低温回火后，零件表面硬度提高，耐磨性以及抗疲劳性提高，而芯部仍保持足够的强韧性，因此，能够满足那些工作时易磨损件的工况需求，或者需要同时承受较高的表面接触应力、弯曲力矩及冲击负荷作用的零件的性能要求。因此，气体渗碳是机械制造、汽车等行业中应用较多的工艺，如汽车和拖拉机的齿轮、凸轮轴等零件都需要气体渗碳。

与气体渗碳相比，固体渗碳的劳动条件差，生产效率低；液体渗碳稳定性差，工件质量波动大；等离子渗碳设备造价高，而且不够完善。因此，很多工件渗碳都采用气体渗碳。由于气体渗碳是在 900 ~ 950 °C 进行，由 Fe-C 相图可知，碳在单一奥氏体状态下向内扩散，其渗层厚度可以根据所选用的渗剂和扩散方程精确算出，即渗碳过程可以通过计算机实现精确控制，以获得预期的渗碳效果。如图 8-7 所示为平滑下降的表面碳含量和表面硬度曲线。

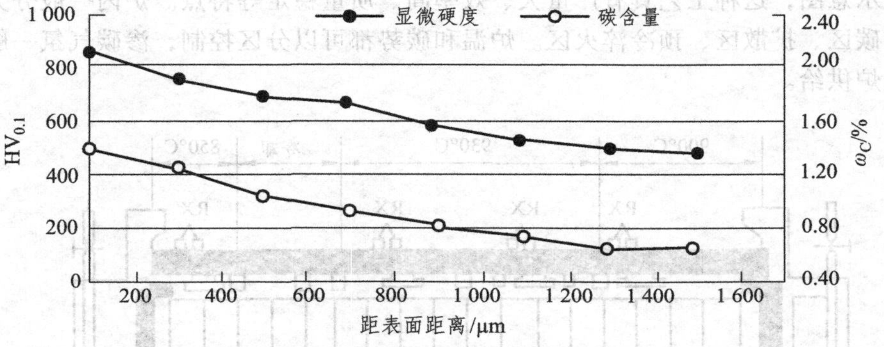

图 8-7 20GrMnTi 钢表面硬度和碳含量曲线

（1）影响气体渗碳的主要因素。

① 渗碳气氛。

不同渗剂或渗碳气体在高温下产生的活性碳原子是不一样的。为了评价气氛的渗碳能力，把在给定温度下，钢件表面碳含量（奥氏体状态）与炉中气氛达到动平衡时，钢件表面的实际碳含量称为碳势，并通过控制碳势来控制气氛的渗碳能力。

② 温度和时间。

工件的材质、渗碳温度和碳势确定后，渗碳时间将根据渗碳层深度确定。一般浅层渗碳 2 ~ 3 h，常规渗碳 5 ~ 8 h，深层渗碳 16 ~ 30 h。

③ 钢的化学成分。

钢中的合金元素对钢吸收碳的能力和碳向内部扩散都有很大影响。碳化物形成元素能提高渗层表面的碳含量，增大碳的含量梯度；非碳化物形成元素则会降低渗层表面的碳含量。为使渗碳零件具有较高的韧性、适当的淬透性及在渗碳温度下钢中晶粒不致过分长大，渗碳钢中常含铬、钼、镍、钛等合金元素。

（2）气体渗碳的主要方式。

气体渗碳可根据所用渗碳气体的产生方法及种类分为滴注式气体渗碳、吸热式气氛渗碳和氮基气氛渗碳等；也可按获得不同的渗碳层深度的工艺特点分为浅层（< 0.7 mm）、常规（0.7 ~ 1.5 mm）和深层（> 1.5 mm）渗碳 3 种类型。

① 滴注式气体渗碳。

把含碳有机液体滴入或注入气体渗碳炉内，含碳有机液体受热分解产生渗碳气氛，对工件进行渗碳。滴注式气体渗碳设备简单，多用煤油作渗碳剂，成本低廉。

② 吸热式气氛渗碳。

在连续式作业炉和密封式箱式炉中进行气体渗碳，常用吸热式气体加含碳富化气作为渗碳气氛。因为当原料气氛成分一定时，吸热式气体的 CO 和 H_2 含量基本恒定，这使碳势容易测量和控制，因此可获得具有一定表面碳含量和一定渗碳层深度的高质量渗碳件。由于吸热式气氛需要有特殊的气体发生装置，需要一定的启动时间，因而只适用于大批量生产。

③ 氮基气氛渗碳。

氮基气氛渗碳是一种以纯氮作为载气，添加碳氢化合物进行气体渗碳的工艺方法。这种方法具有生产成本低、无环境污染的优点。如图 8-8 所示为连续式作业吸热式可控气氛渗碳工作过程示意图，这种工艺具有产量大、效率高、质量稳定等特点。炉内一般分为四区：加热区、渗碳区、扩散区、预冷淬火区。炉温和碳势都可以分区控制，渗碳气氛一般由吸热式气体发生炉供给。

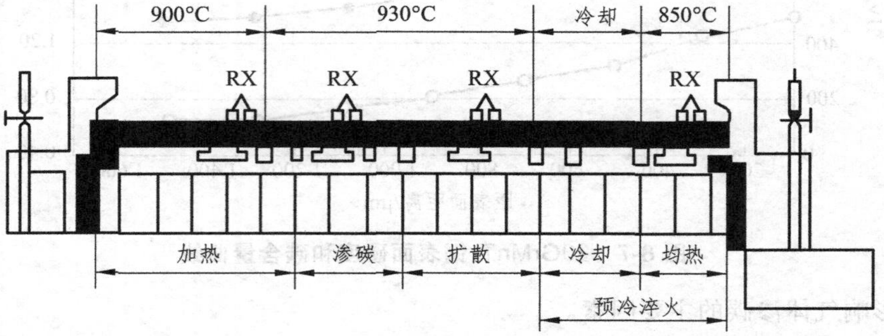

图 8-8　连续式作业吸热式可控气氛渗碳工作示意图

加热区：冷零件进入炉内要吸收大量的热量，故该区功率要较大，以便零件尽快热透。该区温度控制在 880 ~ 900 °C。

渗碳区：零件在此区内应基本上达到渗碳层的深度要求。炉温为 920 ~ 940 °C，炉内气氛根据工件的要求而定，一般碳势控制在 1.1% 左右。

扩散区：其作用为调整和控制零件表面碳含量，使其沿渗层深度均匀下降，即碳含量梯度平缓。炉温为 900 °C，碳势控制在 0.9%。

预冷淬火区：目的是降低淬火温度，使工件淬火后的变形量和残余奥氏体含量减少。炉温一般控制在 830 ~ 850 °C，碳势控制在 0.8%。

上述参数根据工件要求可以实现自动控制。

（3）气体渗碳的组织特性和基本性能。

气体渗碳零件的性能是渗层和芯部组织及渗层深度与工件直径相对比例等因素的综合反映。表面硬度、渗碳层深度、芯部硬度是衡量渗碳件是否合格的三大主要性能指标，它们基本决定了渗碳件的综合力学性能。对于性能要求高的渗碳零件还需要检测外观、金相组织、表面碳含量和碳含量梯度等指标。

随着零件表面碳含量的增加，通常钢的抗弯强度及冲击韧度降低，而抗扭强度及疲劳强度提高，至碳的质量分数为 0.90% ~ 1.00% 时达到最大值。大多数钢铁零件以表面碳的质量分数为 0.80%～1.10% 较好。当碳的质量分数低于 0.80% 时，其零件的耐磨性和强度不足；当高于 1.10% 时，则因淬火后表面碳化物及残余奥氏体量增加而损害钢的性能。

渗层的碳含量从表向里逐渐降低，其缓冷的组织为过共析、共析、亚共析组织；淬火组织为渗碳体+马氏体和低碳马氏体。渗层深度的设计和确定取决于零件的工作条件及芯部材料的强度。零件所受负荷越大，渗碳层应越深。零件的芯部硬度高，支撑渗层的强度就高，则渗层可以相应浅一些。渗层中的过共析区及共析区必须大于零件后续机加工磨削量和使用过程中的允许磨损量，以保证零件有足够的耐磨性。

表面硬度是渗碳层组织和表面碳含量的综合反映。当表面碳的质量分数为 1.0% 左右时，渗层组织为粒状碳化物+马氏体。而无网状碳化物和黑色组织时，一般渗碳钢表面硬度为 58～62 HRC。

芯部组织及性能对渗碳强化效果也有重大影响。芯部组织一般应为低碳马氏体，当零件尺寸较大时也允许为索氏体，但不允许有大块或多量铁素体，后者不仅会破坏组织均匀性，而且会降低芯部硬度。若芯部硬度过低，则零件易出现芯部屈服而导致渗层剥落，造成渗碳件过早破坏；若硬度过高，则零件承受冲击载荷的能力及疲劳寿命降低。

弥散碳化物渗碳是高合金模具钢在渗碳气氛中加热，在碳原子渗入的同时，渗层中沉淀出大量弥散合金碳化物，如（Gr，Fe）$_7C_3$、V_4C_3、TiC，从而实现钢的表面强化。这种方法获得的渗碳层表面碳的质量分数高达 2%～3%，弥散碳化物的质量分数达 50% 以上，且碳化物呈细小均匀分布。经直接淬火或重新淬火、回火后，表面可获得很高的硬度和优异的耐磨性。渗碳模具芯部没有出现粗大的碳化物和严重碳化物偏析。因而芯部冲击韧度得到大幅度提高。

3. 气体渗氮

将氮元素渗入钢件表面的过程称为渗氮。氮化层的硬度可以高达 950～1 200 HV，其耐磨性、疲劳强度、红硬件和抗咬合性能也优于渗碳层。钢的渗氮温度低（480～570 °C），且渗氮后工件一般随炉冷却，工件变形很小。因此，气体渗氮技术也受到广泛重视。

由铁-氮相图可知，在 700 °C 以下铁-氮相图由 5 个单相区及 2 个共析反应组成，表 8-6 所列是渗氮层各相特性。渗氮渗剂为氨气或氨的化合物，氨气在高温下分解出氮原子，氮原子被工件吸附，并向内扩散，形成渗氮层。由于渗氮温度低，因而周期长（数十至上百小时），成本较高，渗氮层较薄（约 500 μm），脆性也较大，不宜承受过高的压力或载荷。

表 8-6 渗氮层各相特性

名 称	本质及化学式	晶体结构	ω_N	主要性能
α相	含氮铁素体	体心立方	590 °C 时为 0.10%，室温时降至 0.004%	有铁磁性
γ相	含氮奥氏体	面心立方	≤2.86%	在 590 °C 时有共析转变，慢冷时发生$\gamma\rightarrow\alpha+\gamma'$
γ′相	Fe_4N 为基的固溶体	面心立方	5.30%～5.70%	铁磁相，硬度较高，脆性小
ε相	$Fe_{2\sim3}N$ 为基的固溶体		4.55%～11.0%	铁磁相，650 °C 发生共析分解$\varepsilon\rightarrow\gamma+\gamma'$
ζ相	化学当量为 Fe_2N 的化合物	斜方	11.07%～11.18%	具有高脆性

渗氮层的高硬度是由于合金氮化物的弥散硬化作用导致的。氮化物自身具有很高的硬度，加上其晶格常数比基材 α-Fe 大得多，因此，当它与母相保持共格联系时，使得 Fe 晶格产生很大的畸变，导致强化效应。由于渗氮工艺的温度不同，生成的氮化物尺寸大小也会不同，这样渗氮后的硬度高低也不一样。随着渗氮温度的升高，氮化物尺寸长大并破坏与母相的共格关系，渗氮层的硬度降低。

渗氮层不仅具有高的表面硬度、强度和耐磨性，而且有很强的抗回火能力，可在 500 °C 以下长期保持高的硬度。因此，渗氮多用于处理销、轴类和轻载齿轮等重要零件，在渗氮前一般要进行调质处理，以获得综合力学性能良好的调质组织。

4. 碳氮共渗

碳氮共渗是在渗碳和渗氮基础上发展起来的二元共渗工艺。在 520 ~ 580 °C 碳、氮共渗以渗氮为主（称为氮碳共渗），还因为渗层硬度比渗氮层略低，俗称软氮化；在 780 ~ 930 °C 碳、氮共渗主要以渗碳为主。

与渗氮相比，氮碳共渗所需时间可以大大缩短；表面化合物层中不含 ζ 脆性相，因此渗层韧性好，裂纹敏感性小，而其他性能与渗氮相似。因此，氮碳共渗是一种表面硬度高、耐磨损、抗疲劳、尺寸变形小的热扩渗工艺。

与渗碳相比，碳氮共渗能在较低的温度热扩渗，零件晶粒不易长大，可以直接淬火，零件变形开裂倾向小，氮的渗入不仅扩大了 γ 相区，而且提高了奥氏体的稳定性，即提高了渗层的淬透性和淬硬性，而且渗层表面残存一定的压应力，提高了零件的疲劳强度；γ 相区的扩大还可以使渗层的碳含量升高。因此，与渗碳相比，碳氮共渗的疲劳强度、耐磨性、耐蚀性、抗回火稳定性等都得到提高。

5. 气体多元共渗

气体多元共渗技术是在一定的处理温度下，气体分解产生多种活性原子渗入工件表面形成一层含多种元素的金属间化合物层，以提高工件表层的耐磨性、耐腐蚀性能与抗疲劳性能。如采用该技术将 N、C、O 元素同时渗入 40Gr 钢表面形成热渗层，可以使其表面硬度、耐磨性以及疲劳强度得到明显改善。用 SEM 观察其金相组织及渗层厚度，发现经多元共渗后的表面渗层由疏松层、白亮层、过渡层组成，白亮层的硬度最高，显微硬度为 850 HV。摩擦磨损试验表明，多元共渗后的 40Cr 钢表面耐磨性能显著提高。在 Q235 钢、球墨铸铁等材料表面实现气体多元共渗，可根据不同零件有不同的性能要求，将氮、碳、硼、稀土等实现多元共渗，这样可以大幅度提高其耐磨性能与耐腐蚀性能。如跨座式轻轨铸钢支座的辊轴和承压板采用低温多元共渗进行表面强化，其优异的耐磨耐腐蚀性能确保轻轨铸钢支座的使用性能和寿命要求，以安全性和舒适性著称的跨座式轻轨交通得到全世界的首肯，极大地推动了轻轨交通的快速发展。

8.7 等离子体热扩渗技术

1. 等离子体热扩渗的基本特征

等离子体热扩渗，是利用低真空中气体辉光放电产生的离子轰击工件表面形成热扩渗层的工艺过程。与普通气体热扩渗技术相比，等离子体热扩渗技术具有如下特点：

（1）离子轰击工件使其表面高度活化，易于吸收被渗离子和随离子一起冲击工件表面的活性原子，因而热扩渗速度加快。

（2）通过调节电参数、渗剂气体成分和压力等参数来控制热扩渗层的组织，使其满足工况要求。

（3）离子轰击作用可以去除工件表面的氧化膜和钝化膜，使易氧化或钝化的金属（如不锈钢等）能进行有效热扩渗。

（4）易实现工艺过程的计算机控制。

开发最早、应用最多的等离子体热扩渗工艺是离子渗氮，通过离子渗非金属元素得到普遍发展，如氮、碳、硫等的热扩渗。在离子渗氮方面，运用人工智能及分析技术，实现温度、压力、流量、成分、功率、密度等工艺参数的自动控制和过程优化，推动了离子轰击氮碳共渗、渗碳、渗硼及渗金属等工艺的应用，并且从结构钢向工具钢、不锈钢、耐热钢等发展，从黑色金属向有色金属发展。

另外，离子多元共渗是在应用离子氮化技术的基础上发展起来的一种新的离子轰击工艺方法。它集离子二元（N-C、S-N）、三元（N-C-S、N-C-O、O-S-N）共渗为一体，其关键在于共渗介质及其合理的工艺参数。离子多元共渗技术主要是对纯铁和碳钢的金属表面进行离子多元 N、C、O、S 等共渗，对提高金属表面的硬度、耐磨性，降低脆性和减小变形等方面有突出贡献，被广泛应用在轴承、机床和汽车零件等方面。

2. 等离子体热扩渗原理

在离子热扩渗过程中，欲渗元素离子的产生和运动都由低真空中气体辉光放电的产生条件和辉光区的特性决定，因此有必要了解辉光放电的基本特性（见图 8-9）。根据放电气体现象可将图中曲线分为 5 个区，即被激放电区、自激放电区、正常辉光放电区、异常辉光放电区、弧光放电区。

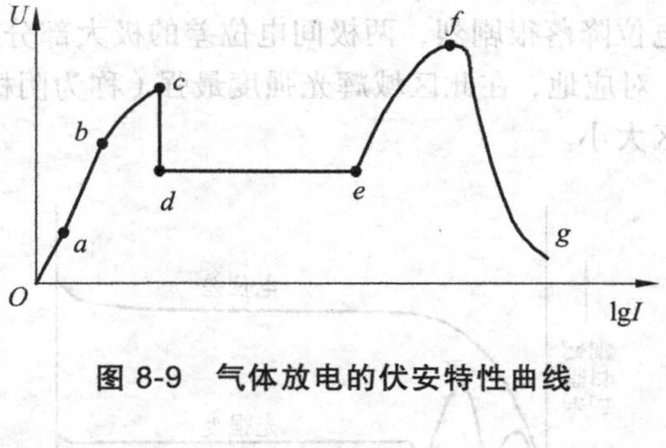

图 8-9　气体放电的伏安特性曲线

被激放电区低真空存在微量带电粒子，当施加一较低电压的电场时，这些带电粒子即做定向运动，形成微电流，其特性如图 8-9 中的曲线 *Oab* 段。进一步提高电压，使带电粒子的动量增加到引起碰撞电离，电离出的电子又会造成另外的气体电离，即电子数会雪崩式地增加，使电流明显增大，其特性如图 8-9 中的曲线 *bc* 段，这段气体放电现象称为雪崩放电。由于曲线 *Oabc* 段气体放电的维持靠外加电离源，因而称为被激放电区。

当电压达到 c 点时，产生的二次电子足以代替进入阳极的电子，气体导电能力能维持放电现象而不用外加电离源。这种不用外加电离源也能维持放电的现象称为自激放电。从 c 点至 e 点，伴随着放电现象，还产生辉光，因而称为辉光放电，c 点电压称为辉光放电点燃电压。气体放电在起辉以后，电流会突然上升，电压也会迅速降低，此过程称为崩溃，如 cd 段，此段称为自激放电区。

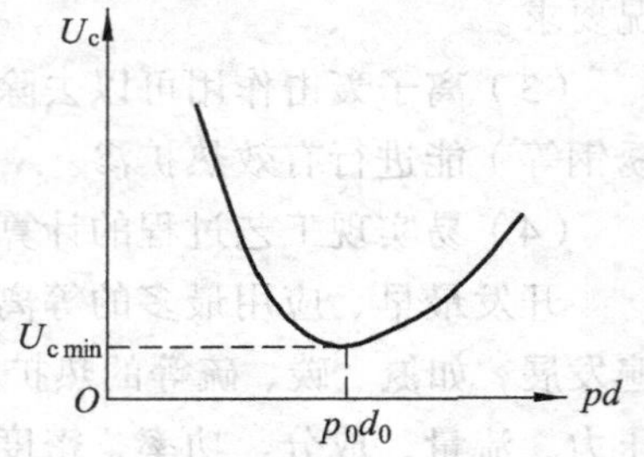

图 8-10　辉光放电时的巴兴曲线

辉光放电点燃电压与气体的电离电压、气体压强和两极间距离的乘积以及阴极材料有关。当阴极材料和气体介质一定时，辉光点燃电压与气体压强和两极间距离的乘积的关系（称为巴兴曲线）如图 8-10 所示。由图可见，点燃电压 v_c 随着气体压强（p）和两极间距离（d）的乘积（pd）而变化，且有一极小值（$v_{c\min}$）。

图 8-9 中的曲线 de 段被称为正常辉光放电区，随着辉光的出现，电压迅速降低，到一定值（即曲线中 d 点）后，极间电流可在电压不变的情况下增加，辉光覆盖面积也增加，即电流密度不变。

异常辉光放电区是在整个阴极都被辉光覆盖后，进一步增加外加电压，两极间电位降增大，阴极表面电流密度增大（见图 8-9 中的曲线 ef 段），总电流强度也继续增加，曲线 ef 段被称为异常辉光放电区。异常辉光放电区是进行离子热扩渗的实际应用区。只有在这一区域，阴极表面全部被辉光覆盖，才能均匀加热工件，也只有在这一区域，才能利用电流与电压同时增大的正电阻效应改变两极间电位降和阴极表面电流密度，改变等离子体热扩渗工艺参数。

弧光放电区随着板间电压的升高，辉光电流会不断增强，当达到或超过 U_f 时，电流会突然增大，极间电压也会突然降低，相当于短路。此时，在阴极很小面积上产生强烈的弧光，称为弧光放电（见图 8-9 中的曲线 fg 段），也称弧光放电区。弧光放电的电流远比辉光放电大，这样会造成工件局部熔化，因此，必须注意避免。

实际上，辉光放电时，阴阳两极间的电位降是不均匀的，发光强弱也不一样（见图 8-11）。由图可见，阴极附近的电位降落很剧烈，两极间电位差的极大部分加于阴极附近很窄区域，此区域称为阴极位降区。对应地，在此区域辉光强度最强（称为阴极辉光区），生产上所称的辉光厚度就是阴极辉光区大小。

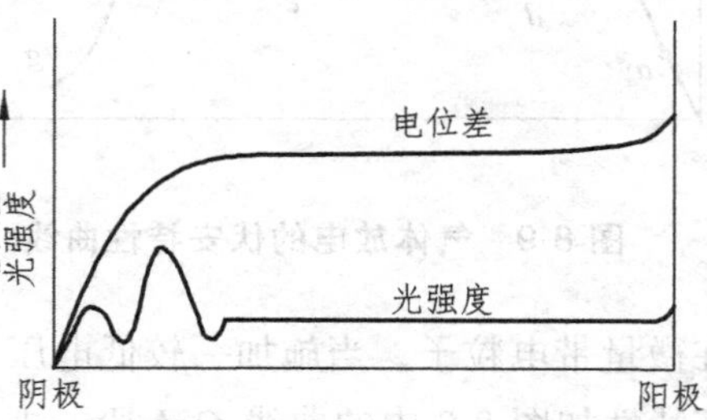

图 8-11　辉光放电的电位差和光强度特性

改变两极间距离，辉光厚度无明显变化，但当两极间距离小于辉光厚度时，辉光将熄灭，这可用来对非热扩渗部位的局部防渗。在阴极材料、气体介质、两极间距离固定的条件下，阴极辉光区的大小决定于炉内气压大小。气压越高，此区域越小，即辉光层越薄，亮度越集中；反之越发散。

在辉光放电时，电离出来的正离子在电场作用下轰击阴极表面，并使阴极材料的某些原子和电子逸出表面，这种现象称为阴极溅射。单个正离子轰击阴极表面而溅射出来的原子数，称为溅射系数。溅射系数随离子能量的增加而增加，到极大值后则减少；并且随着离子流密度的提高而增加，但到一定的离子流密度后就不再受其影响。

在离子热扩渗中，开始阶段利用强阴极溅射清洁工件表面；热扩渗时控制阴极溅射以保持工件表面的粗糙度和获得所需的渗层组织。

3. 离子渗氮

利用辉光放电现象将含氮气体介质电离后渗入工件表面，从而获得表面渗氮层的工艺，称为离子渗氮。离子渗氮是在 1932 年由德国 B. Berghaus 发明的，于 20 世纪 60 年代末在德国和瑞士开始实际应用。与气体渗氮相比，离子渗氮具有气体、能量消耗少，工作环境好，不污染环境，工件表面质量高，生产周期短等优点。

离子渗氮炉有钟罩式、井式和卧式等。钟罩式离子渗氮炉（见图 8-12）的特点是工件摆放方便、观察容易。将工件放入离子渗氮炉内，抽真空至 1.33 Pa 左右后通入少量的含氮气体（如氨），至炉压升到 70 Pa 左右时接通电源，在阴极（工件）与阳极间加上直流高压，使炉内气体放电。放电过程中氮和氢离子在高压电场的作用下冲向阴极表面，产生大量的热把工件加热到所需温度，同时氮离子或氮原子被工件吸附，并迅速向内扩散，形成渗氮层。在保温一段时间渗氮层达到要求的厚度后，停电、停气、降温。一般在工件温度降到低于 200 °C 后出炉，这样工件表面无氧化而呈银灰色。常用钢的离子渗氮工艺如表 8-7 所示。

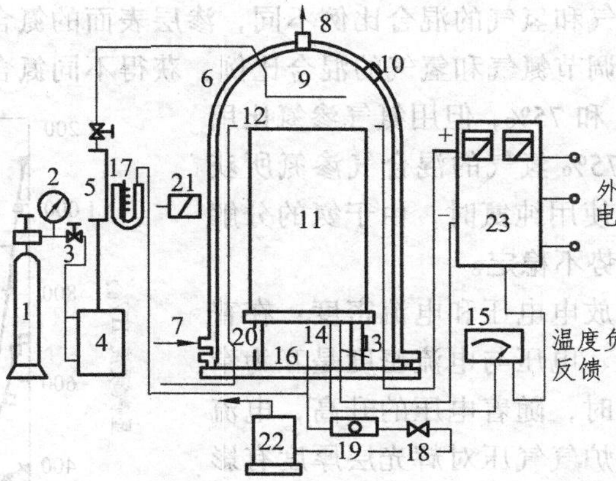

图 8-12　离子渗氮装置示意图

1—气瓶；2—压力表；3，18，19—阀；4—干燥箱；5—流量计；6—钟罩；7—进水管；
8—出水管；9—进气管；10—窥视孔；11—工件；12—阳极；
13—阴极；14—热电偶；15—毫伏计；16—抽气管；
17—U 形真空计；20—真空管；21—真空计；
22—真空泵；23—直流电源

表 8-7 常用钢的离子渗氮工艺

钢 种	工艺参数			表面硬度/$HV_{0.1}$	化合物层深度/μm	总渗层深度/mm
	温度/°C	时间/h	压力/Pa			
38CrMoAlA	520 ~ 550	8 ~ 15	266 ~ 532	888 ~ 1 164	3 ~ 8	0.30 ~ 0.45
40Cr	520 ~ 540	6 ~ 9	266 ~ 532	650 ~ 841	5 ~ 8	0.35 ~ 0.45
42CrMo	520 ~ 560	8 ~ 15	266 ~ 532	750 ~ 900	5 ~ 8	0.35 ~ 0.40
3Cr2W8V	540 ~ 550	6 ~ 8	133 ~ 400	900 ~ 1 000	5 ~ 8	0.2 ~ 0.90
4Cr5MoV1	540 ~ 550	6 ~ 8	133 ~ 400	900 ~ 1 000	5 ~ 8	0.20 ~ 0.30
Cr12MoV	530 ~ 550	6 ~ 8	133 ~ 400	841 ~ 1 015	5 ~ 7	0.20 ~ 0.40
1Cr18Ni9Ti	600 ~ 650	27	266 ~ 400	874	—	0.16
QT60-2	570	8	266 ~ 400	750 ~ 900	—	0.30

离子渗氮渗层结构与气体渗氮相似，但离子渗氮易于调整工艺参数，从而获得不同的渗层组织：单一扩散层、γ′+扩散层、ε+γ′+扩散层、ε+扩散层。

影响离子渗氮层的主要因素如下：

（1）温度：随着渗氮温度的升高，渗层厚度增加，在 570 ~ 600 °C 达到极大值。随着温度的升高，ε 相的数量减少，γ′ 相的数量增多。

（2）时间：随着渗氮时间的延长，渗氮层的成分也会发生变化。由于 ε 相在氮离子的不断轰击下，热稳定性降低而易于分解，因而 ε 相减少，γ′ 相增多。在合适的时间范围内，可获得最大厚度的 γ′ 相渗氮层。

（3）气体成分：离子渗氮常使用纯氨、纯氮、氮气和氢气等多种气体，使用纯氮的效果不如氮气和氢气好。而氮气和氢气的混合比例不同，渗层表面的氮含量也不同，渗层表面相成分也就不同。可以通过调节氮气和氢气的混合比例，获得不同氮含量的渗层。氨气中氮与氢的摩尔分数分别是 25% 和 75%，但用氨气渗氮比用摩尔分数为 25% 氮气和 75% 氢气的混合气渗氮所获的表面氮含量高。不过，使用纯氨时，由于氨的分解率不易控制，气氛中的氮势不稳定。

（4）炉气气压、辉光放电电压和电流密度：在普通的离子渗氮炉中，气压、电压与电流密度是互为牵制的影响因素。气压一定时，随着电压的升高，电流密度升高；电压一定时，炉气气压对辉光层厚度有影响。对于不同形状的工件应选择适当的气压以获得均匀的渗层，如小孔和槽零件的渗氮要用较高的气压。

离子渗氮的渗氮层中各含氮相的硬度与气体渗氮相同，但由于这些相的分布状态不完全相同，因而两者硬度分布不同，如图 8-13 所示为几种典型钢的渗氮层硬度分布曲线，可见钢种不同，表面硬度差异很大。

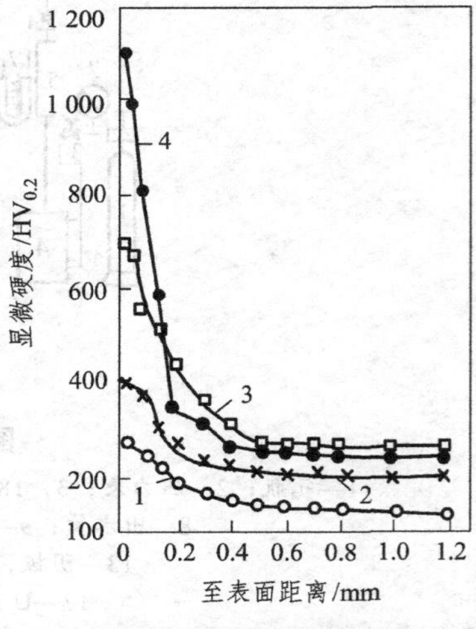

图 8-13 不同钢种离子渗氮后硬度曲线

1—15 钢；2—45 钢；3—35CrMo 钢；4—45CrMoAl 钢

一般来说，渗氮可以提高工件的疲劳强度，而且疲劳强度是随着渗氮层中扩散层厚度的增加而增加的，但增加到一个最大值后，疲劳强度将不再增加。

渗氮层的组织结构不同，其韧性也不同。根据扭转试验的应力应变曲线上出现屈服现象及产生第一根裂纹的扭转角大小来衡量渗氮工件的韧性好坏，仅有扩散层而无化合物层（白亮层）的渗氮层韧性最好，有化合物层但仅为γ'相的次之，具有$\gamma'+\varepsilon$相的混合层韧性最差。

另外，渗氮层组织结构不同，表面耐磨性也不同。对于滑动摩擦来说，渗氮层抗滑动摩擦性能随表面氮含量的增加而提高，但当表面氮含量过高、脆性相过多时，耐磨性就会降低。对于滚动摩擦而言，与其他渗氮方法相比，离子渗氮的耐磨性最好，这是因为一般离子渗氮层的化合物层氮浓度最低，韧性较好的缘故。

8.8 稀土共渗技术

稀土共渗是基于稀土元素在热扩渗过程中的活化催渗作用而日益受到关注的新技术。研究表明，稀土元素在提高渗碳速度、增大渗层厚度、改善渗层组织和性能方面具有良好作用。对低温气体氮-碳-硼-稀土多元共渗发现，稀土对氮、碳、硼共渗有明显的活化催化作用。离子探针证实，稀土元素渗入了钢的表面，而且起到了微合金化的作用。将稀土、氮、碳、硼同时渗入45钢表面，结果表明稀土对氮碳硼共渗有明显的催渗作用。另外，还发现稀土元素镧等渗入了45钢的表面，起到了合金化的作用，而且稀土的渗入还提高了共渗层的硬度、耐磨性、耐腐蚀性和抗疲劳性等性能。测量稀土元素对固体渗硼剂渗硼扩散激活能，发现稀土元素能增大硼的扩散系数，降低硼的扩散激活能，具有显著的活化催渗作用。在铝液中加入镧、镨、铈混合稀土，可以使渗层组织细化、均匀，耐腐蚀性能明显提高。在相同条件下，稀土添加可以使渗速明显提高，温度越低稀土的催渗作用越明显。

总之，稀土元素对加速热扩渗进程、改善表面渗层的微观组织、提高渗层的综合力学性能等方面具有重要的作用。因此，稀土共渗的研究也成了世界热扩渗领域的热门课题之一。

复习思考题

1. 热扩渗层形成的基本条件包括哪些？为什么对于靠化学反应提供活性原子的热扩渗工艺必须满足反应的热力学条件？

2. 等离子体热扩渗原理是什么？辉光放电的基本特性是什么？生产上所谓的“辉光厚度”指的是什么？

9 表面淬火

表面淬火是一种对零件需要硬化的表面进行加热淬火的工艺。表面淬火是强化金属零件的重要手段之一。经表面淬火的零件不仅提高了表面硬度和耐磨性，而且与经过适当预先热处理的芯部组织相配合，可以获得很高的疲劳强度和适当韧性。由于表面淬火工艺简单，强化效果显著，热处理后变形小、氧化少，可以进行局部处理，节约能源，生产过程容易实现自动化，适合大批量生产和生产效率高等特点，具有很好的技术与经济效益，因而在生产上得到了广泛应用。工件表面与内部相比有许多特点，主要概述如下。

1. 表面应力最大

机器零件在工作过程中经常会受到扭转、弯曲、冲击、疲劳等交变载荷作用，其表面层常比芯部承受较高的应力。图 9-1 为扭转试样沿横截面的应力分布。很明显，应力在截面上的分布是不均匀的，表面最大，越往芯部越小。它对表面硬化层的性能及表面缺陷的反映很敏感。同样在弯曲载荷的作用下，试样截面上的应力分布也是不均匀的，表面应力最大。

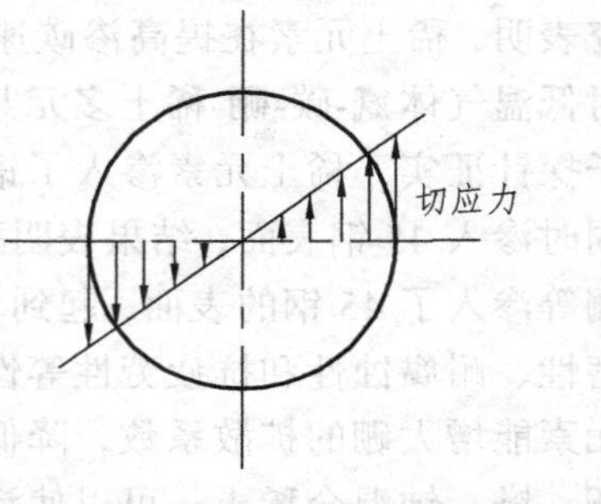

图 9-1 扭转试样沿横截面的应力分布

2. 表面应力集中最大

工件表面截面急剧变化处，如轴肩、螺纹、油孔、倒角、退刀槽以及焊缝等，应力是不均匀分布的。图 9-2 为开有圆孔的轴，当其受轴向拉伸时，在圆孔附近的局部区域内，应力将急剧增加，随着离开圆孔的距离增大，应力将迅速降低，这种因工件外形变化而引起局部应力急剧增大的现象，称为应力集中。由此可见，在工件表面处应力集中最大。

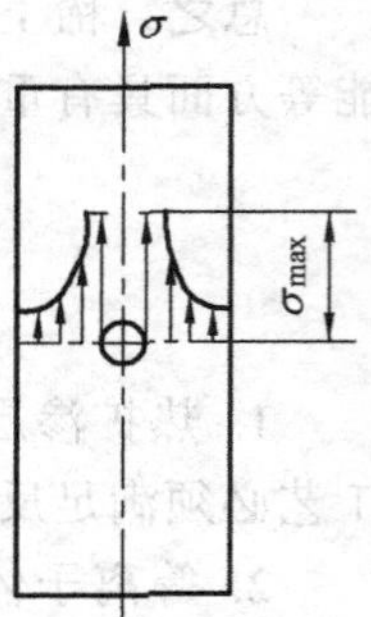

图 9-2 轴的圆孔处应力分布

3. 表面最容易发生变形

因为表面受约束减少，位错运动阻力也减小，所以当发生变形时，优先在表面发生。

4. 磨损发生在表面

工件在实际工作中，与其他工件之间总要发生相对运动，此时就会产生摩擦，有摩擦就必有磨损，磨损发生在工件表面。在外加载荷作用下，机件表面接触点处的接触应力很大，其值可能超过一个机件或同时超过两个机件材料的屈服强度，从而在表面产生塑性变形和断裂，此时将有磨屑产生。在磨损过程中，塑性变形和断裂反复进行，一旦磨屑形成后又开始下一循环，每次循环材料表面总要转变到新的状态。磨屑的不断产生会降低机器和工具效率、精确度，甚至使其报废，同时也造成金属材料损耗和能源消耗。

5. 腐蚀从表面开始

工件在服役过程中要与周围环境中的各种介质接触，几乎没有一种金属在室温或高温环境中工作是稳定的，它们都会不同程度地遭受腐蚀，不是在室温水溶液中被腐蚀，就是在高温下被氧化，从而对金属材料的性能产生影响，使得金属所承受的应力即使低于其屈服强度也会产生突然脆断现象。金属材料的腐蚀是表面反应过程，也就是说腐蚀是从表面开始的。

以上事实说明，表面是零件的薄弱位置，是引起零件失效的策源地。因而，通过强化零件表面，提高其表面强度、耐磨性、耐腐蚀性可以达到提高其使用寿命的目的。表面强化方法很多，如表面淬火、化学热处理和表面形变强化（液压和喷丸）都是生产上常用的方法。

9.1 表面淬火工艺分类

9.1.1 实现表面淬火的基本条件

表面淬火是利用金属固态相变，通过快速加热的方法对工件表面进行淬火。其目的是在工件表面一定深度内获得马氏体组织，而其芯部依然保持淬火前的原始组织(调质或正火态)，以获得表面高的强度、硬度及耐磨性，同时保持芯部大的塑性和韧性。

要实现表面淬火，必须采用快速加热的方法，造成大的温度梯度，在表层一定深度内获得奥氏体，而芯部保持原有组织不变。

9.1.2 表面淬火方法分类

根据加热时的供热方法的不同，表面淬火可分为感应加热表面淬火、火焰加热表面淬火、电接触加热表面淬火、电解液加热表面淬火、激光加热表面淬火、电子束加热表面淬火、离子束加热表面淬火、盐浴加热表面淬火、红外线聚焦加热表面淬火、高频脉冲电流感应加热表面淬火和太阳能加热表面淬火。

根据能量密度的不同，表面淬火可分为较低能量密度加热和高能量密度加热两种。其中，感应加热表面淬火、火焰加热表面淬火、电解液加热表面淬火和盐浴加热表面淬火属于较低能量密度加热，其余如电接触加热等表面淬火属于高能密度加热。

根据能量来源的不同，表面淬火可分为内热源加热和外热源加热。内热源加热包括感应加热表面淬火和高频脉冲电流感应加热表面淬火，其他的表面淬火方法都属于外热源加热。

9.2 表面淬火中快速加热的相变特点

钢在一般热处理炉中进行加热时，属于缓慢加热，奥氏体的相变温度、成分及组织与加热温度的关系，可以根据 $Fe\text{-}Fe_3C$ 相图来确定，它们基本上与加热速度无关。然而对于表面淬火工艺需要采取快速加热（在相变区间的加热速度为 10～3 000 ℃·s^{-1}），加热速度对相变温度、相变动力学和相变组织有很大影响，会强烈影响热处理后的组织和性能。

9.2.1 提高相变临界温度

随着加热速度的提高，临界温度升高，随着冷却速度的提高，临界温度降低。在缓慢加热时，珠光体向奥氏体的转变是在 A_1 温度进行的，是一个等温过程，如图 9-3 曲线 1 所示，加热曲线呈现一个平台。在快速加热时，该转变是在一个温度范围内进行的，即在加热曲线上没有出现平台，如图 9-3 曲线 2 所示。提高加热速度对共析转变开始温度影响不大，即使以 10^6 ℃·s^{-1}加热，仅升高到 840 ℃。但对转变终了温度有显著影响。加热速度在 10^4 ℃·s^{-1}时，转变结束温度为 950 ℃；以 10^5 ℃·s^{-1}加热时，突然升高到 1 050 ℃；当加热速度为 10^7 ℃·s^{-1}时，可升高到 1 100 ℃左右。这是由于随着加热速度的提高，由碳扩散控制的珠光体向奥氏体的转变逐步过渡为无扩散的完全奥氏体相变，因此，在高速加热时奥氏体的形成存在两种相变机理，即低温下的扩散型相变和高温下的无扩散型相变。

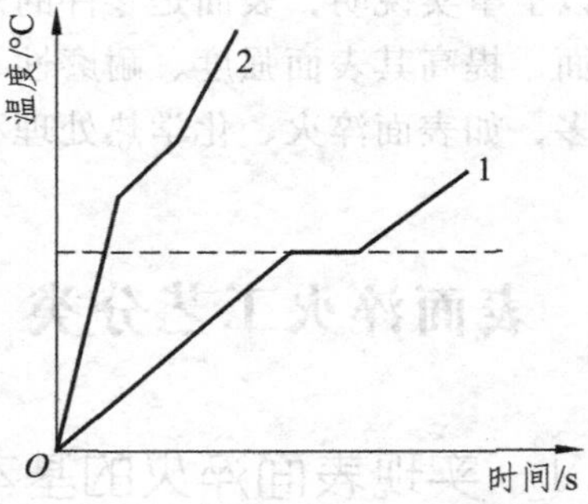

图 9-3 钢在不同加热速度下的加热曲线

1—缓慢加热；2—快速加热

9.2.2 奥氏体起始晶粒得到细化

实验证明，对于一定原始组织而言，快速加热时的加热速度对起始奥氏体晶粒有很大影响。图 9-4 显示了不同加热速度对钢的奥氏体起始晶粒大小的影响。可以看出，与缓慢加热相比，在相同的加热温度下，快速加热能得到更细小的奥氏体晶粒，而且加热速度越快，奥氏体晶粒越细小，因此快速加热可以细化奥氏体晶粒。这是由于随着加热速度的提高，形成奥氏体的临界晶核尺寸减小（快速加热时，临界晶核尺寸 $r_k \approx 1.5 \sim 2$ nm）。当奥氏体在 α 相亚结构边界形核时，晶核尺寸仅是亚结构边界宽度的 1/10～1/15，因此起始晶粒非常细小，而且由于加热速度快，晶粒也不容易长大，可显著细化奥氏体晶粒。

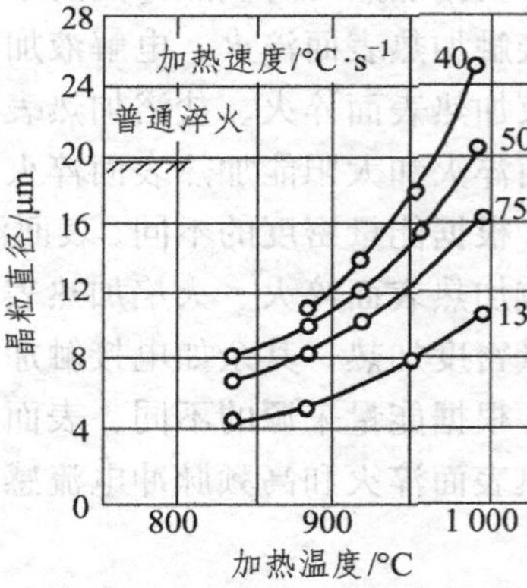

图 9-4 加热速度对 45 钢的奥氏体起始晶粒大小的影响

在奥氏体晶粒细化的同时，因受热应力与组织应力的作用，在奥氏体晶粒内形成许多亚结构（位错胞）。而且加热速度越快，应力越大，从而亚结构也变得越来越细小。同时，由于加热速度快，它也来不及发生回复与再结晶，因此淬火后可得到隐晶马氏体组织。

9.2.3　奥氏体成分均匀性降低

奥氏体成分均匀化需要原子的充分扩散，快速加热时，虽然加热温度高，但时间短，扩散难以充分进行，很难获得成分均匀的奥氏体，有时甚至存在自由铁素体（亚共析钢）或未溶碳化物（过共析钢），奥氏体成分不均匀会造成淬火后组织的不均匀，这是快速加热时应该注意的问题。

加热速度升高时，从 $Fe\text{-}Fe_3C$ 相图可以看出，由于相变临界温度升高，使得奥氏体中的碳质量分数差增大，形成的奥氏体的碳质量分数将逐渐偏离钢的平均碳质量分数，形成贫碳的奥氏体。加热速度越快，碳在奥氏体中的扩散越来不及进行，奥氏体中的碳质量分数也就越不均匀。若钢的原始组织粗大并含有大量的铁素体时，完成奥氏体转变的温度就越高，碳质量分数就越低，奥氏体内的成分就越不容易均匀。

对于合金钢而言，除了碳的均匀化问题外，还有合金元素本身的均匀化问题。各种合金元素在铁素体和碳化物中的分布是不相同的。形成碳化物的元素（如 Cr、W、Mo、V 等）大部分集中在碳化物中，不形成碳化物的合金元素（如 Ni、Si 等）大部分集中在铁素体中。加热形成的奥氏体中，在原来碳化物所在部分碳化物形成元素浓度高，而不形成碳化物的元素浓度则较低。合金元素本身的扩散速度比碳要慢得多，因此在快速加热时合金元素更难实现均匀化。若要达到合金元素的均匀化，就需加热到更高的温度，这就容易造成过热，因此一般高合金钢不适合快速加热。

9.2.4　降低过冷奥氏体的稳定性

不均匀的奥氏体在冷却过程中会对过冷奥氏体转变及转变产物产生很大影响。加热速度越快，过冷奥氏体的稳定性越低。图 9-5（a）、（b）分别为 $\omega_C = 0.37\%$ 和 $\omega_C = 0.83\%$ 的钢在感应加热和普通加热两种情况下的过冷奥氏体等温转变 C 曲线。

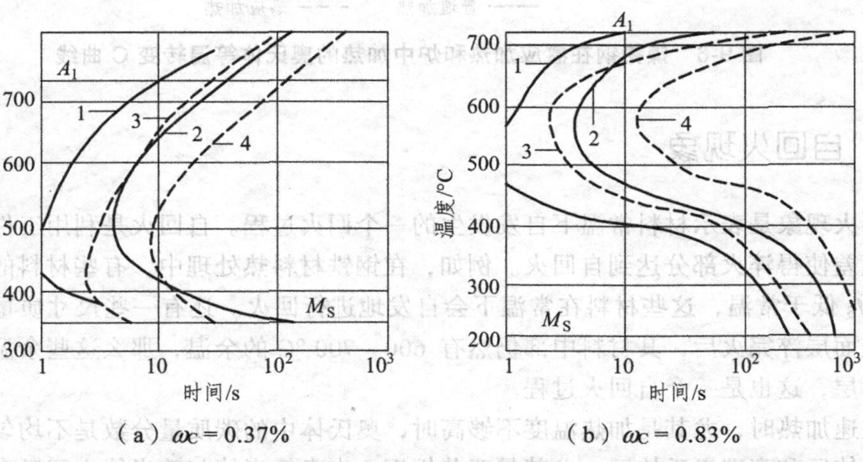

图 9-5　钢在感应加热和普通加热两种情况下的过冷奥氏体等温转变 C 曲线

1，2—感应加热，对应为转变开始（转变量 5%）和转变终了（转变量 95%）的曲线；
3，4—炉中加热，对应为转变开始（转变量 5%）和转变终了（转变量 95%）的曲线由图 9-5 可见，与炉中加热相比，感应加热时的等温转变开始和终了曲线都向左移，即由于加热速度快，感应加热时所得到的奥氏体比普通炉中加热时所得到的奥氏体稳定性要低得多。其原因有两个：一是感应加热时所得到的奥氏体晶粒比较细；另一个是碳在奥氏体中分布不均匀。

对于含有碳化物形成元素的合金钢，快速加热不仅使奥氏体晶粒细化，改变精细结构，造成化学成分的不均匀性增加，而且也可能改变碳化物的溶解量。这种变化也会反映在奥氏体等温转变 C 曲线上。图 9-6 为镍铬钢在感应加热和炉中加热的奥氏体等温转变 C 曲线。可以看出，感应加热的 C 曲线向左移。由于钢中含有强碳化物形成元素 Cr，无论采用普通加热或感应加热，在过冷奥氏体的等温转变曲线上，都出现两个奥氏体稳定区，并且曲线形状也发生了很大变化。快速加热时由于奥氏体中有未溶的碳化物和高碳偏聚区存在，将使奥氏体等温分解时易于形成新相的晶核。此外，未溶碳化物也会阻碍奥氏体晶粒长大，起到细化奥氏体晶粒的作用。这些都是降低过冷奥氏体稳定性的因素，因而会促进过冷奥氏体的分解，使奥氏体转变孕育期缩短，曲线向左移。加热速度越快，奥氏体越不均匀，过冷奥氏体的稳定性就越低。

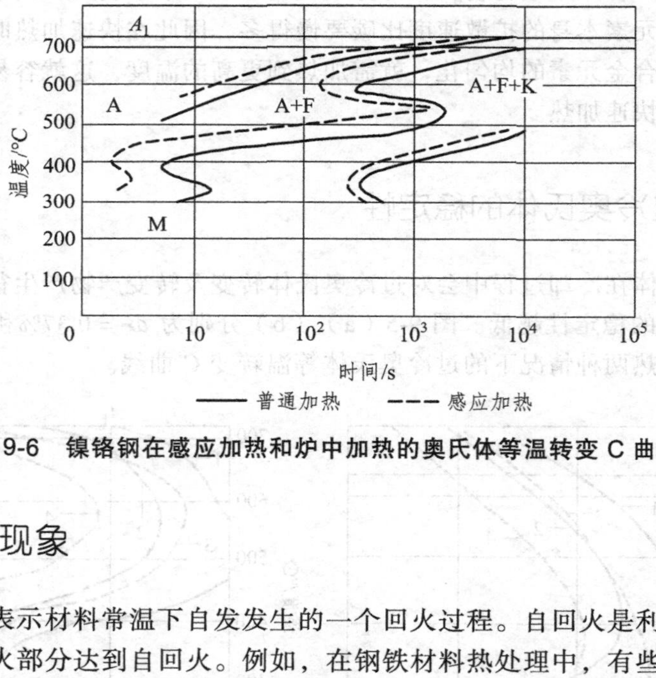

图 9-6　镍铬钢在感应加热和炉中加热的奥氏体等温转变 C 曲线

9.2.5　自回火现象

自回火现象是表示材料常温下自发发生的一个回火过程。自回火是利用工件的内外温差造成的温差使得淬火部分达到自回火。例如，在钢铁材料热处理中，有些材料的马氏体的形成温度 M_S 低于常温，这些材料在常温下会自发地进行回火。还有一些尺寸质量效应较大的工件在表面层淬完火后，其材料中部仍然有 600 ~ 700 °C 的余温，那么这些余温传递到淬完火的表面层，这也是一个自回火过程。

在快速加热时，尤其是加热温度不够高时，奥氏体中的碳质量分数是不均匀的，存在着低碳奥氏体区和高碳奥氏体区。尤其是亚共析钢，本身铁素体与珠光体之间已存在碳的不均匀性，再加上快速加热，因此淬火后的马氏体成分也不均匀，存在两种类型的马氏体组织：低碳马氏体和高碳马氏体。低碳马氏体区易发生自回火，腐蚀时呈黑色，如图 9-7 所示。图中黑色区域为低碳回火马氏体区，白色区域为高碳马氏体区，这种组织的不均匀性将显著影响钢的性能。

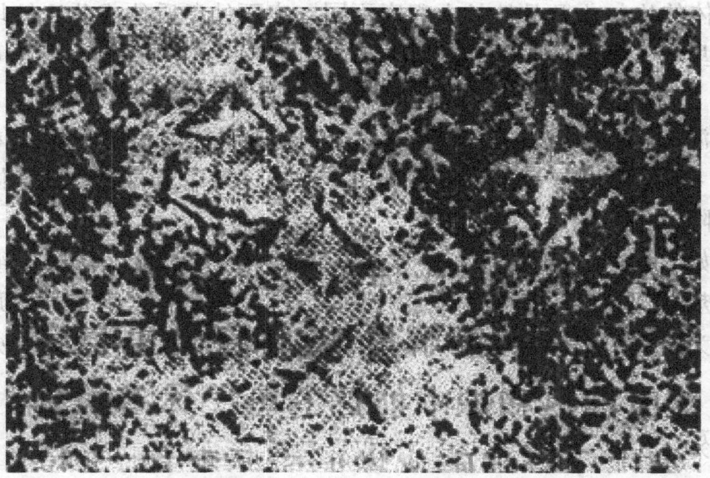

图 9-7 45 钢高频淬火后距表面 1.5 mm 处的不均匀马氏体组织

9.3 表面淬火后的组织和性能

9.3.1 表面淬火后的组织

工件经表面淬火后的组织与钢的成分、表面淬火前的原始组织、淬火规范、加热速度、加热温度沿截面分布及工件尺寸等因素有关。

图 9-8 为原始组织为退火态的 45 钢在感应加热时，从表面到中心的温度分布及感应淬火后组织和硬度的分布。由图可以看出，感应加热表面淬火后由表至里沿零件截面可以分为 3 个区。

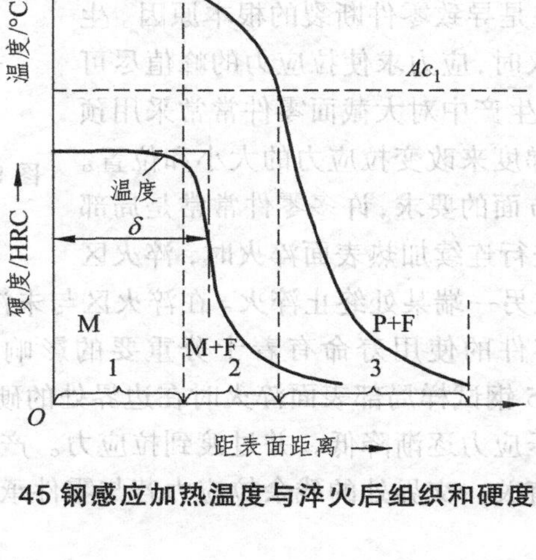

图 9-8 45 钢感应加热温度与淬火后组织和硬度的关系

第一区为淬硬区，加热温度高于 Ac_3，可获得较均匀的奥氏体，淬火后得到全部马氏体。由于该区内的温度分布不均匀，表面温度最高，第一区与第二区的交界处温度最低（相当于 Ac_3），因此奥氏体的均匀化及晶粒长大程度不同。表面处奥氏体成分比较均匀且晶粒较粗，淬火后从表面往里马氏体组织形态依次为粗针状、细针状和隐晶状，硬度可以达到 62 HRC 以上。

第二区为过渡区，加热温度在 Ac_3 至 Ac_1 之间，在高温时组织为奥氏体和铁素体，淬火后为隐晶马氏体 + 铁素体。该区的温度分布由外向内逐渐降低，因此铁素体含量逐渐增多，从而硬度逐渐下降。

第三区为原始组织区，加热温度低于 Ac_1，因没有发生相变，淬火后组织仍然为钢的原始组织。若预先热处理为调质，则该区域组织为回火索氏体；若为正火，则原始组织为索氏体 + 铁素体；若为退火，则原始组织为珠光体 + 铁素体。该区的硬度同淬火前硬度。

9.3.2 表面残余应力

零件在表面淬火时，只把表面有限深度范围内加热到高温，而芯部尚未加热，温度低，于是在表面与芯部之间存在很大的温度梯度，造成表面与芯部的体积膨胀差而产生热应力，因此，热应力所引起的残余应力是表面拉应力。而且由于只有表面层发生相变，体积胀大，芯部未发生变化，没有体积变化，因此也存在有组织应力，组织应力所引起的残余应力是表面压应力。表面淬火零件在淬火后产生的内应力是热应力与组织应力共同作用的结果。许多研究已证明，钢制零件感应淬火后，其表面淬硬层内有残余压应力存在，在表面处，其值可达到 687 ~ 784 MPa，主要是由组织应力引起的。一般压应力离表面越远时越小，当深度超过淬硬层后，残余应力转变为拉应力，拉应力区较窄，处在过渡区的范围内，而芯部又呈现压应力。图 9-9 为 45 钢表面淬火试样轴向残余应力分布曲线。

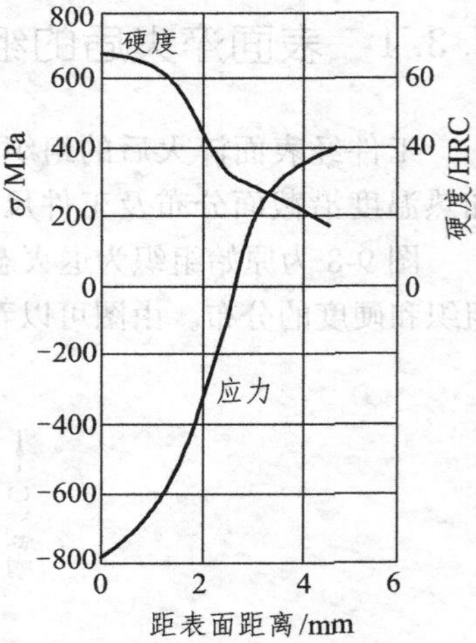

图 9-9　45 钢表面淬火试样轴向残余应力分布曲线

表面残余压应力的存在可提高零件的疲劳强度，而残余拉应力的存在却是有害的，是导致零件断裂的根本原因。生产中大截面零件在表面淬火时，应力求使拉应力的峰值尽可能地小，使其平缓变化。在生产中对大截面零件常常采用预热，以降低截面上的温度梯度来改变拉应力的大小和位置。

由于零件形状和工艺方面的要求，许多零件常常是局部表面淬火，如长轴类零件进行连续加热表面淬火时，淬火区从轴端过渡四角处开始，在另一端某处终止淬火。在淬火区与未淬火区之间存在一个边界区，此处的残余应力分布对零件的使用寿命有着十分重要的影响。如图 9-10 所示是直径为 ϕ65 mm、长为 90 mm 的 45 钢试样局部表面淬火时在边界处的硬度和残余应力分布曲线。可以看出，在交界处的残余压应力逐渐降低，并过渡到拉应力。产生这种应力分布的原因与表面淬火时体积的热胀冷缩有关。交界处的残余拉应力若与零件承受的负荷叠加，便有可能超过钢的疲劳强度而引起疲劳强度断裂。尤其当其位于轴类零件的轴颈截面过渡区，容易产生应力集中。为了避免这种现象，应把硬化层延伸到危险截面以外，或利用滚压、喷丸等方法使过渡区产生残余压应力，以提高疲劳强度。

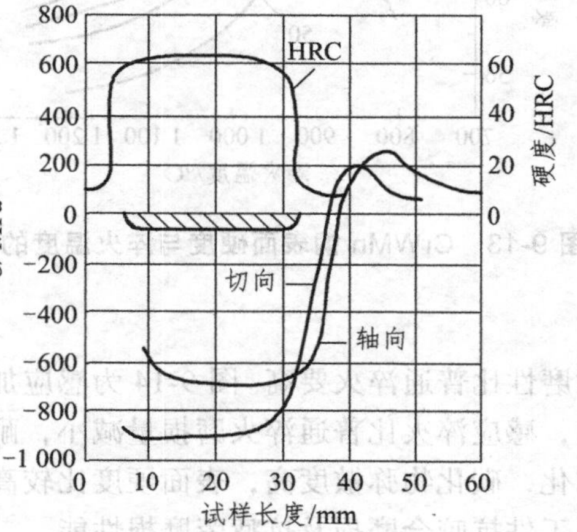

图 9-10 ϕ65 mm 45 钢试样在淬硬区边界上的硬度和残余应力

9.3.3 表面淬火后的性能

1. 表面硬度

表面淬火由于改变了零件表面的组织状态，因而使其表面的性能也发生了变化，其表面的硬度比普通淬火高 2 ~ 3 HRC，如图 9-11 所示。这种硬度增高的现象是由于钢快速加热，加热时间极短，奥氏体晶粒来不及长大，致使表面获得细晶粒组织；奥氏体成分不均匀，降低过冷奥氏体的稳定性，促进了马氏体的形成，而且残余奥氏体量较少；仅是工件表层快速加热和迅速冷却，在零件表面形成压应力。这种硬度增高现象还与热处理工艺参数有关，如加热速度。当加热速度一定时，在某一温度范围内硬度出现增高现象，如图 9-12 所示。如提高加热速度，可使硬度升高范围移向高温，如图 9-13 所示。

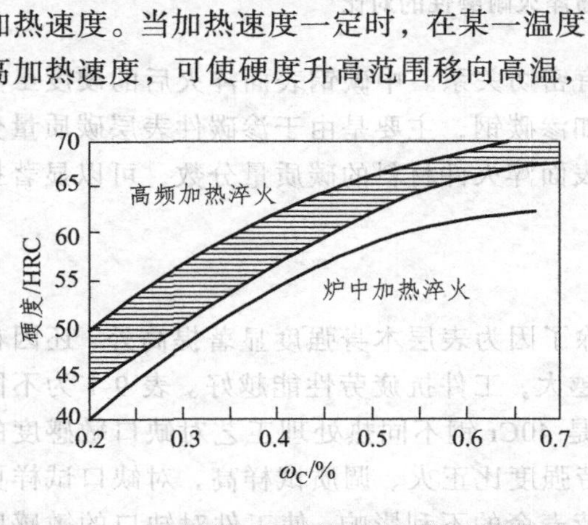

图 9-11 碳质量分数对高频淬火硬度的影响

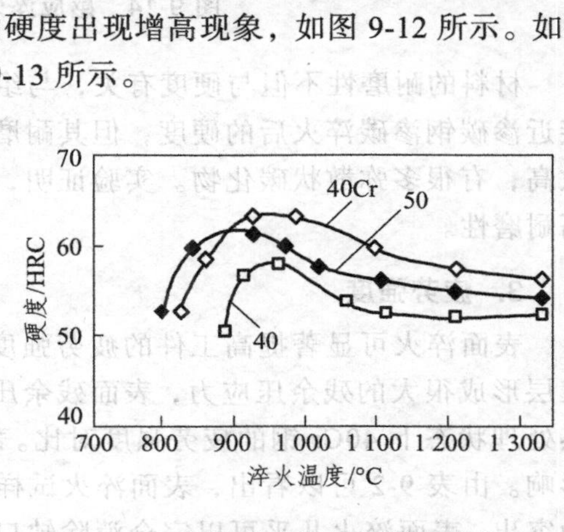

图 9-12 表面硬度与加热温度的关系

(v_H = 380 ~ 400 °C · s^{-1})

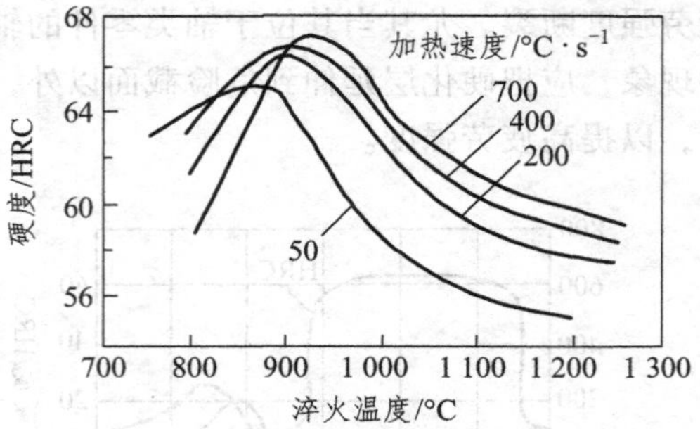

图 9-13　CrWMn 钢表面硬度与淬火温度的关系

2. 耐磨性

表面淬火后工件的耐磨性比普通淬火要高。图 9-14 为感应加热表面淬火件与普通淬火件耐磨性的对比。可以看出，感应淬火比普通淬火磨损量减小，耐磨性提高。这主要是由于表面淬硬层中马氏体晶粒细化，碳化物弥散度高，表面硬度比较高，而且表层具有高的残余压应力，这些因素都提高了工件抗咬合磨损及抗疲劳磨损性能。

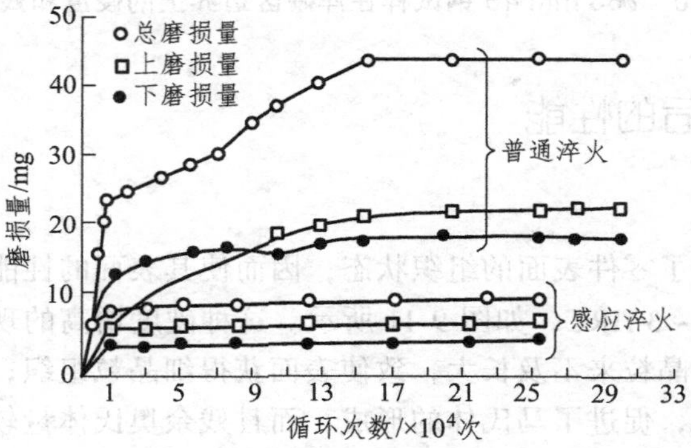

图 9-14　感应淬火与普通淬火耐磨性的对比

材料的耐磨性不但与硬度有关，与组织也有密切关系。中碳钢表面淬火后的硬度虽然接近渗碳钢渗碳淬火后的硬度，但其耐磨性不如渗碳钢，主要是由于渗碳件表层碳质量分数高，有很多弥散状碳化物。实验证明，提高表面淬火件材料的碳质量分数，可以显著提高耐磨性。

3. 疲劳强度

表面淬火可显著提高工件的疲劳强度，这除了因为表层本身强度显著提高外，还因在表层形成很大的残余压应力，表面残余压应力越大，工件抗疲劳性能越好。表 9-1 为不同热处理状态下 40Cr 钢的疲劳强度对比。表 9-2 是 40Cr 钢不同热处理工艺对缺口敏感度的影响。由表 9-2 可以看出，表面淬火试样的疲劳强度比正火、调质试样高，对缺口试样更为突出，表面淬火几乎可以完全消除缺口对疲劳寿命的不利影响，使工件对缺口的敏感度下降。

表 9-1 40Cr 钢不同热处理状态下的疲劳强度对比（光滑试样）

热处理方法	疲劳强度/MPa
正 火	200
调 质	240
调质 + 表面淬火（δ= 0.5 mm）	290
调质 + 表面淬火（δ= 0.9 mm）	330
调质 + 表面淬火（δ= 1.5 mm）	480

表 9-2 40Cr 钢不同热处理工艺对缺口敏感度的影响

试样形式	疲劳强度/MPa	
	调 质	调质 + 表面淬火
ϕ20 mm 光滑试样	450～480	630
ϕ20 mm 缺口试样	140	600

注：缺口深度 4 mm，锥度 60°，圆角半径 0.2 mm。

对于一定材料制成的表面淬火零件，随着表面硬化层深度的增加，疲劳强度增加，但若超过某一硬化层深度后，表面压应力下降，疲劳强度反而会降低，工件表面的脆性也会增加。图 9-15 为 ω_C = 0.74%、直径为 10 mm 试样的硬化层深度与疲劳断裂应力循环周次的关系。从图 9-15 中可以看出，对于相同的硬化层，随着表面应力的增大，断裂周次减小，这是疲劳的一般规律。但是，在相同应力下，随着硬化层深度增加，疲劳断裂周次先增加后降低，有一最佳的硬化层深度，最佳硬化层深度约为 2.5 mm 时断裂周次最大。进一步增加硬化层深度，断裂周次反而减小。疲劳断裂周次减小的原因有两个方面：一是硬化层深必然延长表面的加热时间和提高加热温度，从而使组织变得粗大，强度降低；二是改变了表层的应力大小和分布，减小了表面残余压应力，甚至变成残余拉应力，从而导致疲劳强度降低。

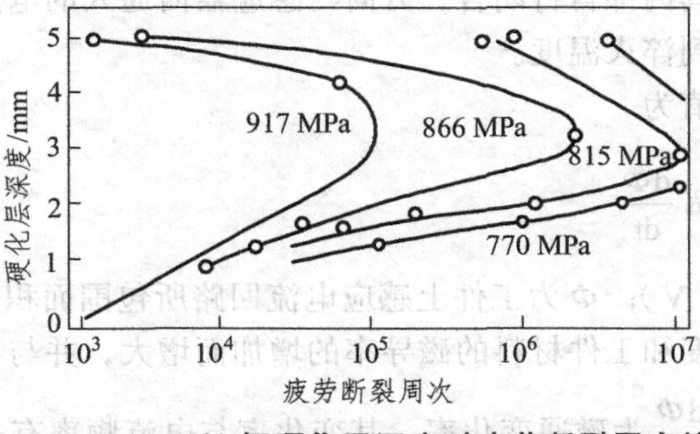

图 9-15 ω_C = 0.74% 钢硬化层深度对疲劳断裂周次的影响

9.4 感应加热表面淬火

感应加热表面淬火是待工件放在通有交流电的感应线圈中，利用电磁感应原理使零件在交变磁场中切割磁力线，在工件表面产生感应电流，使工件表面快速升温然后迅速冷却的淬火方法。根据其使用频率的不同，可以分为超高频（>27 MHz）、高频（200 ~ 300 kHz）、中频（2 500 ~ 8 000 Hz）和工频（50 Hz）四大类。

感应加热表面淬火是表面淬火方法中比较好的一种淬火方法，与普通淬火方法相比，其加热速度快、时间短、热效率高，工件表面不易氧化脱碳；其表面奥氏体晶粒细化，同时芯部仍为原始组织，淬火后具有优异的力学性能，如表面硬度高，耐磨性、疲劳强度和冲击韧性好；仅仅表面加热，工件淬火变形小；设备紧凑，操作简单，易于实现机械化、自动化生产。

感应加热是目前应用很广泛的一种表面淬火法。随着工业的迅速发展，采用感应淬火的零件种类和品种不断增加。以汽车为例，目前我国感应淬火用材料包括 35、45、40Cr、40MnB、42CrMo、ZG45、球铁、合金铸铁等。所采用的加热方式主要包括横向磁场静止一次加热淬火（销轴类零件、凸轮轴）；横向磁场连续加热淬火（减振器杆、变速叉轴、扭杆等）；横向磁场多段连续加热淬火（起重机轴、空压机轴等）；纵向磁场整体一次加热淬火（半轴等）；仿形感应器零件旋转加热淬火（球头销）；感应接触加热淬火（转向齿条）；内孔的一次及连续加热淬火（输出法兰、钟形壳内腔）；阶梯轴类零件的旋转加热淬火（后轮毂轴、转向节）；平面类零件的一次及连续加热淬火（钢板弹簧横向限位板）；薄壁类复杂零件一次及连续加热淬火（前轮毂、滑动轴叉）；复杂形状零件的一次加热淬火（钟形壳变截面轴）；槽口一次淬火（变速叉）；复杂回转工件旋转一次加热淬火（曲轴）等。

9.4.1 感应加热的基本原理

1. 电磁感应

将工件置于感应器内，当感应器通入交流电时，在感应器内部和周围产生与电流频率相同的交变磁场，受交变磁场的作用，在工件内相应地产生感应电流，这种现象称为电磁感应。工件内部的感应电流在其内部自行闭合，方向与感应器内通入的电流方向相反，称为涡流，工件通过涡流使之加热到淬火温度。

感应电动势的瞬时值为

$$e = -K\frac{\mathrm{d}\Phi}{\mathrm{dt}} \tag{9-1}$$

式中，e 为瞬时电动势（V）；Φ 为工件上感应电流回路所包围面积上的总磁通（Wb），其数值随感应器中的电流强度和工件材料的磁导率的增加而增大，并与工件和感应器之间的间隙有关；K 为比例常数；$\frac{\mathrm{d}\Phi}{\mathrm{d}t}$ 为磁通变化率，其变化率与电流频率有关，电流频率越高，磁通变化率越大，使感应电动势 e 相应增大。

式（9-1）中的负号表示感应电动势的方向与磁通变化率的方向相反。

工件中感应出来的涡流方向，在每一瞬间和感应器中的电流方向相反，涡流强度取决于感应电动势及工件内涡流回路的电抗，电抗由电阻和感抗组成，可表示为

$$I = \frac{e}{Z} \tag{9-2}$$

$$Z=\sqrt{R^2+X^2} \tag{9-3}$$

式中，I 为涡流强度（A）；R 为工件电阻（Ω）；X 为阻抗（Ω）；Z 为自感电抗（Ω）。

由于 Z 值很小，所以涡流强度很大。工件加热的热量可由下式表示：

$$Q=0.24I^2Rt \tag{9-4}$$

对于铁磁性材料，除涡流产生的热效应外，还有磁滞热效应，这部分热量比涡流的热量小得多。

在感应器和工件中的高频磁场中，其磁力线总是沿磁阻最小的途径形成封闭回路，因此磁力线只能在工件表面通过。如果感应器与工件的间隙非常小，逸散到周围空气中的漏磁损耗就很小，则磁能全部被工件表面吸收。此时，工件表面的感应电流（涡流）与感应器中通过的电流大小相等、方向相反。根据这种理想条件，使用单匝感应器，高度为 1 cm 的圆柱形零件表面所吸收的功率 P_a 可用下式来计算：

$$P_a=1.25\times10^{-3}r_0I^2\sqrt{\rho\mu f} \tag{9-5}$$

式中，P_a 为工件表面吸收功率（W·cm^{-2}）；I 为涡流强度（A）；r_0 为工件圆柱半径（cm）；ρ 为工件的电阻率（Ω·cm）；μ 为工件材料的磁导率；f 为电流频率（Hz）。

由式（9-5）可知，工件表面吸收的功率与工件圆柱的半径、感应器中通过的电流平方以及被加热材料的电阻率、磁导率和电流频率三者乘积的平方根成正比。

2. 表面效应（集肤效应）

当直流电通过一金属工件时，工件截面上各点的电流密度是均匀的。当交流电通过工件时，工件截面上各点的电流密度是不均匀的，表面处的电流密度最大，越往芯部电流密度越小。若是高频率电流通过工件，工件截面上的电流密度差较大，电流主要集中在工件表面，这种现象称为表面效应，又称集肤效应。表面效应是高频率电流的最基本特性。

当工件放入感应器中通入高频率电流加热时，在其内部产生的感应电流的分布也具有上述特点，即电流高度集中在工件表面，电流（涡流）强度随距表面距离增大而急剧下降。距表面 x 处的涡流强度可表示为

$$I_x=I_0\cdot e^{-\frac{x}{\delta}} \tag{9-6}$$

式中，I_0 为表面最大的涡流强度（A）；I_x 为距表面某一距离的涡流强度（A）；x 为到工件表面的距离（cm）；δ 为电流透入深度，是与材料物理性质有关的系数（cm）。

由式（9-6）可知，$x=0$ 时，$I_x=I_0$；$x>0$ 时，$I_x<I_0$；$x=\delta$ 时，$I_x=I_0/e=0.368I_0$。

工程上规定，当涡流强度从表面向内部降低到表面最大涡流强度的 36.8%（即 I_0/e）时，则该处到表面的距离 δ 称为电流透入深度。

做这样的规定是由于分布在工件表面的涡流并不能全部用于加热工件表面，而是有一部分热量被传到工件内部或芯部损耗掉，另外还有一部分热量向工件周围热辐射而损失掉。由式（9-4）可知，涡流所产生的热量与涡流强度的平方成正比，因此，热量由表面向内部的下降速率比涡流的下降速率快很多，如图 9-16 所示。按上述规定，可计算出约有 85% 以上的热量分布在深度为 δ 的薄层内，其余热量可以认为是理论上的无功热损耗。

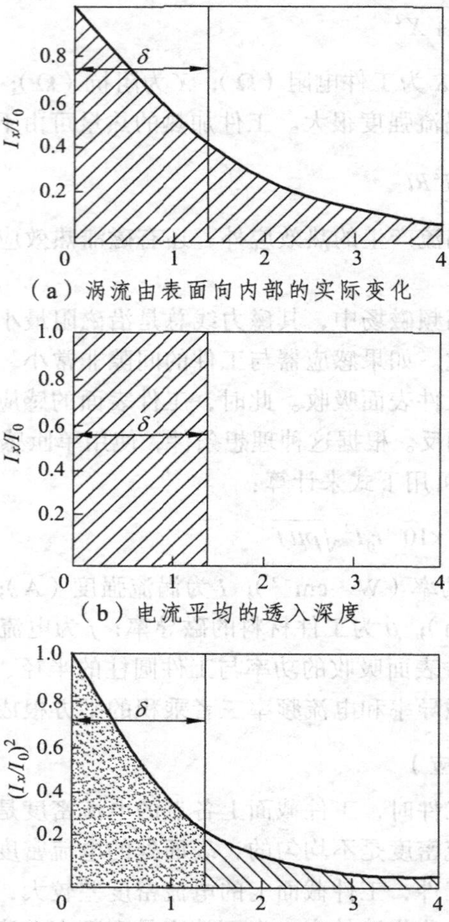

（a）涡流由表面向内部的实际变化

（b）电流平均的透入深度

（c）电流平方（相当于热量）变化

图 9-16　工件表面涡流密度与距离的关系

电流透入深度 δ 的大小与金属的电阻率（ρ）、磁导率（μ）和电流频率（f）有关，关系式为

$$\delta = 50\ 300\sqrt{\frac{\rho}{\mu f}}\ \text{（mm）} \tag{9-7}$$

由式（9-7）可知，电流透入深度随金属电阻率的增加而增加，而随金属的磁导率及电流频率的增加而减小。

钢在感应加热时，电阻率与磁场强度无关，但随着温度的升高而增大，在 800 ~ 900 °C，各种钢的电阻率基本相等，大约为 10^{-4} Ω · cm。磁导率在失去磁性前基本不变，其数值与磁场强度有关，但在磁性转变温度（居里点）A_2（768 °C）以上，钢将失去磁性，μ 值将急剧下降为真空的磁导率（μ_0 = 1 Wb · A^{-1} · m^{-1}）。钢的磁导率和电阻率与加热温度的关系如图 9-17 所示。

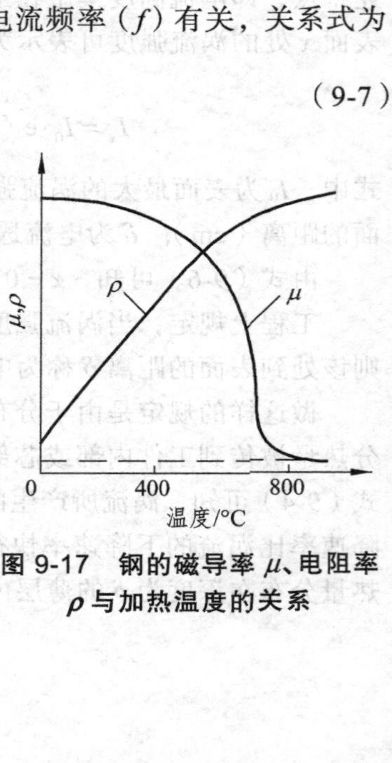

图 9-17　钢的磁导率 μ、电阻率 ρ 与加热温度的关系

在实际生产中，为了方便起见，钢中电流透入深度的计算

常用下列公式。

在 20 °C 时：　$\delta_{20} \approx \dfrac{20}{\sqrt{f}}$（mm）　(9-8)

在 800 °C 时：　$\delta_{800} \approx \dfrac{500}{\sqrt{f}}$（mm）　(9-9)

3. 感应加热的物理过程

工件在感应加热过程中随着温度的升高，由于电阻率及磁导率的变化，使得电流透入深度发生很大变化，同时对工件加热层功率消耗及加热层中的涡流分布也将产生很大的影响。

感应加热过程可以分为冷态、过渡态和热态 3 个阶段，每一阶段的电流（涡流）密度、温度分布如图 9-18 所示。在感应加热开始时，工件处于室温，电流送入深度很小，加热仅在表面薄层内进行，如图 9-18 中的冷态。当表面温度升高到磁性转变温度 A_2 点后，由于磁导率和加热层中的功率消耗急剧下降，电流强度也就大大降低，相应地加热速度也很快下降。此时，加热层被分为外层的磁性消失层及与之相毗邻的磁性未消失层，这时未消失层的涡流强度就比最外层大，即最大涡流强度就位于磁性消失层与未消失层交界处，为过渡层处。该处在温度未达到 A_2 点之前，由于加热速度最大，温度迅速上升，直到它也达到 A_2 点后，过渡层又向内层推移，这样的加热方式称为透入式加热。

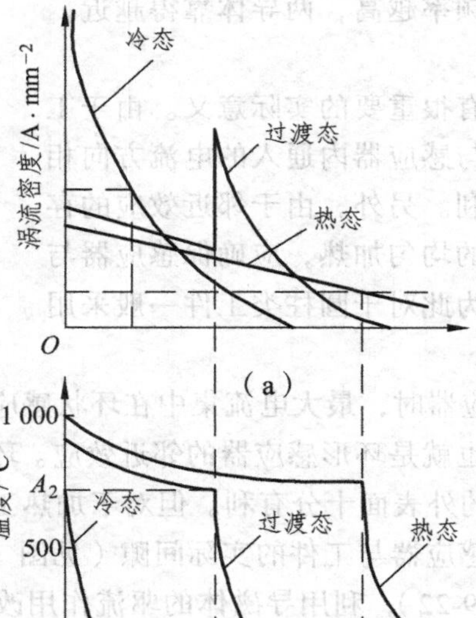

图 9-18　工件表面高频加热时涡流密度和温度与距离的关系

感应加热的优点如下：

① 表面温度超过 A_2 点后，最大涡流密度区移向内层，表面的加热速度下降，因此工件表层不易过热。

② 加热迅速，热损失小，热效率高。

③ 热量分布较陡，淬火后的过渡层较窄，使表面压应力提高，有助于提高疲劳强度。

若工件整个电流透入深度内的温度都大于 A_2 点后，与其相邻的内层将不再有涡流透入，内层的继续加热就只能依靠加热层的热传导，从而使加热层的深度随时间延长而增加，此时涡流在表面按热态特性分布，这种加热方式称为传导式加热。其加热过程及沿截面的温度分布与用外热源加热（如炉中加热或火焰加热）基本相同。

传导式加热具有以下特点：

① 由于是靠表面的热量向内部传递，加热速度慢，容易过热。

② 加热温度曲线较透入式加热平缓，热损失大、热效率低，为 20%～50%。

③ 过渡区较宽，表面残余压应力较小。

因此，为了防止工件过热，在这种条件下加热一定要正确选择比功率和加热时间。

4. 邻近效应

两个相邻的通过高频电流的金属导体，在导体间电磁场的相互作用下，电流将重新分布，如图 9-19 所示。当它们通入的电流方向相反时，导体内的高频电流将沿相互邻近的内侧流过，即在两导体相邻表面的电流密度最大；反之，若通入同向电流时，电流将在两导体的外侧流过，即在导体相邻表面的电流密度最小，这种现象称为邻近效应。电流频率越高，两导体靠得越近，邻近效应越显著。

邻近效应在感应加热中有很重要的实际意义。由于工件表面的感应电流方向总是与感应器内通入的电流方向相反，因此对感应加热十分有利。另外，由于邻近效应的存在，为保证工件整个外表面的均匀加热，应确保感应器与工件之间的距离处处相等，为此对于圆柱类工件一般采用旋转加热。

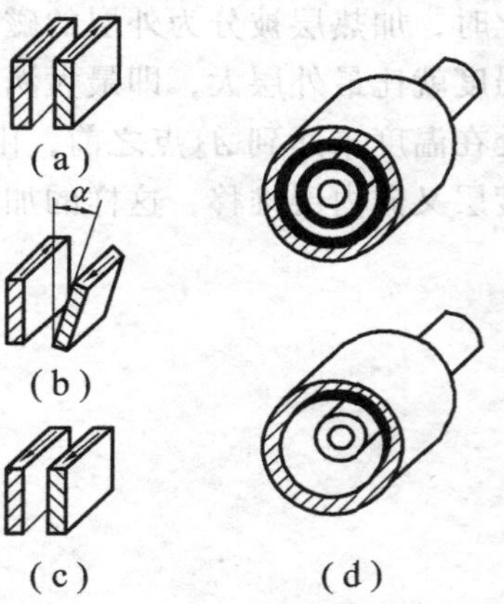

图 9-19 高频电流的邻近效应

当高频电流流过环状感应器时，最大电流集中在环状感应器内侧，这种现象称为环状效应，如图 9-20 所示。其实质也就是环形感应器的邻近效应。环状效应使电流密集到环状感应器内侧，对加热圆柱形工件的外表面十分有利。但对于加热工件内孔时，此效应使感应电流远离加热工件表面，增大了感应器与工件的实际间隙（见图 9-21），不利于加热。此时可在感应器上装上导磁体（见图 9-22），利用导磁体的驱流作用改变电流的分布，使电流从感抗小的 U 形导磁体开口端通过，以提高加热效率。

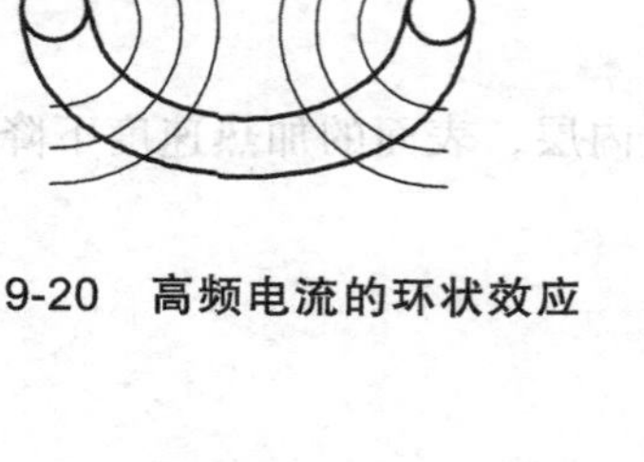

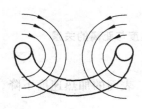

图 9-20 高频电流的环状效应

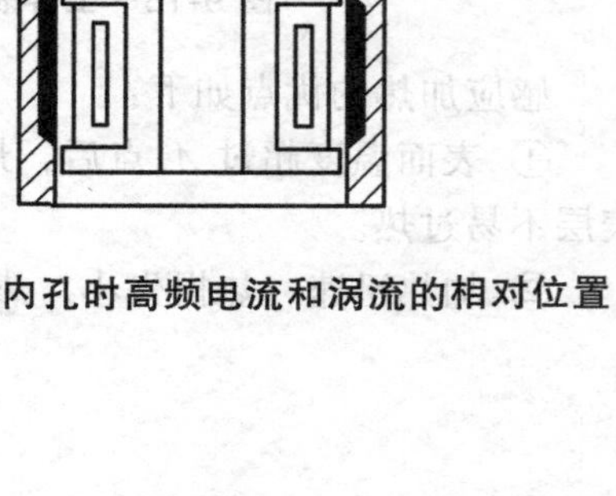

图 9-21 加热内孔时高频电流和涡流的相对位置

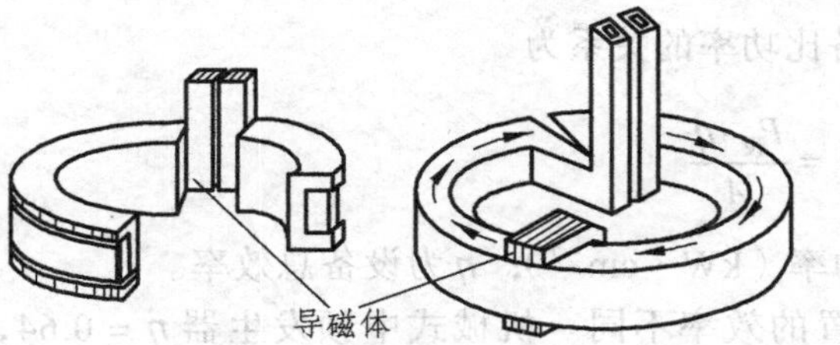

图 9-22 带导磁体的感应器

9.4.2 感应加热工艺

1. 预先热处理

表面淬火前的预先热处理不仅为表面淬火做好组织准备，而且也使工件在整个截面上具备良好的力学性能。表 9-3 为 T8 钢的原始组织对感应加热淬火回火后力学性能的影响。可以看出，预先热处理为调质的，表面淬火后具有更高的强度与塑性配合。若工件芯部性能要求不高时，也可采用正火处理。

表 9-3 T8 钢感应加热淬火回火后的力学性能与原始组织的关系

原始组织	回火温度/°C	力学性能		
		σ_a/MPa	σ_b/MPa	ψ/%
正火	210	2 650	2 860	18
调质		2 700	2 900	20
淬火		2 650	2 830	15
正火	300	2 350	2 560	30
调质		2 350	2 550	
淬火		2 300	2 520	

2. 合理选择比功率

比功率是指单位面积上供给的电功率，是通过调节电源输出功率获得的。比功率对工件的感应加热过程有很大影响，其大小直接影响到工件表面加热速度的快慢。当工件尺寸一定时，比功率越大，加热速度越快，加热时间越短，加热层深度也越浅，工件表面能够达到的温度也越高；而比功率越低，加热速度越慢，加热层越深，过渡区也越大。

比功率是感应加热表面淬火工艺中最难确定又是最关键的电参数，其一般由工件尺寸、所要求的硬化层深度、电流频率及设备输出功率等因素决定。由于感应加热设备和感应器有相当大的能量消耗，比功率又随生产条件不同而改变，施加在工件表面的功率很难在设备仪表上指出，因此，通常用设备的比功率来反映工件上比功率的大小，即

$$\Delta P_{设} \leqslant \frac{P_{设}}{A} \tag{9-10}$$

式中，$\Delta P_{设}$ 为设备比功率（$kW \cdot cm^{-2}$）；$P_{设}$ 为设备输出功率（kW）；A 为工件加热表面积（cm^2）。

工件比功率与设备比功率的关系为

$$\Delta P_{\text{工}} = \frac{P_{\text{设}} \cdot \eta}{A} \tag{9-11}$$

式中，$\Delta P_{\text{工}}$为工件比功率（$kW \cdot cm^{-2}$）；η为设备总效率。

不同感应加热装置的效率不同。机械式中频发生器$\eta = 0.64$，电子管高频发生器$\eta = 0.4 \sim 0.5$。

3. 淬火加热温度及加热方法的选择

对于感应加热淬火来讲，决定工件淬火后组织和性能的主要因素是加热速度和淬火加热温度。图 9-23 为 45 钢在不同加热速度下淬火温度与硬度的关系。从图中可以看出，当提高加热速度时，高硬度区域变宽且移向高温，因此最合适的淬火温度范围也将向高温移动。一般，完全淬火组织是在比最高硬度所对应的温度低 50 ~ 100 °C 的淬火温度下得到的，因此可根据工件所采用的材料和硬度要求确定合理的淬火温度，如图 9-24 所示。

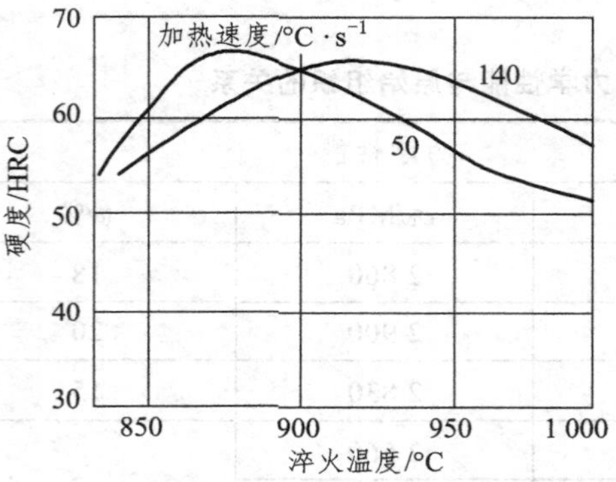

图 9-23　45 钢淬火温度与硬度的关系

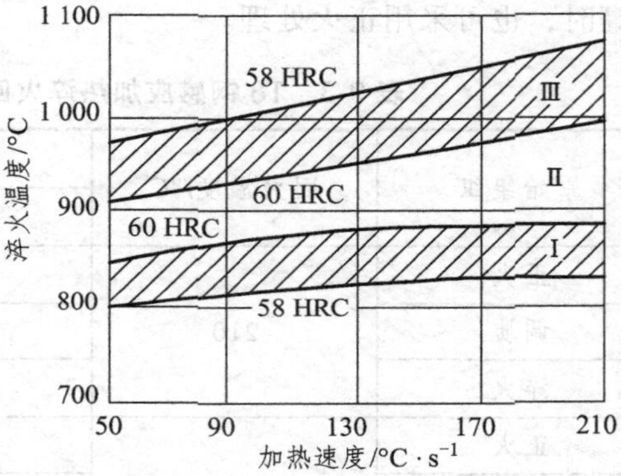

图 9-24　45 钢感应加热淬火最佳工艺规范

Ⅰ，Ⅱ—允许规范；Ⅲ—最佳规范

钢的原始组织的粗细也影响淬火温度的选择。在材料和加热速度一定时，原始组织越粗大，其相变温度越高，因此淬火温度也随着增高。表 9-4 为感应热处理中常用钢在不同的原始组织和加热速度下应选取的淬火加热温度。由表 9-4 可以看出，对于一定的原始组织，随着加热速度的增大，淬火温度显著提高。而在一定的加热速度下，原始组织越粗大，淬火温度应越高（对于调质、正火、退火的原始组织，淬火温度依次上升）。在实际生产中，工件的淬火温度的确定既要根据钢的成分及原始组织，又要参照工件的组织与性能要求。

一般，普通热处理中工件的加热温度可用仪表直接控制并可显示出来，而对于感应热处理，目前还缺乏可靠的温度测量和控制方法，实际上往往用加热时间而不是用加热温度作为直接的工艺参数（工件的实际加热温度需通过选择工件的实际比功率，然后再选择加热时间来设定）。加热温度可用红外线光电高温计或光学高温计测量，但由于受烟雾影响，误差比较大。因此，目前生产中广泛采用目测，即根据工件的发亮程度判断工件的淬火加热温度。

表 9-4 常用钢感应加热淬火时推荐的淬火加热温度

钢 号	预先热处理	原始组织	下列情况下的加热温度/°C			
			炉中加热	Ac_1 以上的加热速度/$°C \cdot s^{-1}$ Ac_1 以上的加热时间/s		
				30 ~ 60 2 ~ 4	100 ~ 200 1.0 ~ 1.5	400 ~ 500 0.5 ~ 0.7
35	正火	S + F	840 ~ 860	880 ~ 920	910 ~ 950	970 ~ 1 050
	退火	P + F	840 ~ 860	910 ~ 950	930 ~ 990	980 ~ 1 070
	调质	回火 S	860 ~ 890	860 ~ 900	890 ~ 930	930 ~ 1 020
40	正火	S + F	820 ~ 850	860 ~ 910	890 ~ 940	950 ~ 1 020
	退火	P + F	820 ~ 850	890 ~ 940	910 ~ 960	960 ~ 1 040
	调质	回火 S	820 ~ 850	840 ~ 890	870 ~ 920	920 ~ 1 000
45	正火	S + F	810 ~ 830	850 ~ 890	880 ~ 920	930 ~ 1 000
	退火	P + F	810 ~ 830	880 ~ 920	900 ~ 940	950 ~ 1 020
	调质	回火 S	810 ~ 830	830 ~ 870	860 ~ 900	920 ~ 980
45Mn2	正火	S + F	790 ~ 810	830 ~ 870	860 ~ 900	920 ~ 980
	退火	P + F	790 ~ 810	860 ~ 900	880 ~ 920	930 ~ 1 000
	调质	回火 S	790 ~ 810	810 ~ 850	840 ~ 880	860 ~ 920
40Cr	退火	P + F	830 ~ 850	920 ~ 960	940 ~ 980	980 ~ 1 050
	调质	回火 S	830 ~ 850	860 ~ 900	880 ~ 920	940 ~ 1 000
40CrNi	退火	P + F	810 ~ 830	900 ~ 940	920 ~ 960	960 ~ 1 020
	调质	回火 S	810 ~ 830	840 ~ 880	860 ~ 900	920 ~ 980

4. 冷却方式及冷却介质的选择

感应加热的冷却方式及冷却介质的选择需要综合考虑钢的成分、工件的形状与尺寸以及所选择的加热方法。常用的冷却方法有浸液冷却法和喷射冷却法。浸液冷却适用于小批量生产，为了冷却良好，淬火时应不断搅动工件。一般生产中常用的是喷射冷却法，可以通过调节水压、水温及喷射时间来控制冷却速度。为了避免淬火变形和开裂，可以采用预冷后淬火或间断冷却的方法。在连续加热淬火时，可以改变喷水孔与工件轴向间的夹角或喷水孔与工件间的距离、工件移动速度来调整预冷时间，控制冷却速度。

对于细长、薄壁工件或合金钢制造的齿轮，为减少变形和开裂，可将感应器与工件同时放入油槽中加热，断电后冷却，这种淬火方法称为埋油淬火法。

对于表面淬火的工件，为了避免变形和开裂，一般都不冷却到室温，同时加热时喷水冷却时间一般取加热时间的 1/3 ~ 1/2。

感应淬火常用的冷却介质有水、油及水溶性淬火介质等。水是感应淬火中最常用的淬火介质，适用于碳钢及铸铁。油一般用于合金钢浸液冷却，感应淬火时所用的淬火油与一般热处理淬火油可以通用。当采用油循环系统时，也可作为系统中的一个油槽，常用油温为 20 ~

80 °C。当采用喷油淬火冷却时，喷油量一定要大到保证淬火工件不产生燃烧火焰。水溶性淬火介质由于淬火后零件不需清洗及无火灾危险性而成为淬火油的代用品。水溶性淬火介质就其加入溶质的不同，大体分为无机盐和有机聚合物两类。感应淬火所用的淬火介质主要是有机聚合物类。生产中最广泛使用的是聚乙烯醇水溶液，常用浓度为 0.05% ~ 0.3%，液温为 20 ~ 45 °C。这种介质可以浸冷或喷射冷却，主要适用于碳素结构钢、工具钢、低合金结构钢和轴承钢。由于聚乙烯醇水溶液冷却速度比水小、比油大，因此能解决有些零件淬裂问题，如广泛用于花键轴、齿轮等。

在实际操作中，要注意严格控制冷却介质的温度不易过高，以免降低冷却速度。喷射冷却时要注意均匀冷却，水压足够大且稳定，在油槽内冷却时要让工件上下运动或搅拌冷却介质。

5. 回火工艺规范的确定

与普通淬火件一样，感应加热淬火件一般也要进行回火。为了保证表面较高的硬度和残余压应力，一般只进行低温回火。其目的是为了降低脆性，提高韧性，增加尺寸稳定性。

回火方式除在普通加热炉中进行回火外，还可采用自回火和感应加热回火。

（1）炉中回火。

为了保证表面淬火后工件表面保留较高的残余压应力，回火温度比普通加热淬火件要低，一般不高于 200 °C，回火时间为 1 ~ 2 h。常用结构钢表面淬火后炉中回火工艺规范如表 9-5 所示。

表 9-5　常用结构钢表面淬火后炉中回火工艺规范

钢　号	要求硬度/HRC	淬火后硬度/HRC	回火温度/°C	回火时间/min
45	40 ~ 45	≥50	280 ~ 300	45 ~ 60
		≥55	300 ~ 320	45 ~ 60
	45 ~ 50	≥50	200 ~ 220	45 ~ 60
		≥55	200 ~ 250	45 ~ 60
	50 ~ 55	≥55	180 ~ 220	45 ~ 60
50	53 ~ 60	54 ~ 60	160 ~ 180	60
40Cr	45 ~ 50	> 50	240 ~ 260	45 ~ 60
		> 55	260 ~ 280	45 ~ 60
	50 ~ 55	> 55	180 ~ 200	60 ~ 90
42SiMn	45 ~ 50		220 ~ 250	45 ~ 60
	50 ~ 55		180 ~ 220	60 ~ 90
15，20Cr，20CrMnTi	56 ~ 62	56 ~ 62	180 ~ 200	60 ~ 120

（2）自行回火。

感应加热表面淬火时，通过控制喷射冷却时间，使工件硬化层以外的热量传递到硬化层，将硬化层再加热到一定温度，达到回火的目的，这种方法称为自行回火，简称自回火。其实质就是利用余热的一种短时间回火，由于时间很短，达到同样的硬度条件下自回火温度比炉中回火要高，如表 9-6 所示。对于形状简单或大批量生产的工件可以采用自回火。

表 9-6　同样硬度值自回火与炉中回火温度比较

平均硬度/HRC	回火温度/°C	
	炉中回火	自回火
62	100	185
60	150	230
55	235	310
50	305	390
45	365	465
40	425	550

采用自回火，除了可简化热处理工艺节省电能外，还是防止淬火开裂的一种有效方法。一般的炉中回火，残余应力是在后来的回火中降低的，这对于形状复杂的碳钢、高碳钢及某些合金钢零件很容易产生淬火裂纹；若采用自回火，可以及时消除淬火应力并提高基体的韧性，从而能有效地解决这个问题。自回火的主要缺点是工艺不易掌握，消除淬火应力效果不如炉中回火好。

（3）感应加热回火。

工件在感应加热淬火后，接着在回火感应器中进行回火加热，称为感应加热回火。与普通炉中加热回火相比，感应加热回火可提高生产率和自动化水平。感应加热回火的最重要特征是回火时间短，因此要达到相同的硬度，回火温度较高。正由于加热时间短，所得到的显微组织有极大的弥散性，回火后的耐磨性比炉中回火高，冲击韧性也较大。但要注意的是，感应加热回火时的加热层深度要大于硬化层深度，一般需采用中频或工频加热。

9.5　其他高能密度加热淬火

9.5.1　火焰加热表面淬火

火焰加热表面淬火是利用氧-乙炔气体或其他可燃气体（如天然气、煤气、石油气等）以一定比例混合进行燃烧，形成强烈的高温火焰，将工件迅速加热到淬火温度，然后急冷，使表面获得要求的硬度和一定的硬化层深度，而芯部依然保持原始组织的一种表面淬火方法。

火焰加热表面淬火法与其他表面淬火法相比，具有以下特点：

（1）设备简单、费用低、操作方便、灵活性大。对于没有感应加热设备的中小工厂有很大的实用价值。对于单件小批量生产、需在户外淬火、运输拆卸不便的巨型零件、淬火面积很大的大型零件、具有立体曲面的淬火零件等尤其适用，因而在重型、冶金、矿山、机车、船舶等工业部门得到广泛的应用。

（2）火焰加热温度高，加热速度快，加热时间短，硬化层浅，温度及淬硬层深度的测量和控制较难，因而对操作人员的技艺水平要求也较高。

（3）属于外热源加热，火焰温度极高（焰心处可达 3 000 °C），工件表面存在较大的温度梯度且局部容易过热。

火焰加热是用燃烧的火焰或燃烧的产物，即炽热的气体来加热工件表面。因此其热源是一种化学能——燃烧热。常用的燃料为乙炔、甲烷、丙烷、天然气或城市煤气等，助燃剂为工业纯氧或空气。常用的火焰加热表面淬火用燃料特性如表 9-7 所示。

表 9-7　常用的火焰加热表面淬火用燃料特性

燃料名称	发热值/$kJ \cdot m^{-3}$	火焰温度/°C		氧与燃料气体积比	空气与燃料气体积比
		氧助燃	空气助燃		
乙炔	53 400	3 100	2 320	1.0	—
甲烷、天然气	37 262	2 700	1 875	1.75	9.0
丙烷	93 910	2 640	1 925	4.0	25.0
城市煤气	11 178 ~ 33 536	2 540	1 985	*	*
煤油	*	2 300	—	2.0	—

火焰加热常用的是氧-乙炔燃烧火焰，但由于它本身易爆、价格较贵以及在深层加热时工件表面容易过热，因此目前逐渐被其他燃料所取代，如丙烷、天然气及城市煤气等廉价燃料与空气混合，它们具有操作安全、成本低及工件不易过热等优点。

9.5.2　高频脉冲淬火

高频脉冲淬火（又称超高频冲击淬火）是感应加热表面淬火的一个新发展，前面讲到的感应加热表面淬火属于低能密度加热表面淬火，而高频脉冲淬火则属于高能密度加热表面淬火。它是使用能量密度很高的能源对金属表面进行超高速加热，可在 1 ~ 100 ms 将工件表面迅速加热到淬火温度，然后靠热量向未加热的金属内部迅速传递达到自激冷而实现表面淬火硬化的工艺方法。表 9-8 为高频脉冲淬火与高频淬火工艺的比较。

表 9-8　高频脉冲淬火与高频淬火工艺的比较

项　目	高频脉冲淬火	高频淬火
频率/Hz	2.712×10^6	$2\times10^5 \sim 3\times10^5$
功率密度/（$W\cdot cm^{-2}$）	$1\times10^4 \sim 3\times10^4$	2×10^2
最短加热时间/s	0.001 ~ 0.1	0.1 ~ 5
硬化层深度/mm	0.005 ~ 0.5	0.5 ~ 2.5
淬火面积/mm^2	10 ~ 100（最大宽度 3 mm）	由连续移动决定
感应器冷却	单脉冲加热时无需冷却	通水
冷却	自激冷	喷水
淬火组织	极细隐晶马氏体	隐晶马氏体
变形	极小	不可避免

高频脉冲淬火的主要特点如下：

（1）由于是超高速加热，加热时间短，一方面可使奥氏体晶粒细化，淬火后得到极细微的马氏体组织（2万倍的电镜下才能分清），具有很高的硬度（900～1 200 HV）、强度及耐磨性，而且淬硬层韧性也很好，并且具有良好的抗蚀性，淬火后不需回火；另一方面，硬化层深度很浅，只有0.05～0.5 mm，过渡层也很薄，并通过自身急速冷却而淬火，几乎没有变形。

（2）由于加热时间短，无氧化脱碳现象，表面光洁度高。

（3）劳动生产率高，从加热到冷却全过程比高频感应加热淬火快10倍。

（4）高频脉冲淬火由于受到能量的限制，不适用于大型工件和合金元素含量较高的合金钢的表面硬化，主要应用于小型工具，如木工用的锯条、切削刀具、照相机和钟表上的小型零件等的淬火。用碳钢制造的刀具经淬火后具有高的硬度和回火稳定性（达450 °C），可以部分取代合金工具钢使用。

（5）工艺稳定、可靠，易于实现自动化生产。

为了实现超高速加热和冷却，要求淬火加热装置具有产生脉冲性加热和突然切断电源的功能。也就是说，能够在极短时间内输出高的能量加热工件表面，又能在达到淬火温度时立刻切断电源而达到自激冷的目的。满足这个条件的能源主要有：高频脉冲电流、激光束、电子束、等离子体射线。其中的高频脉冲加热装置主要应用于表面淬火。

高频脉冲加热感应器类似于高频加热感应器。其形状主要由工件加热部位而定，制造精度要高一些（公差为0.02 mm），以保证能够精确调整工件与感应器之间的间隙。材料可以采用银铜、银钢、纯铁粉末冶金材料。

在高频脉冲加热淬火中，应着重控制好以下工艺参数：输出能量密度、加热时间以及感应器与工件之间的间隙。施加于工件表面的能量密度以及加热时间将影响工件的硬化层深度，随着能量密度的增加或加热时间的延长，工件的硬化层深度逐渐增加。但加热时间不能过长，否则容易造成加热结束后由于内层温度高而不能实现自激冷，影响淬火效果。当需要对较大面积淬火时，可以通过连续进给、多次脉冲加热淬火来完成。

9.5.3　激光加热表面淬火

激光是一种高亮度、高单色性、高方向性和高相干性的光。激光加热是利用激光束由点到线、由线到面以扫描方式实现的。常用的扫描方式有两种：一种是以轻微散焦的激光束进行横扫描，可以单程扫描，也可以交叠扫描；另一种是以尖锐聚焦的激光束进行往复摆动扫描，如图9-25所示。

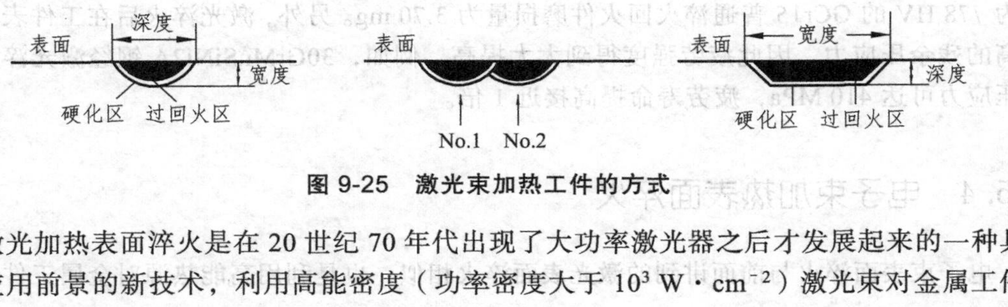

图9-25　激光束加热工件的方式

激光加热表面淬火是在20世纪70年代出现了大功率激光器之后才发展起来的一种具有广阔应用前景的新技术，利用高能密度（功率密度大于$10^3\ W\cdot cm^{-2}$）激光束对金属工件表层迅速加热和随后激冷，使其表层发生固态相交而达到表面强化的一种淬火工艺。具体处理过程是，用高能激光束扫描工件表面，使工件表层迅速加热到钢的相变温度以上，在停止激光辐射后工件自激冷而发生马氏体转变，从而使工件表层强化。

激光表面淬火是一种新的淬火工艺，与常规表面淬火相比，具有如下优点：由于激光功率密度高，加热速度极快（>10 000 °C · s^{-1}），可以在 0.5 s 内将工件从室温加热到 760 °C，热变形小；冷却速度很快，可达 1.7×10^4 °C · s^{-1}，可自淬火而无需冷却介质；表面光洁度高，处理后不需磨削，可作为最后一道工序；表面硬度高，一般不需回火；适合对于形状复杂的工件（如带有盲孔、小孔、小槽、薄壁工件）进行局部处理。工业上常用的激光器是大功率 CO_2 气体激光器和掺 Nd 的钇铝石榴石（$Y_3Al_5O_{12}$）激光器。

激光加热表面淬火过程包括 4 个阶段：工件吸收光束、能量传递、组织转变和激光作用后的冷却。涉及的工艺参数主要有功率、光斑尺寸、扫描速度。为了保证工件表面不熔化，加热时的功率密度一般小于 10^4 W · cm^{-2}，通常采用 1 000 ~ 6 000 W · cm^{-2}。

激光加热表面淬火由于加热速度快，奥氏体化温度升高，过热度大，奥氏体晶粒极细，因此得到的是极细马氏体组织。由于奥氏体化时间短，难以获得成分均匀的奥氏体，结果淬火马氏体和其他相组成物以及残余奥氏体成分也不均匀，表层往往有未熔碳化物。由于是激冷激热，温度变化快，热应力及组织应力都比较大，表层的位错数目增多。

上述组织对激光淬火后工件的性能产生很大影响，图 9-26 为碳质量分数不同的碳钢激光淬火和常规淬火后硬度变化曲线，图 9-27 为 45 钢高频淬火和激光淬火后工件表面硬度分布曲线。由图可见，激光淬火后的硬度高于常规淬火后的硬度，并且随钢中碳质量分数的增加，硬度提高得越多。工件激光淬火后的硬度比高频淬火高 2 ~ 3 HRC。

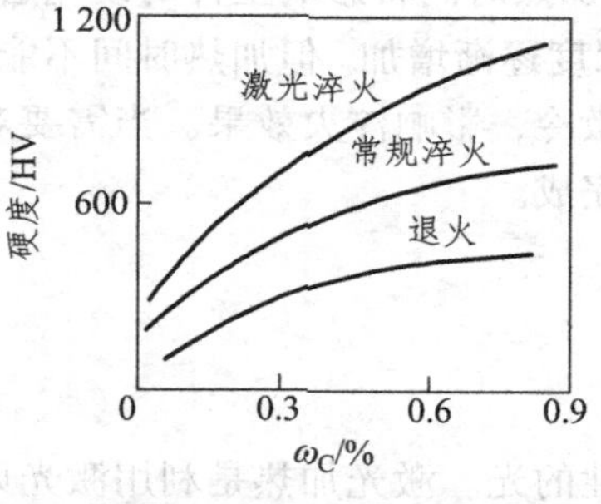

图 9-26　碳钢表面硬度与碳质量分数的关系

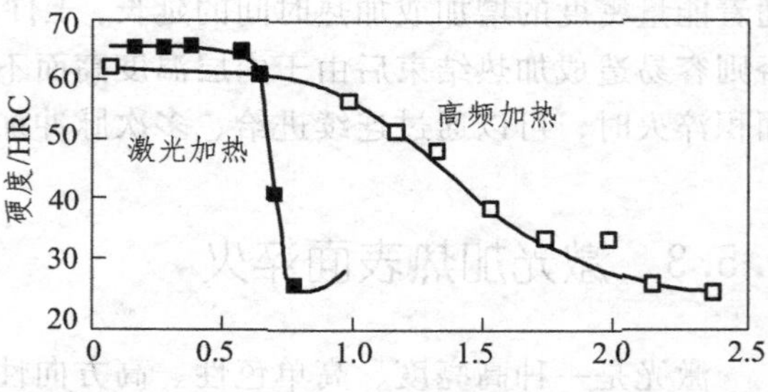

图 9-27　激光淬火与高频淬火的硬度分布

由于表面硬度高，与其他淬火工件相比，激光淬火工件的耐磨性也得到了较大提高。如在滑动磨料作用下，表面硬度为 1 082 HV 的 GCr15 激光淬火件磨损量为 2.50 mg，而表面硬度为 778 HV 的 GCr15 普通淬火回火件磨损量为 3.70 mg。另外，激光淬火后在工件表层产生较高的残余压应力，因此疲劳强度得到大大提高。例如，30GrMnSiNi2A 钢经激光淬火后表层压应力可达 410 MPa，疲劳寿命提高接近 1 倍。

9.5.4　电子束加热表面淬火

电子束表面淬火与前面讲到的激光表面淬火相似，也是利用高能热源对金属工件的表面进行加热淬火的表面强化工艺，区别在于它们所选用的热源不同。电子束加热表面淬火的热源是高能电子束，基本原理是将工件放置在高能密度（最高可达 10^9 W·cm^{-2}）的电子枪下，保持一定的真空度（0.1～1 Pa），用电子枪辐射的电子束轰击工件表面，在极短时间内使工件表层温度迅速升高到钢的相变温度以上，然后通过自激冷实现淬火，如图 9-28 所示。

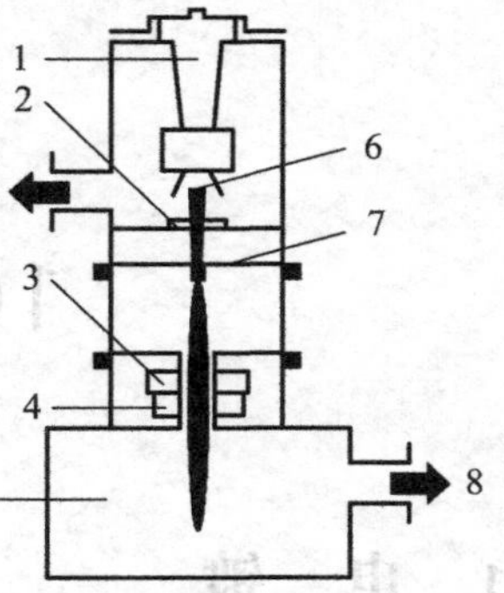

图 9-28　电子束加热装置示意图

1—高压绝缘件；2—阳极；3—磁透镜；4—偏转线圈；5—工作室；6—电子枪；7—圆柱阀；8—局部真空；9—真空

电子束加热表面淬火的最大特点是加热速度极快（3 000～5 000 °C·s^{-1}），所得奥氏体晶粒极细（超细晶粒），淬火后得到的是细小的马氏体组织，因此可获得较高的硬度，较普通淬火高 1～2 HRC。

用 HD2-6A 电子束焊机对 45、T7、20Gr 等钢进行电子束表面淬火试验。结果显示，调整电子束能量（即电子束光点的能量密度，可用电磁方法调整电子束焦距来控制）、作用时间（一般不到 1 s）等参数可以获得不同的淬硬层深度和显微组织。电子束能量密度越高，作用时间越长，淬硬层越深。工件被加热到 1 200 °C，仍能得到细小马氏体组织，只有当加热温度超过 1 300 °C 后马氏体才出现粗化的趋势。

表 9-9 为电子束表面淬火与激光表面淬火的对比，可以看出，与激光淬火相比，电子束表面淬火工艺更容易控制而且成本更低。

表 9-9　电子束与激光束表面淬火的对比

项　目	电　子　束	激　光　束
能量效率	99%	15%
防止反射	不需要防止反射	反射率为 40%，需涂反射防止剂
气氛条件	真空	大气，但需辅助气体
能量传输	通过真空容器内的移动透镜或电子枪的移动来传送能量（一台振荡器对一个工位传送能量）	平行光路系统的激光束传送（一台振荡器可对多个工位传送能量）
对　焦	通过控制聚束透镜的电流进行调节（100～600 mm）	由于透镜距是固定的，所以要移动工作台（约 150 mm）
束偏转（决定淬火图形）	用电控制可选择任意图形（电子束偏转、面偏转）	要使激光束偏转，必须更换反射镜，图形是固定的
设置运转费	1（以电子束设置运转费为 1）	7～14（电、激光气体、辅助气体）

复习思考题

1. 实现表面加热淬火的先决条件是什么？试分析在箱式炉中不能进行表面淬火的原因？
2. 快速加热对加热和冷却相变各有什么影响？
3. 分析原始态为调质的 45 钢经表面淬火后从表面到芯部的组织和硬度变化规律。

10 电镀和化学镀

10.1 电 镀

电镀是利用电解的原理将导电体铺上一层金属的方法。除了导电体以外，电镀也可用于经过特殊处理的塑胶上。电镀时，镀层金属或其他不溶性材料做阳极，待镀的工件做阴极，镀层金属的阳离子在待镀工件表面被还原形成镀层。为排除其他阳离子的干扰，且使镀层均匀、牢固，需用含镀层金属阳离子的溶液做电镀液，以保持镀层金属阳离子的浓度不变。电镀的目的是在基材上镀上金属镀层，改变基材表面的性质或尺寸。电镀能增强金属的抗腐蚀性（镀层金属多采用耐腐蚀的金属），增加硬度，防止磨耗，提高导电性、润滑性、耐热性并使表面美观。

电镀液有 6 个要素：主盐、附加盐、络合剂、缓冲剂、阳极活化剂和添加剂。

电镀原理包含 4 个方面：电镀液、电镀反应、电极与反应原理、金属的电沉积过程。

图 10-1 是电镀装置示意图，被镀的零件为阴极，与直流电源的负极相连，金属阳极与直流电源的正极连接，阳极与阴极均浸入镀液中。当在阴阳两极间施加一定电位时，则在阴极发生如下反应：从镀液内部扩散到电极和镀液界面的金属离子 Mn^{+} 从阴极上获得 n 个电子，还原成金属 M。另外，在阳极则发生与阴极完全相反的反应，即阳极界面上发生金属 M 的溶解，释放 n 个电子生成金属离子 M^{n+}。

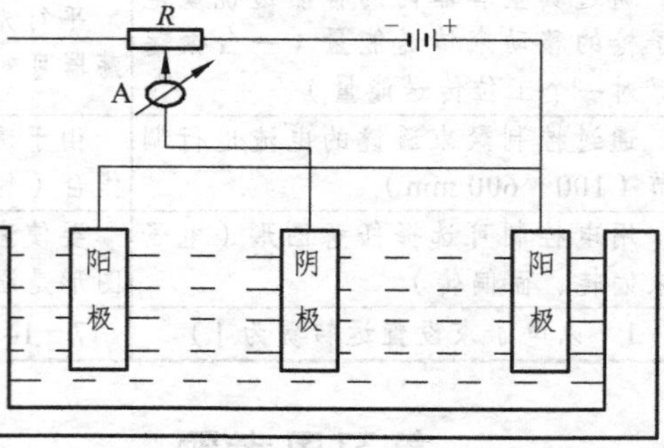

图 10-1 电镀的装置示意图

电镀的作用是利用电解作用在机械制品上沉积出附着良好但性能和基体材料不同的金属覆层。电镀层比热浸层均匀，一般都较薄，从几微米到几十微米不等。通过电镀，可以在机械制品上获得装饰保护性和各种功能性的表面层，还可以修复磨损和加工失误的工件。

常用的电镀如下：

① 镀铜：打底用，增进电镀层附着能力及抗蚀能力。

② 镀镍：打底用或做外观，增进抗蚀能力及耐磨能力（耐磨能力超过镀铬）。

③ 镀金：改善导电接触阻抗，增进信号传输。

④ 镀钯镍：改善导电接触阻抗，增进信号传输，耐磨性高于金。

⑤ 镀锡铅：增进焊接能力。

10.2 电镀工艺

电镀后被电镀物件的美观性与电流大小有关系，电流越小，被电镀的物件会越美观；反之则会出现一些不平整的形状。

电镀的主要用途包括防止金属氧化（如锈蚀）以及进行装饰。镀层大多是单一金属或合金，如钛靶、锌、镉、金或黄铜、青铜等；也有弥散层，如镍-碳化硅、镍-氟化石墨等；还有覆合层，如钢上的铜-镍-铬层、钢上的银-铟层等。电镀的基体材料除铁基的铸铁、钢和不锈钢外，还有非铁金属，或 ABS 塑料、聚丙烯、聚砜和酚醛塑料，但塑料电镀前，必须经过特殊的活化和敏化处理。

电镀液由含有镀覆金属的化合物、导电的盐类、缓冲剂、pH 调节剂和添加剂等的水溶液组成。通电后，电镀液中的金属离子，在电位差的作用下移动到阴极上形成镀层。阳极的金属形成金属离子进入电镀液，以保持被镀覆的金属离子的浓度。在一些情况下，如镀铬，是采用铅、铅锑合金制成的不溶性阳极，它只起传递电子、导通电流的作用。电解液中的铬离子浓度，需依靠定期向镀液中加入铬化合物来维持。电镀时，阳极材料的质量、电镀液的成分、温度、电流密度、通电时间、搅拌强度、析出的杂质、电源波形等都会影响镀层的质量，需要适时进行控制。

电镀产生的污水（如失去效用的电解质）是水污染的重要来源。电镀工艺目前已经被广泛应用在半导体及微电子部件引线框架的工艺中。

10.3 化学镀的定义及原理

化学镀（Chemical Plating）又称无电解镀（Electroless Palting），指在无外加电流的状态下，借助合适的化学还原剂，使镀液中的金属离子还原成金属，并沉积到零件表面的一种表面镀覆方法。

化学镀技术具有悠久的历史，与电镀相比，化学镀的优点是不需要外加直流电源，不存在电力线分布不均的影响，因而无论工件的几何形状多复杂，各部位镀层的厚度都是均匀的，只要经过适当的预处理，它可以在金属、非金属、半导体材料上直接镀覆，得到的镀层致密、孔隙少、硬度高，因而具有极好的化学和物理性能。

一般意义上，化学镀主要是指化学还原沉积过程，即还原剂被氧化时释放的自由电子，

把沉积金属还原在镀件表面上，其过程可表述为

$$Me^{n+}+Re \rightarrow Me+OX$$

式中，Re 表示还原剂；OX 表示氧化剂。

这种还原反应只在具有催化作用的表面发生，如果沉积的金属（如铜、镍等）本身就是反应的催化剂，该过程就是自催化过程，就可以得到任何需要的镀层厚度。

化学镀因为溶液的稳定性较差，溶液的维护、调整、再生都比较麻烦，再加之生产成本较高等因素的影响，故在国民基础工业上的应用受到了制约。但是以化学镀镍为代表的化学镀层，以其高防腐蚀性、高硬度及其对化工材料的稳定性，在核工业、航空航天工业上的应用越来越受到学者的高度关注，特别是在此基础上发展起来的化学复合镀，由于加入不同的新型的固体二相微粒，从而使零件表面具有了更多的新型特性，这种优势奠定了其在表面工程技术中的重要地位。

近年来，化学镀镍技术发展迅速，理论研究和工艺技术都较为成熟，通常认为，镍的沉积是依靠具有“催化活性”的镀件表面的催化作用而成的，一般情况下，还原剂通常采用次亚磷酸盐，基本反应过程如下：

（1）镀液中的次亚磷酸根反应分解析出初生态原子氢。

$$H_2PO_2^- + H_2O \longrightarrow H_2PO_3^- + 2H_{abs}(\text{活性表面上}) \qquad (10\text{-}1)$$

（2）H_{abs} 是原子态氢，其析出吸附后在基体表面，并使 Ni^{2+} 还原成金属镍而沉积在基体表面。

$$Ni^{2+} + 2H_{abs} \longrightarrow Ni + 2H^+ \qquad (10\text{-}2)$$

同时，有少量原子态氢还原 $H_2PO_2^-$，使磷析出。

$$H_2PO_2^- + H_{abs} \longrightarrow H_2O + OH^- + P \qquad (10\text{-}3)$$

（3）还有部分原子态氢复合成氢气逸出。

$$2H_{abs} \longrightarrow H_2\uparrow \qquad (10\text{-}4)$$

综上所述，化学镀之所以能够顺利实施，前提是必须具有“催化活性”的基体，次磷酸盐在基体表面上分解析出活性氢原子，因为基体的催化活性，使活性氢原子将镀液中的镍离子还原为金属镍，沉积在基体上，与此同时，活性氢原子还将次亚磷酸根还原生成单质磷，二者共同析出沉积在基体表面上。所沉积被还原的金属镍，在沉积镍离子方面上，也具有催化活性，即自催化作用，可以使还原反应不断进行，从而使基体上沉积得到的 Ni-P 镀层不断增厚。

由式（10-4）反应可知，吸附在基体零件表面上的活性氢原子，一部分参与还原反应，一部分则合成氢气析出，析出的同时，沉积也在进行。故在 Ni-P 沉积时，析出的氢气总有部分来不及逃逸，便随沉积 Ni-P 一并夹杂沉积在基体表面上，或存在于镀层的孔隙中，这样导致镀层有较大的内应力和出现“氢脆”现象，使镀层在性能上表现出较大的脆性。为了避免“氢脆”现象，通常采用化学镀镍后，用热处理的方法来消除“氢脆”现象，同时也可进一步提高金属表面的硬度等性能。

化学镀镍层硬度较高，因而耐磨性能较好。以镀镍镀层为例，在一般在镀态时，硬度约为 550 HV，经过适当的热处理后，硬度可高达 1 000 HV 左右，其硬度相当于硬铬的硬度，同时镀层也具有较好的韧性，韧性超过 TIN、TIC 等硬质膜层。此外，以化学镀为基础，在镀液中添加第二固相微粒，即采用化学复合镀技术，可在镀层中添加引入具有自润滑性能的固体微粒，如立方 BN、氟化石墨、C_{60}、聚四氟乙烯等，可使镀层在摩擦磨损时，具有较低的摩擦系数；如果添加引入纳米 Al_2O_3、SiO_2 等耐磨粒子，则可提高其耐磨性。

化学镀层的厚度可以控制，化学镀层不存在“极化”现象，均匀覆盖在镀件表面上，以化学镀 Ni-P 为基础的化学复合镀以及二元甚至三元化学镀，可以人为设计，可以控制工艺参数，得到希望得到的目标厚度、韧性和润滑性能等。

10.4 化学复合镀

在化学镀液中加入不溶性的第二固体微粒，均匀悬浮在镀液中，主体金属被还原而沉积时，同时将悬浮在镀液中的第二固体微粒俘获，使其与主体金属在基体表面共同沉积，而形成一层以金属基为主要成分的表面复合材料的过程，称为化学复合镀。

化学复合镀的过程既包含物理过程也包含化学过程，微粒向基体表面附近输送主要取决于镀液的搅拌方式和强度以及基体的形状。微粒在基体表面被吸附，受到微粒与基体间作用力等因素的影响，包括镀液的成分、微粒与基体的特性、对镀液采取的操作条件等，因此微粒在基体表面的吸附程度、流动的溶液对基体上微粒的冲击、金属电沉积的速度以及微粒本身的大小等都会对微粒在基体上的嵌入产生影响。

与单纯的金属基镀层相比，复合镀层属于金属基复合材料。复合镀层由两部分组成：一部分是通过化学反应而沉积的基质金属，在基体表面组成连续相；另一部分是镶嵌在基质金属中的第二相不溶性固体颗粒，组成一个不连续相。二者是机械混杂着，一般不发生化学反应及相互扩散现象，所以这种复合镀层既可以保持基质金属的性能，也可以保持第二相固体颗粒的性质，固相微粒本身加入的目的是使镀层得到某种功能，因而形成某种功能性镀层。人们可根据不同的用途来选择基体金属和用来嵌入的分散微粒，来选择使复合镀层在耐腐蚀性、耐磨性、润滑性、表面外观及其他功能方面都有非常显著的提高。

复合镀层也是复合材料的一种，与其他形成复合材料的方法相比较，其主要的特点和优势在于：

（1）目前制备复合材料往往采用热加工的方法，一般温度都在 400 ~ 1 000 °C，此时，低熔点的有机物就不能适用。同时，由于烧结温度过高，很有可能使基质金属与夹杂于其中弥散分布的固体颗粒间，发生相互扩散作用甚至发生化学反应，这往往会改变它们自身的性能，达不到人们使用这些材料的目的。

（2）用化学复合镀的方法获得的复合镀层，在水溶液中进行，温度低于 100 °C，因此作为不溶性第二相固体颗粒分散到镀层中的物质范围大大增加，从而可供选择的实现的材料性能也相应增加。如果实际工况需要，复合镀层中的基体金属、基质金属与固体颗粒，可在化学复合镀之后，再进行适当的热处理，使其发生相互作用或相互扩散的行为，从而使他们获得新的性质。

（3）在化学复合镀过程中，一种或多种性质各异的微粒，可以嵌入到同一种基质金属中，而同一种固体微粒也可以方便地镶嵌到不同的基质金属中，同时人们还可以通过改变沉积的条件，或添加固相微粒的多少，获得不同含量的镀层，从而控制镀层的性能。也就是说，化学复合镀技术可以获得人们想要的机械性能和化学性能的镀层。

（4）由于化学复合镀技术只是改变镀层自身的性质，就可以获得许多有益的功能，如耐磨损、减摩擦、耐腐蚀、电磁屏蔽、导电等，真正起作用的是镀层，因此可用廉价的基体材料代替贵重的基体材料进行化学镀，且操作方便。镀层厚度随时间可方便控制，如果引入激光诱导的方法，或在基体上掩膜覆盖的方法，还可以进行选择性地局部镀或选择性地对零部件局部进行修复。此外，制备化学复合镀层可以利用原来的常规的化学镀设备开展，而一般不需要增添其他贵重的设备，只是为提高固体颗粒共沉积的均匀性，需要使固体微粒均匀悬浮在镀液中，可在镀液中加入阳离子表面活性剂、非离子表面活性剂、阴离子表面活性剂或其他添加剂，并采取多种形式的搅拌。因此，复合镀的经济效益非常巨大，再加上化学复合镀不会产生“电极”效应，尤其适合形状复杂的零件。

综上所述，化学复合镀层作为复合性材料，可发展成为功能性材料，在未来的研究中有很大的拓展空间，其研究的主要方向和趋势如下：

（1）保证化学镀液的稳定性、保持化学镀层高质量的材料性能，解决化学镀液的在线监测以及化学复合镀废液的处理等关键问题，添加新发现的固相微粒，研究在不同种类、不同粒度大小的化学镀层质量，以及谋求在苛刻工况条件下的化学镀层的功能适应性，进一步完善和提高化学复合镀的工艺配方。

（2）将镀层功能发展的多样化与其他先进的辅助技术相互融合，如计算机的辅助功能、激光、紫外光、红外线、超声波等的加入，进行诱导化学镀、纳米颗粒的掺杂等先进技术。

10.5 化学镀在模具保护中的应用

等温成型是近几年发展起来的一种先进的锻造技术。其没有模具的激冷，表面氧化和局部过热倾向小，具有好的流动性和填充性，能使形状复杂的锻件在一次模压中成型，锻后尺寸精密，机械加工余量小，甚至不加工，节约了制造材料。等温成型技术具有以上不可多得的优越性，它的出现使铝合金、钛合金等锻造加工进入了新时代，具有更为广阔的应用前景。

但是在实际生产中，在高温、高压和巨大接触应力的作用下，坯料在激烈的塑性流动中产生了强大的摩擦力，发生黏着磨损造成模面剥落，失去表面光洁度和尺寸精度超差失效，并将加速热疲劳磨损失效。因此，降低材料塑性流动时的摩擦系数，提高模具高温环境下的耐磨性能，是等温成型技术推广应用的关键技术环节。

金刚石（C）由于具有强度高、导热性优良、热膨胀系数小以及 1 000 °C 以下热稳定性好的特点，因此被用作抗磨材料和切削材料，但其实用价值却受到技术和成本的极大限制，将人造金刚石微粉作为第二相复合到金属基材中，可以使硬质相均匀分散于基体中，并与其结合牢固，同样可以起到良好的作用。氟化钙（CaF_2）微粒，为典型的萤石型结构，莫氏硬度为 4，熔点为 1 373 °C，是一种软粒子，具有很高的自润滑性，特别是温度越高，耐磨性越好，自润滑性能越优越，耐高温氧化性能良好。化学复合镀能够实现人造金刚石与氟化钙（CaF_2）微粒在金属基材上共沉积，可以在模具型腔表面（镍基高温合金）上研究镀覆高温耐磨自润滑 Ni-P/C+CaF_2 多元复合镀层，从而降低成型过程中的摩擦系数，延长模具的使用寿命。

实验采用 5CrNiMo 合金材料作为基体材料，材料样块为环式。在溶液配制过程中，为了防止溶液发生自分解而产生沉淀，每个组分应完全溶解按特定的顺序加入，并注意温度控制和 pH 的要求。经多次实验，得到最佳配方，如表 10-1 所示。

表 10-1　制备的最佳配方

配　方	用　量
$NiSO_4 \cdot 6H_2O$	25 g/L
$Na_3C_6H_5O_7 \cdot 2H_2O$	100 g/L
$NaH_2PO_2 \cdot H_2O$	30 g/L
$C_3H_6O_3$	5 mL/L
添加剂	10 mg/L
加速浸渍剂	8 mg/L
GaF_2 微粒	8 g/L
人造金刚石微粒（颗粒直径 3～5 μm）	6 g/L
pH	7.0
温度	80 °C

CaF_2 微粒和人造金刚石微粒必须经过镀前处理，以保证镀层的结合力。工序如下：碱（NaOH）除油→水洗→10% 盐酸中和→水洗→80 °C、50%HCl 浸泡→水洗到 pH 为 7 烘干→备用。

因为微粒呈疏水性，解决这些微粒在镀液中的悬浮性和均匀性是复合镀覆十分关键的问题。采用表面特殊清洗后，要添加阳离子和非离子表面活性剂改性处理，在镀覆过程中采用间歇搅拌等措施来解决问题，使其具有亲水性，并能均匀悬浮在镀液中，为复合镀覆创造有利条件。

将试件样块，采用如下处理过程：有机溶剂除油→化学除油→热水洗→混酸洗（约 2 min）→冷水洗→稀酸洗→活化→热水洗，放入镀液。

试件化学镀后，干燥 20 min，进行温度 400 °C、时间 2 h 的热处理，以提高镀件硬度，消除镀层的氢脆现象。

将试件进行实验，用 MG-2000 型高温高速摩擦磨损实验机检测镀件摩擦磨损性能。实验条件：负荷 100 N，转速 400 r/min，磨损距离 0.03 mm。

摩擦系数变化曲线如图 10-2 所示。

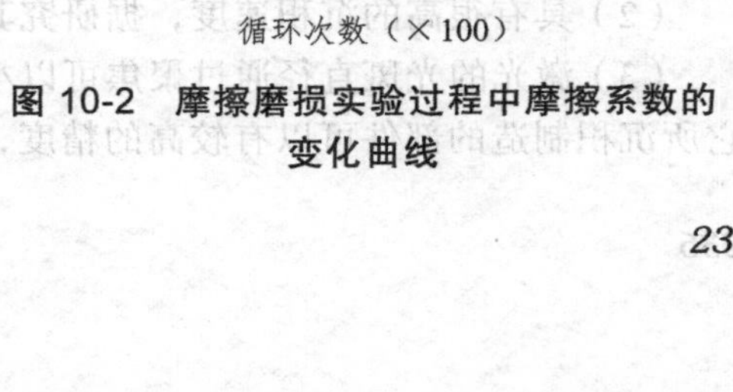

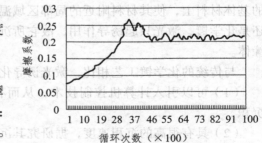

图 10-2　摩擦磨损实验过程中摩擦系数的变化曲线

磨损率是根据试件摩擦前后的质量，减去氧

化增重的影响。通过计算单位滑行距离、单位负荷的磨损体积来衡量，其计算公式为

$$M = V/(N \cdot D)$$

式中，M 表示磨损率；V 表示磨损体积（质量损失除以密度）；N 表示负荷；D 表示磨损的距离。

镀覆涂层与未镀覆涂层在高温（850 °C）耐磨性能的比较如表 10-2 所示。可以看出，对于相同的高温环境下，复合镀层的摩擦系数可以达到 0.21 的平均值，摩擦磨损率也大大低于未镀的基材。

表 10-2　镀覆涂层与未镀覆涂层在高温（850 °C）耐磨性能

涂　层	摩擦系数	磨损率/[10^{-4} $m^3/(N \cdot m)$]
Ni-P/C+CaF_2 涂层	0.21	10.1
未镀覆涂层	0.33	15.3

经过 T96 型显微硬度计测试，其 Ni-P/C+CaF_2 复合镀层平均硬度高达 1 893 HV，主要是因为金刚石微粒高硬度在镍磷合金基质中起弥散强化作用，显著地增强了镍磷合金基体的塑性变形抗力，使复合材料涂层硬度增高。

发生摩擦磨损时，硬质相粒子金刚石起支撑作用，可以承受更大的接触应力而不易屈服，产生抗磨性，且复合粒子 CaF_2 微粒，在高温下软化，起到固体润滑剂的效果，因而在高温下可以降低模具的摩擦系数，这样既增加了模具的耐磨性能，又降低了模具表面的摩擦系数，从而使等温成型的零件脱模容易，零件表面质量较好，次品率低，同时也提高了模具的使用寿命，为铝合金、钛合金等温成型技术的进一步发展提供了技术上的支持。

10.6　激光诱导化学复合镀

激光因具有高能量密度、良好的方向性等特点，而在表面处理技术中的应用越来越广泛，如激光熔覆、激光表面冲击强化等。而利用激光的热效应或光效应，在金属、非金属、半导体或高分子聚合物基体上，进行激光诱导的化学液相沉积，成了人们研究的关注点。

激光诱导化学液相沉积技术，就是将激光经反射镜和透镜聚焦，照射在浸入化学镀液中的基体材料上，使其材料附近的局部区域温度升高，使镀液发生化学反应而沉积，因其本质还是化学镀，激光只起诱导作用，故它所沉积的基体可以是金属、非金属、半导体甚至是绝缘体。

与传统的化学镀工艺相比，激光诱导化学镀具有如下突出优点：

（1）可以引入计算机控制技术，从而有高度选择性，可实现无掩膜的选择性微区局部沉积。

（2）具有很高的沉积速度，据研究其沉积速率可以超出常规化学镀 50～100 倍。

（3）激光的光斑直径通过聚焦可以小到 1 mm，配合微机控制可获得各类金属线条图形；它所沉积制造的部件可以有较高的精度，且所得的镀层、微观组织结构更为致密。

（4）它可在任何材料的基体上沉积金属，甚至在精密部件的不同局域沉积出不同的材料，且不需要太昂贵的设备，加工成本较低。

（5）激光照射产生的高温，使局部区域化学反应速度加快，使得金属晶核的形成速度加快，许多晶核来不及长大，就被沉积在基体上，从而使其形成镀层的晶粒较细；局部区域高温产生的分子扩散现象，也有助于还原沉积的金属原子在基体表面的扩散，并排列整齐，使镀层与基体有较好的结合力。

当然，由于激光诱导针对的对象是化学镀液，而液体本身的一些性质，导致激光诱导化学镀中出现一些难题，如辐照时，吸热使液体流动，冲击基体，可能使基体催化的活化点数目减少，有些反应会产生大量的气体或气泡，再加上镀液受热气体会蒸发等，可能使其沉积的质量会受到一定的影响，也会使变焦的透镜得到气体的腐蚀，但这些都可以通过控制工艺和一些反应条件来加以改善。

在微电子工业领域，激光诱导化学沉积技术提供了一种“增量法”的金属布线技术，不但可以节约加工成本，还可以进一步缩小布线宽度，控制精度，构建复杂的路线结构。与快速原型制造技术相仿，采用分层叠加增量方法，可实现微器件的“三维”制造，因此，也特别受到电子工业界的重视。

此外，激光加工的精度高，能量非常集中，对零件的热影响小，对零件表面采取激光表面硬化、激光冲击合金化、激光熔覆等多种手段，可以改变金属或零件表面的微观结构，获得零部件的抗磨损、耐腐蚀和抗疲劳性能，激光表面处理技术也成为目前科学研究的热点之一。

10.7 激光诱导化学复合镀在模具表面防护中的应用

激光诱导化学镀技术是利用激光的热效应或光效应来增强或激发化学镀反应的过程，可利用微机控制其扫描轨迹，不用掩膜而实现微小区域的可选择性镀覆。

纳米 C_{60} 晶体具有球形结构、强的抗压能力、高的显微硬度、良好的热稳定性，具有“分子滚珠”效应，在固体润滑体系方面也有很好的应用前景。

可以利用激光作为诱导光源，结合化学复合镀技术，在模具表面实现沉积 Ni-P/纳米 C_{60} 的复合镀层，从而有效地改善模具表面的力学性能，延长其使用寿命。

10.7.1 实验过程与工艺

实验采用的是 ZH-3 激光器，激光源为 YAG 固体激光，波长为 1.06 μm，工作电压为 320 V，频率为 40 Hz，脉宽为 0.8 ms；模具试件尺寸为 30 mm×30 mm×10 mm，材料为 C_{45}，需要固定在固定装置上；纳米 C_{60} 平均粒径为 100 nm，加入复合镀液之前要做表面包覆镍的处理。通过 PMAC 运动控制卡，由计算机控制激光器的运动，也可控制 *X-Y-Z* 控制台，达到激光轨迹扫描或激光聚焦的效果。整个实验装置示意图如图 10-3 所示。

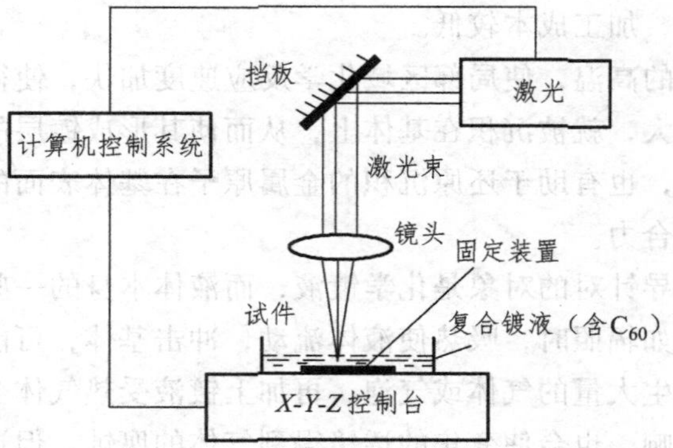

图 10-3　实验装置示意图

1. 纳米 C_{60} 晶体的化学复合镀前期处理

以上海西域化学试剂公司提供的纳米 C_{60} 晶体（平均粒径 100 nm）为基材，经过表面活性剂处理→晶体粗化→过滤烘干→粗化晶体表面活性剂处理→敏化活化→过滤烘干→晶体表面活性剂处理→超声波化学镀→水洗→过滤→真空干燥等工艺过程制备镍包覆纳米 C_{60} 复合粉体。

上述过程中，工艺“表面活性剂处理”的目的是降低纳米粒子的表面能，改善颗粒润湿性和表面电荷的极性，有利于后期化学镀过程中纳米粒子的阴极转移和被阴极表面的俘获；工艺“粗化”的目的有利于提升晶体与镀层的结合力；同时改变比表面积，增加晶体的亲水性；工艺“敏化活化”的目的是使纳米晶体表面附着贵金属，便于产生自催化活性，完成化学镀的过程。实验所得的镍包覆纳米 C_{60} 复合粉体，作为第二固相微粒，在化学复合镀中使用。

2. 激光诱导参数设定

照在基体表面的诱导光源的光斑半径，可以通过改变聚焦透镜或者 *X-Y-Z* 三维操作台的升降来控制。在激光作用下，溶液或基体表面吸收激光的能量，一方面加热基体和溶液，另一方面在溶液中形成了一个陡变的温度场分布。在中心区域温度较高，溶液发生沸腾现象，起着微区搅拌的作用，加速溶质、电荷的传输过程，使得成核速度加快。当激光功率太小，激光不易穿过镀液层，或者即使发生内部反应，在试件上也反映不出来；当激光功率太高，微区域溶液会发生剧烈的沸腾，加速了金属原子向四周扩散，不利于俘获 C_{60} 微粒，而且当激光功率太高，超过基体的损伤阈值时，造成基体烧焦，根本得不到完整的镀斑。因此，必须合理地控制激光功率、辐照时间、液面厚度等参数。

实验表明：利用斩波器将连续激光变为准连续激光，或者通过控制扫描激光的光速，能有效地避免微区溶液剧烈沸腾，且有利于复合镀液俘获固相微粒。

3. 激光诱导化学复合镀液工艺配方（见表 10-3）

表 10-3　激光诱导化学复合镀 C_{60} 配方及工艺

溶液成分	用　量
$NiSO_4$	25 g/L
$C_3H_6O_3$	30 g/L
CH_3COONa	10 mL/L
$NaH_2PO_2 \cdot H_2O$	30 g/L
稳定剂	2 mg/L
表面活性剂	5 mg/L
pH	6
包覆镍的 C_{60} 粉体	3 g/L
激光扫描速度	3 mm/s
激光功率	1 W
辐照时间	6 min
激光光斑直径	0.5 mm
液面厚度	20 μm
搅拌方式	超声波间歇搅拌

10.7.2　试验结果及性能测试

1. 镍包覆 C_{60} 晶体的分散性

采用 Zeta Probe 型电位仪测定普通 C_{60} 晶体和化学镀镍后 C_{60} 晶体在水系分散体系中的 Zeta 电位与体系 pH 的关系，如图 10-4 所示。

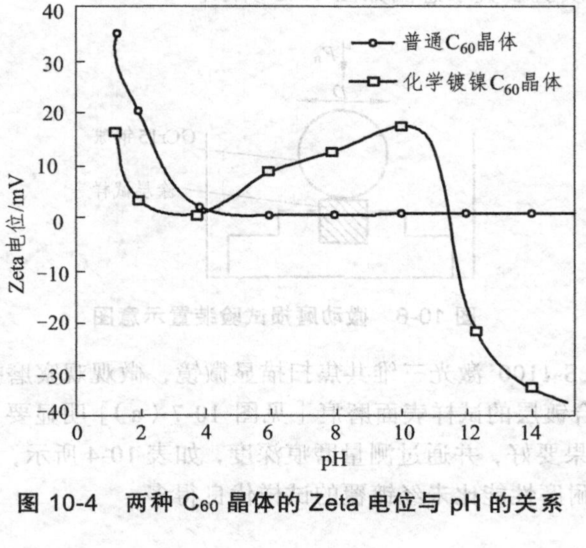

图 10-4　两种 C_{60} 晶体的 Zeta 电位与 pH 的关系

可以看出，普通 C_{60} 晶体的 Zeta 电位在 pH>4 的位置为很小的正值；而化学镀镍 C_{60} 晶体的 Zeta 电位在 pH > 4 的位置都有较大的绝对值（等电位点 pH = 11.5 附近除外）。根据一般规律，若 Zeta 电位的绝对值高，胶体粒子间发生排斥，分散状态趋于稳定；反之，Zeta 电位为 0 或近于 0，则胶体粒子易于凝结。这说明，C_{60} 晶体经过化学镀处理后，其表面特性已发生很大的改变，在水中的分散性将有很大的提高，在化学复合镀实施过程中，便于被其他金属微粒俘获而沉积在基体材料表面。

2. 复合镀层的显微形貌

基于激光诱导化学镀的原理，激光功率、辐照时间、液面厚度等参数对于形成的化学复合镀层有较大的影响，图 10-5（a）为激光功率为 1 W、辐照时间为 6 min、液面厚度为 20 μm 的镀层；图 10-5（b）为激光功率为 1.5 W、辐照时间为 6 min、液面厚度为 20 μm 的镀层。由图可见，激光功率太高，微区域溶液会发生剧烈的沸腾，加速了金属原子向四周扩散，反而不利于俘获 C_{60} 微粒。

（a）

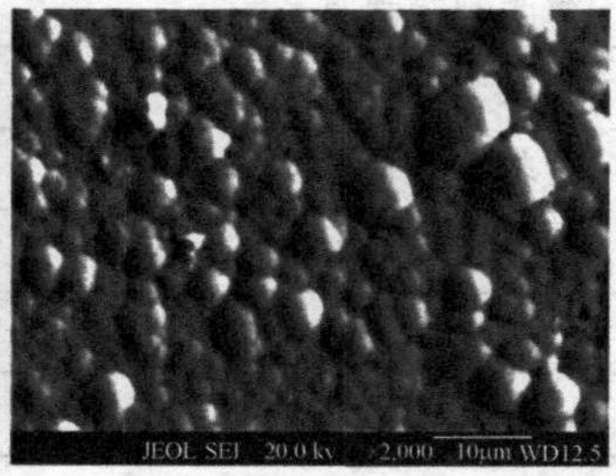

（b）

图 10-5 两种功率激光诱导下的镀层显微形貌

3. 微动磨损试验

在 PLINT 高温微动疲劳试验机上对两块试样（含 Ni-P/纳米 C_{60} 晶体和普通 C_{45} 基体）进行试验。试验参数如下：载荷 $F_n = 50$ N，位移幅值 $D = 1\ 000$ μm，频率 $f = 2$ Hz，循环次数 $N = 10^4$ 次。微动磨损实验装置示意图如图 10-6 所示。

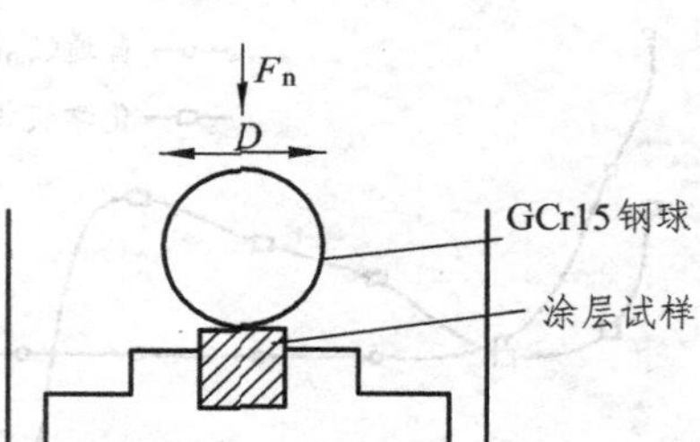

图 10-6 微动磨损试验装置示意图

用 OLYMPUS-OLS-1100 激光三维共焦扫描显微镜，微观观察磨损后的表面形貌，可以看出镀覆了 C_{60} 的复合镀层的试样表面磨痕［见图 10-7（a）］明显要比未镀覆镀层的表面磨痕[见图 10-7（b）]效果要好，并通过测量磨痕深度，如表 10-4 所示，可以得知，镀覆了 C_{60} 的复合镀层的试样其耐磨性能比未经镀覆的试样优良得多。

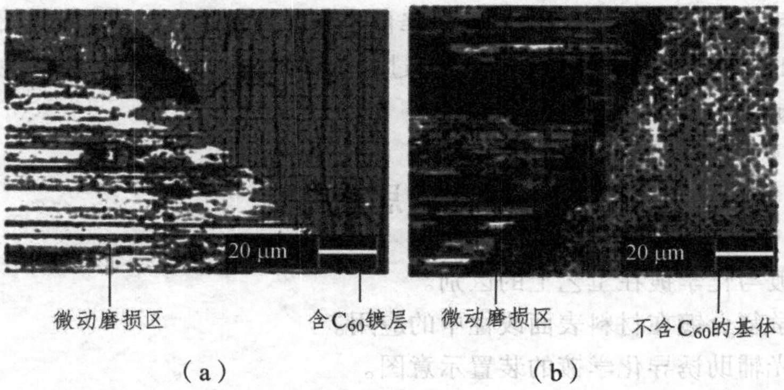

图 10-7 微动磨损显微形貌比较

表 10-4 磨痕深度数据比较 mm

试件编号	第 1 处	第 2 处	第 3 处	平均值
试样（含 C_{60}）	12.803	13.267	14.002	13.357
试样（不含 C_{60}）	37.704	40.469	44.302	40.825

由图 10-8 可以看出，含 Ni-P/纳米 C_{60} 晶体镀层的试样摩擦系数明显小于不含 Ni-P/纳米 C_{60} 晶体试样，且随着摩擦循环次数的延长，后者的摩擦系数曲线呈增长趋势，越到后来，波动越明显。而前者到摩擦终止时，几乎成一直线。这说明前者的耐磨性有了一定程度的增加。

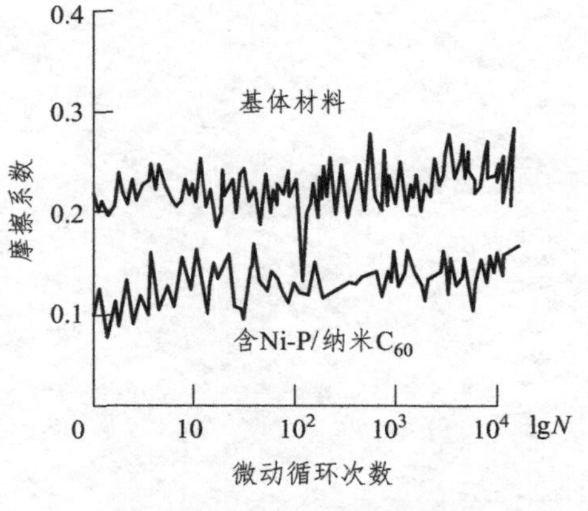

图 10-8 不同基体表面的摩擦系数比较

探究其原因，可以认为：① 镀层中的纳米 C_{60} 第二固相微粒不仅可以作为异质形核核心，提高了形核率，也可以有效地阻止晶粒长大，从而细化晶粒，并且在表面形成大量的位错缠结；② 主要是复合镀层里的固相微粒纳米 C_{60} 超硬特性和分子结构所致，据报道单个 C_{60} 分子的体模量就高达 800 ~ 900 GPa，甚至超过了金刚石的体模量（441 GPa），成为迄今为止人类发现的最硬的物质，另外，C_{60} 具有特殊的圆球形状，是所有分子中最圆的，在摩擦磨损过程中体现出接触点小的"分子滚珠效应"，它可以在摩擦过程中形成独特的负荷-支撑体系，不仅减少了作用于被摩擦面的压力，而且也降低了摩擦过程中的微切削效果，因而复合了 C_{60} 晶体镀层的微细机械构件表面，在实际应用过程中体现出优越的耐磨损特性，可以大大提高模具的使用寿命。

复习思考题

1. 阐述电镀与化学镀在工艺上的区别。
2. 简述化学复合镀在材料表面改性中的应用。
3. 构建激光辅助诱导化学镀的装置示意图。

参考文献

[1] 周永权，赵洋，王璞. 表面强化技术的研究及其应用[J]. 机械管理开发，2010（5）.
[2] 孙希泰，齐宝森，侯绪荣. 论表面强化技术的分类[J]. 中国表面工程，1995（3）.
[3] 许正功，陈宗帖，黄龙发. 表面形变强化技术的研究现状[J]. 装备制造技术，2007（4）.
[4] 汪一佛. 表面强化工程[J]. 吉林建材，1998（1）.
[5] 王雷. 表面强化技术在改善化工机械使用寿命中的应用[J]. 化工机械，2013（6）.
[6] 孙振宇. 表面强化技术在机械零件中的应用[J]. 煤矿机械，2008（10）.
[7] 方博武. 受控喷丸与残余应力理论[M]. 济南：山东科学技术出版社，1991.
[8] 方博武. 金属冷热加工的残余应力[M]. 北京：高等教育出版社，1992.